国家级一流本科专业建设成果教材

无机非金属材料生产设备

Production Equipment for
Inorganic Non-metallic Materials

张景德　王伟礼　李爱菊　主编

化学工业出版社

·北京·

内容简介

本书分为无机非金属材料生产机械设备和热工设备两部分，主要内容包括粉碎设备、筛分设备、颗粒流体力学分级设备、脱水设备、混合与搅拌设备、成形机械设备、窑车隧道窑、其他隧道窑、间歇窑、电热窑炉、先进热工设备、回转窑。在设备介绍方面，除了讨论机械和热工设备的构造、工作原理等内容外，还对陶瓷工业主要设备，如球磨机、隧道窑等的设计计算、工作参数确定、设备选型等进行了详细介绍。

本书可以作为无机非金属材料工程专业和材料学其他专业的教学参考用书，也可供从事无机非金属材料生产的技术和设备管理人员参考使用。

图书在版编目（CIP）数据

无机非金属材料生产设备 / 张景德，王伟礼，李爱菊主编. -- 北京：化学工业出版社，2025. 4. --（国家级一流本科专业建设成果教材）. -- ISBN 978-7-122-47516-9

Ⅰ. TB321

中国国家版本馆 CIP 数据核字第 20258G1G20 号

责任编辑：王　琪　赵玉清　　　　装帧设计：张　辉
责任校对：李露洁

出版发行：化学工业出版社
　　　　　（北京市东城区青年湖南街 13 号　邮政编码 100011）
印　　装：大厂回族自治县聚鑫印刷有限责任公司
787mm×1092mm　1/16　印张 13　字数 316 千字
2025 年 7 月北京第 1 版第 1 次印刷

购书咨询：010-64518888　　　　　售后服务：010-64518899
网　　址：http://www.cip.com.cn
凡购买本书，如有缺损质量问题，本社销售中心负责调换。

定　　价：45.00 元　　　　　　　　版权所有　违者必究

前 言

　　无机非金属材料是最重要的材料之一，具有高熔点、高硬度以及耐腐蚀、耐磨损等诸多优势，在医疗、航天、建筑、信息、国防等各种领域中均占有十分重要的战略地位，无机非金属材料的发展对于国防力量的增强、国民经济的发展和人民生活水平的提高具有非常重要的意义。材料性能的实现很大程度上依赖于加工制备技术，而合理有效的生产设备是实现加工制备技术的重要保证。对于无机非金属材料而言，合理选择和使用生产设备，对产品生产效率和生产质量尤为重要。因此，"无机非金属材料生产设备"是无机非金属材料工程专业的主干课程之一。

　　无机非金属材料种类繁多，包含日用陶瓷、水泥、玻璃、耐火材料等以二氧化硅为主要成分的传统硅酸盐材料。随着新材料、新工艺、新技术的出现，传统的无机非金属材料迅速发展的同时，又涌现出一系列用于高新技术和现代工业的新型无机非金属材料，如压电材料、铁电材料、半导体、磁性材料、超硬材料等。因此，各类无机非金属材料加工与制备设备种类复杂，既包含粉体破碎、筛分等通用型设备，也包含成形、烧结等专业型设备。鉴于此，本书主要针对陶瓷制品用机械类和热工类设备编写，同时适当兼顾水泥、玻璃等其他无机非金属材料的通用和专用生产设备。本书为山东大学国家级一流本科专业——无机非金属材料工程的建设成果。

　　全书内容分为十二章，主要分为无机非金属材料生产机械设备和热工设备两部分。本书第一～六章部分主要为无机非金属材料工业机械类生产设备，包括了无机非金属材料粉碎、筛分、流体力学分级、脱水、混合与搅拌、成形等设备，如球磨机、选粉机、喷雾干燥器、练泥机等。本书第七～十二章部分主要为无机非金属材料工业热工类生产设备，包含了隧道窑、间歇窑、电热窑、先进热工窑炉等设备，如窑车隧道窑、非窑车隧道窑、梭式窑、电热炉等。在设备介绍方面，除了讨论机械和热工设备的构造、工作原理等内容外，还对陶瓷工业主要设备，如球磨机、隧道窑等的设计计算、工作参数确定、设备选型等进行了详细介绍。

　　本书由山东大学张景德、王伟礼、李爱菊共同主编，张伟彬参编。其中，李爱菊负责第一～四章的编写，王伟礼负责第五～六章的编写及全部内容的整合、修改和统稿等工作，张景德负责第七～十章及第十二章的编写，张伟彬负责第十一章的编写。全书由张景德组织编写和审阅。感谢山东大学材料科学与工程学院无机非金属材料研究所各位同事对本书编写的支持和指导。

　　本书是为无机非金属材料工程专业编写的教材，可以为"无机非金属材料工艺学""粉体工程"等课程提供必要的机械和热工设备基础知识。本书也可以作为材料学其他专业的教学参考用书，以及供从事无机非金属材料生产的技术和设备管理人员参考使用。

　　无机非金属材料及其生产设备知识涉及面广，专业性强，内容组织起来难度较大。限于编者的专业知识和文字表达水平，书中难免有疏漏和不妥之处，敬请广大读者批评指正。

编　者

于山东大学

2025 年 1 月

目 录

第一章

粉碎设备

现代化生产的陶瓷工业企业对于原料的要求十分严格，要求其标准化、专业化、商业化。因为原料是生产制品的基础，其质量的高低和稳定性会影响整个生产过程和制品的最终质量和生产水平。而且原料品位的高低直接影响是否能发挥先进的、现代化的技术装备和生产工艺的有效作用。

陶瓷工业原料生产加工的任务，严格说来应从矿物的钻探开始，直到加工成为坯体成形的用料。这些用料可能是注浆成形用的泥浆，或是塑性的泥料，或是颗粒状粉料，并要保持这些物料的化学组成、结构组分和颗粒组分达到要求和保持稳定。

本章主要论述坯体成形用料加工中需要的粉碎机械，主要来了解目前生产中所使用的各种粉碎机械的工作原理和应用特点，对主要的粉碎机械的设计理论和设计过程进行讨论，以便为将来的工作打下一个基础。

第一节 物料粉碎的基本概念

用机械的方法克服固体物料内部凝聚力而将其分裂的操作称为粉碎。

根据所处理物料尺寸大小的不同，将大块物料分裂成小块的操作称为破碎，将小块物料变为细粉的操作称为粉磨，破碎和粉磨统称为粉碎。

按照处理后物料尺寸大小的不同，粉碎作业还可详细区分如下：

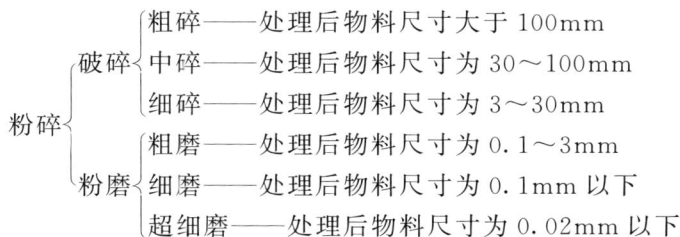

粉碎
- 破碎
  - 粗碎——处理后物料尺寸大于 100mm
  - 中碎——处理后物料尺寸为 30～100mm
  - 细碎——处理后物料尺寸为 3～30mm
- 粉磨
  - 粗磨——处理后物料尺寸为 0.1～3mm
  - 细磨——处理后物料尺寸为 0.1mm 以下
  - 超细磨——处理后物料尺寸为 0.02mm 以下

随着粉碎的进行，物料的粒度变小而单位质量的表面积增加，从而改善物料的工艺性能（如可塑性、结合性和浆料的悬浮性等），提高物料的物理化学反应的速度。而且物料的粒度越小，不同组分的物料才能混合得越均匀。最后，物料经过粉碎，使其中的有害杂质与有用的物料分离开来，便于将杂质除去。所以粉碎作业在陶瓷工业中有着重要的意义。

一、粉碎的方式

生产中使用的粉碎机械有多种，机械对物料施加力的方法也各有不同，也就是说其粉碎方式是不尽相同的，归纳起来，粉碎机械对物料施加外力的方式有如下几种。

1. 挤压

如图 1-1(a) 所示，物料在两个工作表面之间受到逐渐增大的静压力作用而被粉碎，这种方法多用于大块的脆性坚硬物料的破碎。

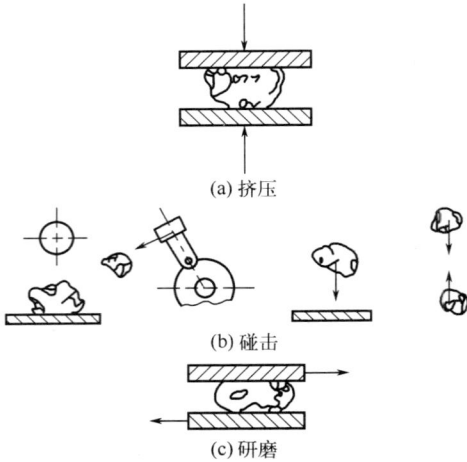

(a) 挤压

(b) 碰击

(c) 研磨

图 1-1　常见的粉碎方式

2. 碰击

如图 1-1(b) 所示，物料在瞬间受到冲击力作用而被粉碎，产生冲击力可以用多种方式来实现，如物料放在支承面上受到外来物体的冲击；高速运动的物体（如锤子）打击物料；高速运动的物料冲击到固定的工作表面；物料之间的互相碰击等。这种方式主要用于脆性物料的粉碎。

3. 研磨

如图 1-1(c) 所示，物料在两个作相对滑动的工作表面或各种形状的研磨体之间受到摩擦作用而被粉碎，主要用于物料的粉磨。

除了上述的三种方式外，还有物料受到两个楔形工作物体的尖劈力作用而被粉碎、受弯曲作用被折断和受拉力作用被撕断等，但都不是主要的。不同形式的粉碎机对物料粉碎的方法是各不相同的。也常常是用两种或两种以上方法对物料进行粉碎的。

二、粉碎机械技术性能参数和易碎系数

表征粉碎机技术性能的参数，主要有粉碎比、生产能力、功率、操作强度和单位功耗等；用物料的易碎系数，表示物料粉碎的难易程度。

1. 粉碎比

粉碎比可以有不同的描述，如用物料平均尺寸计算的粉碎比、用 90% 物料（或 80%）尺寸计算的粉碎比、公称粉碎比及有效粉碎比等，其中平均粉碎比为：

$$i = \frac{D}{d} \tag{1-1}$$

式中　i——粉碎比，或称粉碎度，表示物料粉碎前后尺寸变化程度的一个指标；

　　　D——物料粉碎前的平均直径，m；

　　　d——物料粉碎后的平均直径，m。

对破碎机来说，为了清晰地表示这一特征，常常用其允许的最大进料口尺寸与最大出料口尺寸之比作为破碎比，称为公称破碎比。由于实际破碎时加入物料的最大尺寸总是小于最大进料口尺寸，所以破碎机的平均破碎比一般都小于公称破碎比。平均破碎比只等于公称破碎比的 70%～90%。

2. 生产能力

生产能力是指粉碎机械在单位时间内粉碎物料的质量，用 Q 表示，单位为 t/h。

3. 操作强度

粉碎机械的操作强度是其生产能力与机器质量之比，即

$$E = \frac{Q}{m} \tag{1-2}$$

式中　E——粉碎机械的操作强度，t/(h·t)；

　　　Q——粉碎机的生产能力，t/h；

　　　m——粉碎机的质量，t。

4. 单位功耗

粉碎机械粉碎单位质量的物料所消耗的能量，也称单位电耗，如粉碎机械的平均功耗为 P，则有：

$$A = \frac{P}{Q} \tag{1-3}$$

式中　A——粉碎机械的单位功耗，kW·h/t；

　　　P——粉碎机械的平均功耗，kW。

由于各种物料的力学性能和物理性质不同，粉碎的难易程度是有区别的。因此，用同一台粉碎机械，在相同粉碎比的条件下粉碎不同的物料时，生产能力和单位功耗是不一样的。

5. 易碎系数

粉碎标准物料的单位功耗 A_0 与粉碎某种物料的单位功耗 A 之比称为该种物料的易碎系数 K：

$$K = \frac{A_0}{A} \tag{1-4}$$

一般以中等易碎性的回转窑水泥熟料作为标准物料，其易碎系数等于 1。表 1-1 为部分物料的易碎系数。

表 1-1　常见物料的易碎系数

物料名称	易碎系数 K	物料名称	易碎系数 K
中等易碎性湿法回转水泥熟料	1	中硬质石灰石	1.5
石英	0.6～0.7	硬质石灰石	1.27
长石	0.8～0.9	滑石	1.04～2.02
干黏土	1.51～2.03	烟煤	0.70～1.34

表中，K 值越大的物料越易粉碎，越小的越难粉碎。粉碎机的标称生产能力一般是以粉碎中等易碎性的物料（如石灰石）作为标准的，如实际粉碎的物料易碎性不同，生产能力将有所变化。

三、粉碎理论

粉碎理论是人们在生产实践和科学实验的基础上加以概括总结，用来解析粉碎机理、找出物料尺寸变化和能量消耗之间的关系的理论。它对于指导和确定物料的粉碎方法和粉碎设备的功率、衡量粉碎效率等，具有重要的意义。由于粉碎过程相当复杂，要受到诸如物料的

性质、形状、块粒度大小及其分布规律、机器类型和操作方法等许多变化因素的影响，尽管长期以来中外许多学者做了大量深入的研究探讨，但至今尚未有一个完备的能全面概括粉碎过程规律的理论，而只是提出了在一定程度上近似地反映实际的假说。

（一）能量理论

物料粉碎过程中，尺寸由大到小，单位质量的总表面积不断增加，同时也要消耗能量。比较典型和重要的能量理论假说有表面积理论、体积理论、裂纹理论及其综合等。

1. 表面积理论（假说）

表面积理论是 1867 年雷霆智（P. R. Rittinger）提出的，又称雷霆智假说。表面积理论的物理基础是任何物质的分子之间都有恒定的分子引力，因此物料粉碎时的能量必然与用来克服物料分子之间的引力、产生新的表面所需的能量有一定的关系，且这种关系是成正比的。

对于球形颗粒，单位质量物料的表面积（即比表面积）为：

$$S = \frac{\pi D^2 Z}{\frac{\rho \pi D^3}{6} Z} = \frac{6}{D\rho} \tag{1-5}$$

式中　　S——物料的比表面积，$\mathrm{m^2/kg}$；

　　　　D——物料颗粒直径，m；

　　　　Z——1kg 物料的颗粒数目；

　　　　ρ——物料的密度，$\mathrm{kg/m^3}$。

设被粉碎物料的质量为 m（kg），粉碎前物料的直径为 D，粉碎后为 d，粉碎前后物料质量的变化忽略不计，那么粉碎前后物料的表面积分别为：

$$mS_1 = \frac{6}{D\rho}m , \quad mS_2 = \frac{6}{d\rho}m$$

式中　　S_1——物料粉碎前的比表面积，$\mathrm{m^2/kg}$；

　　　　S_2——物料粉碎后的比表面积，$\mathrm{m^2/kg}$。

粉碎过程中物料生成的表面积为：

$$m(S_2 - S_1) = \frac{6}{\rho}m\left(\frac{1}{d} - \frac{1}{D}\right)$$

根据表面积理论，粉碎物料时所消耗的能量与物料新生成的表面积成正比。取比例系数为 C'，于是有：

$$W = \frac{6}{\rho}C'm\left(\frac{1}{d} - \frac{1}{D}\right)$$

上式可改写为：

$$W = Cm\left(\frac{1}{d} - \frac{1}{D}\right) \tag{1-6}$$

式中　　W——粉碎物料时所消耗的能量，$\mathrm{kW \cdot h}$；

　　　　C——与物料的性质和形状有关的系数，$\mathrm{kW \cdot h \cdot m/kg}$，可以由实验确定。

此即为表面积理论的数学表达式。

实践表明，表面积理论比较适合于粉磨过程。

2. 体积理论（假说）

体积理论是 1885 年基克（F. Kick）提出的，又称基克假说。该理论认为粉碎物料所消耗的能量与其体积（或质量）成正比。体积理论的物理基础是任何物体受到外力的作用必然在物体内部引起应力和产生变形，应力、应变随外力的增加而增大，当应力达到强度极限后导致物体破坏。对于脆性材料，可以近似地假定物料的应力与应变的关系符合虎克定律，所以物料变形时所做的功 $W(\mathrm{N \cdot m})$ 为：

$$W = \omega V$$

由虎克定律 $\sigma = E\varepsilon$，而弹性应变能密度 $\omega = \dfrac{1}{2}\sigma\varepsilon$，则

$$W = \frac{\sigma^2 V}{2E}$$

式中　σ——物料内部的应力，$\mathrm{N/m^2}$；

$\quad\quad E$——物料的弹性模量，$\mathrm{N/m^2}$；

$\quad\quad V$——物料的体积，$\mathrm{m^3}$。

当物料内部的应力 σ 达到物料的强度极限 σ_b 时，外力所做的功即为粉碎物料时消耗的能量 $W_V(\mathrm{N \cdot m})$，因此有：

$$W_V = \frac{\sigma_\mathrm{b}^2 V}{2E} \tag{1-7}$$

式(1-7) 只与材料常数 σ_b 及 E、物料的体积有关，计算较方便。表 1-2 列出了一些物料的 σ_b 及 E 的值，可供选用。

表 1-2　常见物料的强度极限和弹性模量

物料名称	强度极限 $\sigma_\mathrm{b}/\mathrm{MPa}$	弹性模量 E/GPa	物料名称	强度极限 $\sigma_\mathrm{b}/\mathrm{MPa}$	弹性模量 E/GPa
石英岩	196～216	76～101	大理石	49～147	55
玄武岩	196～294	55～95	砂岩	59～98	10～42
辉绿岩	186～245	60～77	石灰岩	59～118	34
斑岩	147～274	67	无烟煤	13～48	3.5～7
铁矿石	98～147	67～71	煤	7～24	0.6～3
花岗岩	78～147	29～60	泥页岩	3～5	11～19

式(1-7) 的关系也可以用粉碎前后物料的尺寸来表示。

设质量为 m 的物料从粉碎前的直径 D 经 n 次粉碎后直径变为 d，每次粉碎的粉碎比相等且均等于 i，则总粉碎比为：

$$i_0 = \frac{D}{d} = i^n$$

对上式两边取对数，并进行整理：

$$n = \frac{\lg \dfrac{D}{d}}{\lg i}$$

根据式(1-7)，物料第一次粉碎时消耗的能量为：

$$W_{V1} = \frac{\sigma_\mathrm{b}^2 V}{2E} = K' m$$

第二次粉碎时由于粉碎的物料质量和粉碎比都与第一次相同，所以消耗的能量是一样

的，即 $W_{V2} = K'm$，同理，以后各次粉碎消耗的能量分别为：

$$W_{V3} = K'm，W_{V4} = K'm，\cdots，W_{Vn} = K'm$$

n 次总的消耗的能量为：

$$W_V = W_{V1} + W_{V2} + \cdots + W_{Vn} = nK'm$$

将 $n = \dfrac{\lg \dfrac{D}{d}}{\lg i}$ 代入上式中，有：

$$W_V = \frac{K'}{\lg i} m \lg \frac{D}{d}$$

令 $K = \dfrac{K'}{\lg i}$，则上式为：

$$W_V = Km\left(\lg \frac{1}{d} - \lg \frac{1}{D}\right) \tag{1-8}$$

式中　W_V——粉碎物料时所消耗的功，kW·h；

　　　D，d——物料粉碎前后的直径，m；

　　　　m——被粉碎物料的质量，kg；

　　　　K——与物料的性质和形状有关的系数，kW·h/kg。

式(1-7) 和式(1-8) 都为体积理论的数学表达式。

体积理论的数学表达式(1-8) 也可写为：

$$W_V = Km\lg \frac{D}{d} = Km \lg i$$

从上式可知，体积理论表明，粉碎物料时消耗的能量只与粉碎比有关，与物料原来的尺寸无关。体积理论可近似地用于破碎过程，适用于 $i < 8$ 的粗碎过程。

3. 裂纹理论（假说）

裂纹理论是 1952 年邦德（F. C. Bond）提出的，又称邦德假说。当物体受外力作用时，产生应力。当应力超过材料的强度时就会产生裂纹。裂纹尖端处产生应力集中，裂纹即发生扩展，最终导致物体粉碎。裂纹理论认为粉碎物料消耗的能量与粉碎期间生成的裂纹总长度成正比。此理论数学表达式为：

$$W_B = km\left(\frac{1}{\sqrt{d}} - \frac{1}{\sqrt{D}}\right) \tag{1-9}$$

式中　W_B——粉碎物料时所消耗的功，kW·h；

　　　D，d——物料粉碎前后的直径，m；

　　　　m——被粉碎物料的质量，kg；

　　　　k——与物料的性质和使用的粉碎机类型有关的系数。

用式(1-9) 计算，其结果位于表面积理论与体积理论之间。对于物料的中碎能够近似地符合实际情况，有一定的实用价值。不过这一理论没有与上述两种理论相类似的物理基础，缺乏明确的理论根据，因此只能认为是两种基本假说之间的中间公式。

4. 综合理论

上述的三种理论，各看到了粉碎过程的一个方面。雷霆智理论注意的是粉碎后新生成的表面积；基克理论注意的是物料受力发生的变形；而邦德理论注意的是裂纹的形成和发展。它们各从不同角度出发，解释粉碎现象的某些方面，不能全面反映粉碎过程的物理实质，所以使用时都有局限性。事实上，在物料粉碎过程中，起先物料在外力作用下发生弹性或塑性变形，需要消耗一定的功变为物料的变形势能，及至物料破碎之时，这部分势能由于物体的振动而变成热能，散失在周围的空间；因为受力的着力点不同，物料有局部应力，引起裂纹生成；物料碎裂，内部粒子暴露在表面生成新表面，又涉及表面能的增加。上述各过程都需要消耗一部分功，因此，粉碎物料所做的功消耗在使物料变形、产生裂纹以及表面能增加三个方面。因为裂纹的生成实际上也是在物体的局部产生新表面，所以，任何粉碎过程，粉碎功实际包括两部分：一部分是物料变形所消耗的功；另一部分是产生新表面所需要的功。根据能量守恒定律，列宾捷尔（П. А. Ребидер）提出下述公式：

$$A = \sigma_s \Delta S + K_V \Delta V \qquad (1\text{-}10)$$

式中 σ_s——物体的比表面能；

ΔS——在粉碎时新生成的表面积；

K_V——单位体积变形功；

ΔV——经受变形的那部分物体的体积。

粉碎粗大物料时，物料表面较小，物体变形所消耗的功占主要地位，所以粉碎功与物料体积成正比。粉碎细小物料时，表面积较大，新表面形成所需要的功占主要地位，所以粉碎功与物料新生成的表面积成正比。一般来说，在不同的粉碎阶段这两部分功所占分量之比是不同的。

另外，大块物料经风化、矿山开采及搬运的碰击会产生各种缺陷和裂纹，粉碎往往易从这些缺陷处开始。随着粉碎进行，物料尺寸缩小，裂纹和缺陷减少，晶形结构趋于完善，粉碎从沿着晶体或质点的界面发生转变为从晶体或质点内部发生。同时比表面能增加，表面硬度随之增加，于是就变得难以粉碎。所以，粉碎功不仅与物料尺寸变化有关，还与物料的绝对尺寸有关。查尔斯（R. I. Charles）于 1957 年提出粉碎功的综合公式。为了使单位质量尺寸为 D 的物料粉碎，其尺寸缩减 dD 时所消耗的功为：

$$dA = -CD^{-n}dD \qquad (1\text{-}11)$$

式中 C——系数；

n——指数。

当将质量为 m、尺寸为 D 的物料粉碎到尺寸为 d 时，如果令 $n=2$，1 或 3/2，将式 (1-11) 分别积分，便可分别得出表面理论、体积理论和裂纹理论的表达式。当指数大于 1 而小于 2 时，式(1-11) 积分后可得下列实用公式：

$$A = \frac{C}{n-1}\left(\frac{1}{d^{n-1}} - \frac{1}{D^{n-1}}\right)m$$

令 $\dfrac{C}{n-1} = K_0$，则上式为：

$$A = K_0\left(\frac{1}{d^{n-1}} - \frac{1}{D^{n-1}}\right)m \qquad (1\text{-}12)$$

式中，系数 K_0 及指数 n 的大小与物料的性质及尺寸大小等因素有关，可以通过实验确定。

（二）粉碎机械力化学理论

机械力化学泛指机械运动能量与化学能量的相互转换。在机械力化学研究领域中，研究得最为深入的是随着被粉碎固体物料的微细化机械力化学变化。通过对粉碎过程的机械力化学的研究，人们认识到粉碎过程不仅是传统意义上的物料细化过程，而且是伴有复杂能量转换的机械力化学过程。

固体物料在受到机械力作用而被粉碎时，粒度减小的同时还导致自身物质结构及表面物理化学性质的变化。如自由表面增大（即表面自由能增加）、组合结构变化（粒度分布、空隙等）、结晶结构变化（晶格缺陷、无定形化、游离基生成等），以及颗粒相互作用的物理现象（组成分离、生成热、压力升高等）。这些变化并非在所有的粉碎作业中都显著存在，它与机械力的施加方式、粉碎时间、环境以及被粉碎物料的种类、粒度、物理化学性质等都有密切关系。研究表明，在粉碎能耗较高、机械力作用强度较大、物料粉碎过程时间较长、粉碎产品的比表面积较大时，这些变化才能出现或检测得到，如物料的粉磨过程，尤其是高细粉磨或超细粉磨过程。

四、粉碎程序

粉碎作业可以通过不同的程序来完成。根据处理的物料性质、粒度大小、要求的粉碎比、生产能力以及可供使用的机械设备等，可有各种不同的作业程序。

粉碎作业的程序包括两方面的内容：粉碎的级数和每级中的流程。

在陶瓷工业中，对于硬质原料，如长石、石英、瓷石等，常采用一级破碎、二级粉磨；对于软质原料，如二次黏土和风化得较完全的一次黏土，常进行必要的分选后用一级粉磨。粉碎的级数越多，意味着程序越复杂，需要的机械设备和厂房建筑的投资费用也越高。

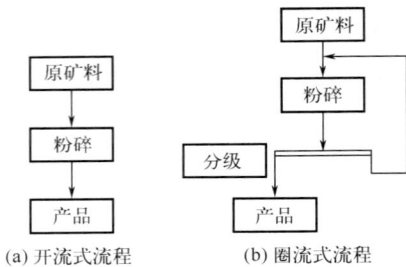

(a) 开流式流程　　(b) 圈流式流程

图 1-2　粉碎的流程

对于每级的粉碎作业，又可分为两种不同的流程：开流式粉碎流程和圈流式粉碎流程，如图 1-2 所示。

在开流式粉碎中，物料只通过粉碎一次即达到要求的粒度，全部作为产品卸出。在圈流式粉碎中，物料经过粉碎机粉碎后需要通过分级设备将其中合乎要求的细粒物料分出，而把粗粒部分重新送回到粉碎机与后来加入的物料一道再进行粉碎。

开流式粉碎比较简单，但要使只经过一次粉碎后的粒度完全达到要求，其中必然有一部分物料发生"过度粉碎"，这种情况对粉磨作业来说更为显著。"过度粉碎"是粉碎作业中要尽量避免的，因为它会使粉碎机的生产能力下降，单位功耗增加。圈流式粉碎没有"过度粉碎"这个缺点，但是物料经过的路线复杂，要使用较多的附属设备，同时操作控制上也比较麻烦和困难。在陶瓷工业中，为了便于控制各批物料的组成、粒度、含水量等主要工艺参数，使之完全一致，往往采用开流式粉碎流程。

五、粉碎机械的操作条件

各种粉碎机械要实现物料粉碎，必须满足三个基本条件。

（1）物料能顺利地到达粉碎区，这就要求破碎物块的最大尺寸不能过大，一般是略小于粉碎机喂料口的尺寸。

（2）粉碎机工作件能将物料钳住而不推开。要满足这一条件，由图 1-3 可以推出，$\alpha \leqslant 2\varphi$。$\alpha$ 为物料与破碎工作件接触点两切线间的夹角，称为啮角（或钳角），φ 为摩擦角，

$\tan\varphi = f$，f 为物料与破碎工作件间的摩擦系数。F_1、F_2 为破碎工作件作用在物料上的破碎力，其方向垂直于工作件表面。F 为最大静摩擦力 fF_2 与最大支持力 F_2 的合力。

（3）已经粉碎的物料能顺利离开粉碎区。

从机械的观点看，粉碎过程主要是一个对物料施加一定大小和频率的破坏力使其不断碎解破裂的过程。在这个过程中，一方面是破碎力，另一方面是物料抵抗破碎的能力，粉碎效果与这两种力有密切的关系。因此在粉碎机选型时，既要了解机械的性能特点，又要考虑到物料的物化性质，才能使粉碎达到良好的效果。

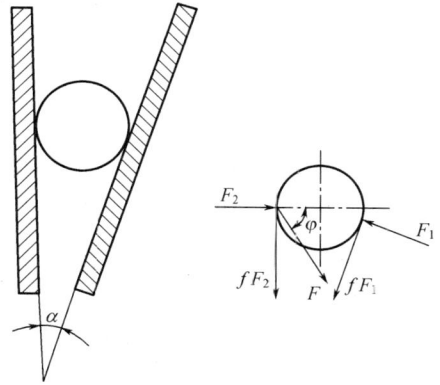

图 1-3　啮角

第二节　颚式破碎机

颚式破碎机简称颚碎机，是破碎作业中最重要和使用最普遍的一种机器。它利用活动颚板（动颚）对固定颚板（定颚）做周期性往返运动，从而将两块颚板之间的物料破碎。

一、复摆式颚碎机的构造和工作原理

图 1-4 是复摆式颚碎机的构造示意图。机架 1 的前壁作为定颚，动颚 3 悬挂在偏心部位，在机架后壁处装有后楔铁 9，与其相接的为另一楔铁 7。在动颚与楔铁之间用推力板 12 来连接，推力板的两端均装在支座内，拉杆 11 与动颚相连，借助弹簧 10 的作用将动颚拉住并使之紧靠在推力板上。

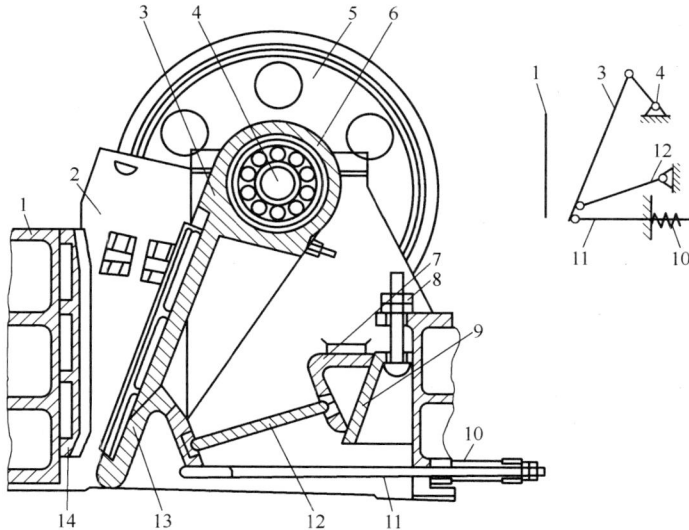

图 1-4　复摆式颚碎机示意图

1—机架；2—侧护板；3—动颚；4—偏心轴；5—飞轮（带轮）；6—滚动轴承；7—前楔铁；8—调节螺栓；
9—后楔铁；10—弹簧；11—拉杆；12—推力板；13—动颚衬板；14—定颚衬板

两块颚板与机架之间围成的空间为破碎室。物料从破碎室上部的进料口加入，已破碎的物料则从破碎室下部的出料口卸出。当偏心轴转动时，动颚做复杂的平面运动，使动颚时而靠近、时而离开定颚。当动颚靠近定颚时，由进料口加入破碎室中的物料受到颚板的挤压作用而被破碎；当动颚离开定颚时，已被破碎的物料由于重力作用自动从出料口卸下。当动颚重新靠近定颚时，新加入的物料又被破碎，离开定颚时，物料则又从出料口卸下，如此反复动作，使破碎作业不断进行下去。

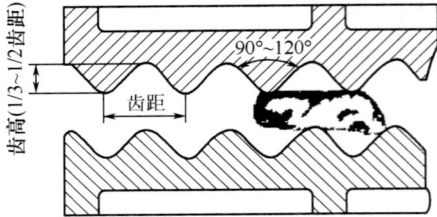

图 1-5　颚式破碎机的衬板

工作时，动颚和定颚承受巨大的破碎力和物料的摩擦作用，容易磨坏。为了保护颚板，一般在其表面安装耐磨的衬板（又称破碎板或保护板）。衬板表面通常做成齿形，如图 1-5 所示。设计和安装时，使其中一块衬板的齿峰正好对着另一块衬板的齿谷，如此破碎时对物料除了有挤压作用外，还有弯曲作用，物料比较容易破碎。工作时，衬板上下两部分磨损的速度不同，下部比上部磨损得要快些。为了延长衬板的使用寿命，衬板设计成上下对称的形状，当下部磨损后可调头使用。衬板的材料可选用白口铸铁和锰钢（Mn13）。衬板安装时必须牢固地贴在颚板上，两者之间应该垫平。工作时衬板不应有松动现象，否则容易折断或磨坏颚板。

破碎室两侧的机架表面上装有光面的侧衬板，用以保护机架，使之免遭磨损。

调整后楔铁 9 可以调节出料口的宽度，从而调节产品的粒度。调节时，转动调节螺栓 8，楔铁即可以左右移动，通过推力板的作用即可使出料口的宽度发生变化。推力板还是机器的"保护杆"。一般鄂碎机的安全装置是将推力板分成两块，用螺栓连成整体使用。在整台机器中以螺栓为最脆弱的零件，当机器超负荷时，螺栓首先折断，推力板分成两块，不能顶住动颚，从而卸出机器的载荷，使机器的其他部分得到保护。也有些鄂碎机的推力板虽然铸成整体，但推力板中间开有大孔，使其断面积减小，机器超负荷时，推力板首先折断，从而保护机器。

偏心轴上的飞轮可起到平衡动力的作用，因为当动颚靠近定颚时，颚板受到破碎室中物料的巨大阻力作用，需要很大的动力，而在离开定颚时，是靠弹簧的作用，不需要动力。在每个工作循环中，载荷很不均匀，为了使载荷均匀，在颚碎机偏心轴的端部装有飞轮 5，飞轮可以把能量储存起来供动颚前进时破碎物料之用。偏心轴的另一端装有带轮，带轮除作传动外，也起着飞轮的作用。

在破碎物料时，巨大的破碎力通过动颚直接作用到偏心轴和轴承上，使偏心轴和轴承的受力情况不好，因此目前还较难制成大型的复摆式颚碎机。

二、主要的工作参数

颚碎机的规格用其进料口的尺寸（宽×长）来表示。如上海建设机械厂生产的 PEF250×400 的颚碎机，PEF 表示复摆式颚碎机，进口宽度为 250mm，长度为 400mm。

1. 入料粒度

入料最大粒度通常为进料口宽度的 75%～85%。

2. 钳角

如图 1-3 所示，钳角 $\alpha \leqslant 2\varphi$。当 $f = 0.2 \sim 0.3$，$\varphi \approx 14° \sim 17°$，$\alpha = 28° \sim 34°$。实际生产中，为了确保安全可靠，常取 $\alpha = 18° \sim 22°$。

3. 偏心轴的转速

破碎工作是间歇性的，偏心轴转一圈，动颚往复摆动一次，前半圈为破碎物料，后半圈为卸出物料。所以，为了获得最大的生产能力，当动颚后退时，破碎后物料应在重力作用下全部卸出，而后动颚立即返回以破碎物料。转速过高或过低都会使生产能力不能达到最大值。

由于颚板较长，摆幅不大，因此可假设动颚摆动时钳角 α 值不变，即动颚作平行摆动。令出料口宽度为 e，动颚行程为 s，破碎后的物料在破碎室内堆积成一梯形体，如图 1-6 所示。BC 线以下的物料尺寸皆小于出料口宽度。按上述条件应为物料自由降落高度 h 所需的时间等于偏心轴转半转所需的时间，由此可推出偏心轴的转速 n 为：

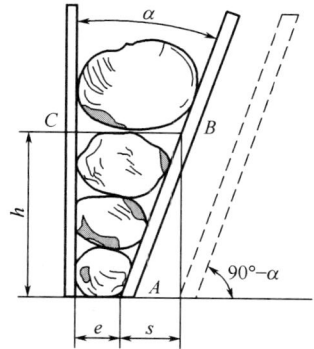

图 1-6 偏心轴转速计算示意图

$$n = 665\sqrt{\frac{\tan\alpha}{s}} \qquad (1\text{-}13)$$

式中　n——偏心轴的转速，r/min；

　　　s——动颚行程，cm；

　　　α——钳角，(°)。

实际上，在动颚行程的初期，物料由于弹性变形仍处于压紧状态，不能立即落下。因此偏心轴的转速应比式(1-13)的计算值低 30% 左右，因此：

$$n = 470\sqrt{\frac{\tan\alpha}{s}} \qquad (1\text{-}14)$$

实际生产中也可用如下经验公式来确定偏心轴的转速。

进料口宽度 $B \leqslant 1.2\text{m}$ 时：

$$n = 310 - 145B$$

进料口宽度 $B > 1.2\text{m}$ 时：

$$n = 160 - 42B$$

4. 生产能力

颚式破碎机的生产能力与被破碎物料的性质（物料强度、节理情况、入料粒度组成等）、破碎机的性能、操作条件（如供料情况和出料口大小）等因素有关，目前还没有把所有这些因素包括进去的理论计算方法，还需广泛采用实际资料和经验公式。如以下经验公式可压于颚式破碎机的生产能力的计算：

$$Q = K_1 K_2 K_3 qe \qquad (1\text{-}15)$$

式中　Q——颚式破碎机的生产能力，t/h；

　　　K_1——物料易碎性系数，见表 1-1；

　　　K_2——物料堆积密度修正系数，$K_2 = \dfrac{\rho_s}{1.6}$，$\rho_s$ 为堆积密度，t/m³；

　　　K_3——进料粒度修正系数，见表 1-3；

　　　q——标准条件下（指开流破碎堆积密度为 1.6t/m³ 的中等硬度物料）的单位出口宽度的生产能力，t/(mm·h)，见表 1-4；

　　　e——破碎机出料口宽度，mm。

式（1-15）并未考虑到破碎机工作特性对生产能力的影响。

表 1-3 进料粒度修正系数

进料最大粒度 D_{max} 和进料口宽度 B 之比 $a = \dfrac{D_{max}}{B}$	0.85	0.60	0.4
K_3	1.0	1.1	1.2

表 1-4 颚式破碎机单位出料口宽度的生产能力 q

规格/mm	250×400	400×600	600×900	900×1200	1200×1500	1500×2100
$q/[\text{t}/(\text{mm}\cdot\text{h})]$	0.4	0.65	0.95～1.0	1.25～1.3	1.9	2.7

5. 功率

颚式破碎机的功率主要消耗于破碎物料和克服机器本身机械摩擦。可以根据体积理论，按照破碎物料需要的破碎力来计算。实践表明，颚式破碎机破碎不规则物料时所需要的破碎力，与被破碎物料的纵向断面尺寸成正比，与物料的抗拉强度极限成正比。另外，由于物料形状的不规则，颚板表面并非完全与物料接触，而只是颚板的一部分承受破碎力，因此还需考虑颚板利用系数。到目前为止，还没有能够将上述因素都能包括的理论公式，因此多数情况下是用下述经验公式来进行估算。

对于进料口宽度 $B \geq 600\text{mm}$ 的大型颚碎机：

$$P = \left(\frac{1}{120} : \frac{1}{100}\right)BL \tag{1-16}$$

对于进料口宽度 $B < 600\text{mm}$ 的中、小型颚碎机：

$$P = \left(\frac{1}{70} : \frac{1}{50}\right)BL \tag{1-17}$$

式中　P——颚式破碎机的功率，kW；

B——进料口宽度，cm；

L——进料口长度，cm。

三、性能及使用

颚式破碎机具有构造简单、修理方便、工作安全可靠、适用范围广的优点。但其工作是间歇性的，有空转行程，增加了非生产性的功率消耗；由于动颚做往复运动，工作时产生很大的惯性力，使零件承受很大的负荷，对基础的要求也很高；在破碎黏湿的物料时，会使生产能力下降，甚至会发生堵塞现象；在破碎片状物料时，片料易沿颚板宽度方向通过而达不到破碎的目的，造成出料溜子或下级破碎机进料口堵塞；粉碎度不大。尽管有这些缺点，颚式破碎机仍是工业中广泛应用的粗、中碎设备，用来破碎石灰石、长石、石英、石膏和水泥熟料等。

颚碎机通常是用作物料的第一次破碎。选型时不仅要满足机器生产能力的要求，而且要根据被破碎物料的块度来选择。一般按下式确定颚碎机进料口的宽度：

$$B = \frac{D_{max}}{0.75～0.85} \tag{1-18}$$

式中　B——颚碎机进料口宽度，m；

D_{max}——被破碎物料的最大直径，m。

颚碎机工作时会产生很大的惯性力，不可避免地要产生振动，因此要安装在坚固的基础上，基础质量可取为机器质量的 5～10 倍，颚碎机的基础不要与厂房的基础相连，以免机器的振动影响建筑物。颚碎机的位置要远离成形和烧成车间，以免影响这些车间的正常操作。

操作时应按先开机后加料、先停料后停机的顺序，使机器在空载下启动关停。加料时要严防铁质物混入，以防发生事故。加料要均匀，特别大的物料不要勉强加入。破碎室中物料的高度不要超过破碎室高度的 2/3。要随时注意轴承的温升和机器的运行声音，发现不正常情况要及时停机处理。

机器运行时严禁任何维修，不准跨越进料口栏杆，处理破碎室堵塞时，禁止站在破碎室的物料上用手去扒大块物料，应当用撬棍或专门的铁钩去清理。

颚碎机工作时会产生粉尘，可喷水，也可在破碎机出口处装设收尘设备，以防粉尘飞扬。

第三节 悬辊式环磨机

悬辊式环磨机又称雷蒙磨，属于粉磨设备。

一、构造和工作过程

雷蒙磨的主机结构如图 1-7 所示。在底盘 3 的边缘上有磨环 4，在底盘下缘的周边上，

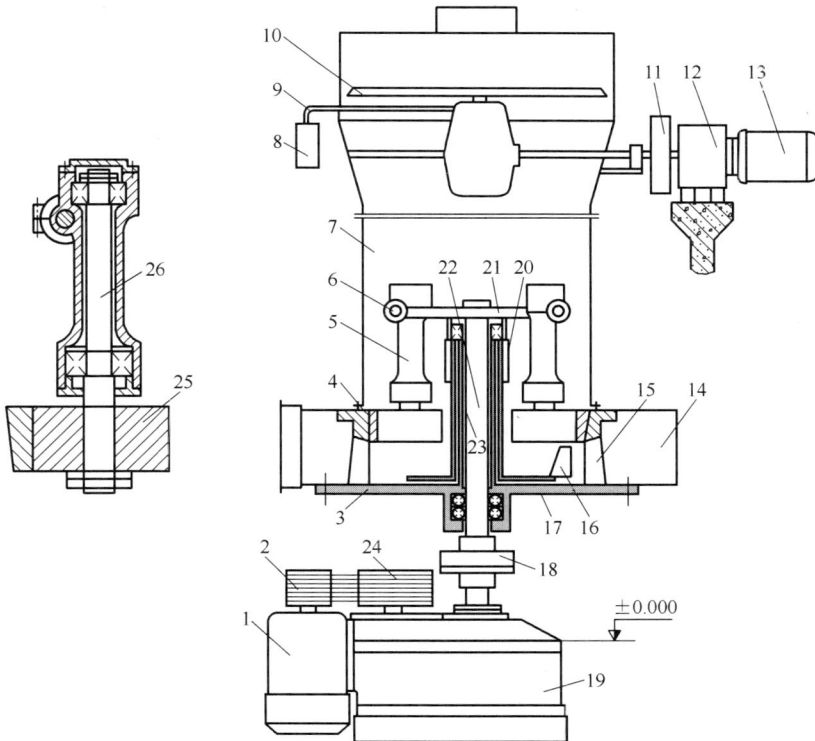

图 1-7 悬辊式环磨机示意图

1、13—电动机；2、11、24—V 带轮；3—底盘；4—磨环；5—磨辊；6—短轴；7—罩筒；8—滤气器；9—管子；10—空气分级机叶片；12—电磁转差离合器；14—风筒；15—进风孔；16—刮板；17—刮板架；18—联轴器；19—减速器；20—进料口；21—梅花架；22—主轴；23—空心立柱；25—辊子；26—辊子轴

开有许多长方形的进风孔 15，最外缘为风筒 14。底盘中间装有空心立柱 23，作为主轴的支座。主轴 22 装于空心立轴的中间，由电动机 1 通过减速器 19、联轴器 18 带动旋转。主轴上端装有梅花架 21，梅花架上有短轴 6，用来悬挂磨辊 5，使磨辊能绕短轴摆动。磨辊中间是能自由转动的辊子轴 26，轴的下端装辊子 25。每台磨机共有 3～6 只（常为 4 只）磨辊，沿梅花架四周作等距离排列。在梅花架下面，固定着套于空心立柱外面的刮板架 17，在刮板架上，正对着每只磨辊前进方向都装有刮板 16。磨机的顶部有分级叶片 10，叶片与可变速的传动装置组成了分选器。

当主轴旋转时，磨辊由于离心力作用紧压在磨环上，因此，磨辊除了有被主轴带动绕磨机中心线旋转的公转运动外，还有由于磨环和辊子之间的摩擦力作用而产生的绕磨辊中心线旋转的自转运动。从进料口进入的物料落在底盘上，并被刮板刮起，撒在磨辊前面的磨环上，当物料还来不及落下时，就被随之而来的磨辊所粉碎。

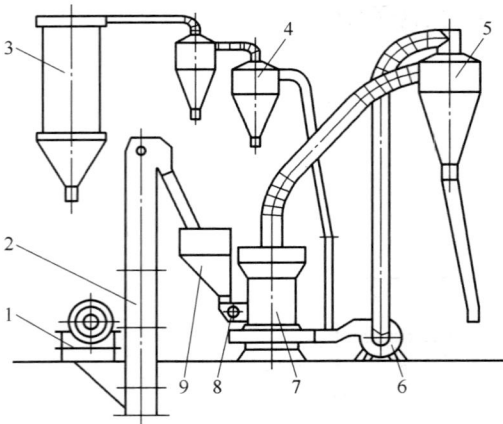

图 1-8　悬辊式环磨机及其辅助设备的
布置示意图

1—颚式破碎机；2—斗式提升机；3—袋式
收尘器；4,5—旋风分离器；6—通风机；
7—雷蒙磨；8—给料机；9—料斗

由通风机鼓入的空气经风筒和进风孔进入磨机内。已粉磨到一定粒度的物料被气流吹起，当经过磨机顶部的分级叶片附近时，气流中的粗颗粒即被分出，落回到底盘上重新被粉碎。达到规定粒度的物料随同气流一道离开磨机，进入收尘器，使细粉得到回收，二次风导入鼓风机入口循环使用。磨机及其附属设备如图 1-8 所示。

产品的粒度是用改变分级叶片转速的方法来调节的。分级机转速增加，上升气流及其中的物料颗粒的旋转速度随之增大，颗粒沿半径方向的沉降速度加快，这样，气流中的物料颗粒在通过分级叶片前将有更多的沉降到气流上升速度较小的罩筒附近并随之落回到底盘上，只有尺寸更小的颗粒才能随同气流一道离开磨机，成为产品，因此，产品的粒度变细。反之，叶片转速减小，物料颗粒的径向沉降速度变慢，大多数颗粒都能通过分级叶片作为产品卸出，故产品的粒度变粗。

雷蒙磨工作过程中，主机内部处于微负压状态，以免操作场所粉尘很大。

二、主要的工作参数

雷蒙磨的规格是以磨辊的个数以及辊子的直径及其长度的厘米数表示，如 4R3216 表示 4 个磨辊，辊的直径为 $\phi320mm$，长度为 160mm。

1. 钳角

雷蒙磨的钳角又称啮入角，用物料与研磨体（磨辊与磨环）接触点的切线夹角来表示。其大小除与本身的结构尺寸有关外，还与物料的尺寸有关。

由于 $\alpha \leqslant 2\varphi$，石质物料与钢质磨环和磨辊之间的摩擦系数平均为 $f=0.3$，则与此相应的摩擦角为 $16°42'$，钳角不大于其两倍。实际采用的钳角应小于此值。

2. 最大进料尺寸

设 D 为磨环直径，d 为磨辊直径，物料直径为 δ，由图 1-9，根据余弦定理可知：

$$\cos\alpha=\frac{(D-\delta)^2+(d+\delta)^2-(D-d)^2}{2(D-\delta)(d+\delta)}$$

化简后可得：

$$\cos\alpha=\frac{Dd-D\delta+d\delta+\delta^2}{Dd+D\delta-d\delta-\delta^2}$$

将 δ 的二次项忽略不计可得：

$$\delta=\frac{1-\cos\alpha}{1+\cos\alpha}\times\frac{Dd}{D-d}$$

以 $\alpha\leqslant2\varphi$ 代入上式，得：

$$\delta=\frac{0.09d}{1-\lambda} \tag{1-19}$$

式中，$\lambda=\dfrac{d}{D}$。一般 $\lambda=\dfrac{1}{3}$，代入上式有：

$$\delta=0.135d \tag{1-20}$$

实际上，为了使操作可靠物料的尺寸应比计算值小 20% 左右，即

$$\delta=0.11d \tag{1-21}$$

式中　δ——最大的进料尺寸。

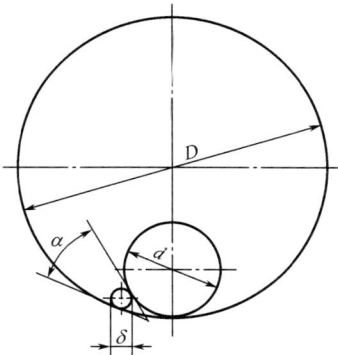

图 1-9　雷蒙磨钳角

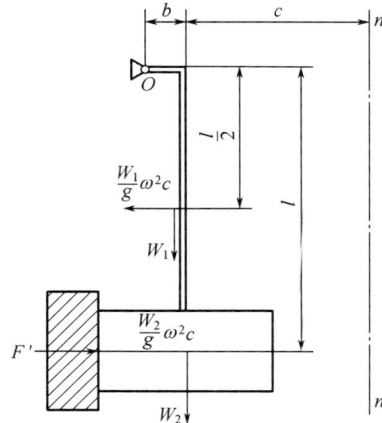

图 1-10　粉碎力的计算

3. 粉碎力

如图 1-10 所示，作用于磨辊上的力有：磨辊柄部的重力 W_1（$=m_1g$），离心力 $m_1\omega^2c$，辊子的重力 W_2（$=m_2g$），离心力 $m_2\omega^2c$，磨环的支承反力 F'，和梅花架上悬挂轴的支承反力 F。以悬挂轴中心 O 为矩心，各力对 O 点的力矩分别为：

$$M_1=-m_1gb$$

$$M_2=-m_1\omega^2c\frac{l}{2}$$

$$M_3=-m_2gb$$

$$M_4=-m_2\omega^2cl$$

$$M_5 = F'l$$

悬挂轴支承反力 F 对 O 点的力矩等于零。

根据平衡条件有：

$$F'l - m_1 g b - m_1 \omega^2 c \frac{l}{2} - m_2 g b - m_2 \omega^2 c l = 0$$

以 $\omega = \dfrac{\pi n}{30}$ 代入上式并整理后得：

$$F' = \frac{bg}{l}(m_1 + m_2) + \frac{\pi^2 n^2 c}{900}\left(\frac{m_1}{2} + m_2\right) \qquad (1-22)$$

式中　F'——磨环的支承反力，即粉碎力，N；

m_1，m_2——磨辊柄部和辊子的质量，kg；

　　　b——磨辊自转中心与摆动中心的距离，m；

　　　c——磨辊的公转半径，m，$c \approx \dfrac{D-d}{2}$；

　　　l——磨辊长度，m；

　　　n——主轴转速，r/min。

4. 功率

雷蒙磨需要的功率包括克服磨辊与磨环之间滚动摩擦力和刮板阻力需要的功率，以及克服机械摩擦力需要的功率。

克服磨辊与磨环间滚动摩擦力需要的功率为：

$$P_r = \frac{kRvZ}{1000 \times \dfrac{d}{2}} \times 10^{-4}$$

以 $v = \dfrac{\pi n}{30}\left(\dfrac{D-d}{2}\right)$ 代入上式得：

$$P_r = \frac{1.05 knRZ(D-d)}{d} \times 10^{-4} \qquad (1-23)$$

式中　P_r——克服滚动摩擦力需要的功率，kW；

　　　k——滚动摩擦因数，m，可取为 $k = 0.01 \sim 0.03$m；

　　　n——主轴转速，r/min；

　　　R——粉碎力，N，由式(1-28)计算；

　　　Z——磨辊的数目，个；

　　　D——磨环直径，m；

　　　d——磨辊直径，m。

电动机功率为：

$$P = \frac{1.05 KknRZ(D-d)}{d\eta} \times 10^{-4} \qquad (1-24)$$

式中　K——考虑刮板阻力的系数，$K = 1.2 \sim 1.5$；

　　　η——机械效率，$\eta = 0.6 \sim 0.8$。

其余符号的意义和单位同前。

5. 生产能力

悬辊式环磨机的生产能力取决于物料的性质和产品的粒度，目前还未能作出准确的计算，一般参照实际操作数据进行估算。表 1-5 中的数据可供参考。

表 1-5　R 型雷蒙磨的生产能力

雷蒙磨型号	产品粒度		生产能力/(t/h)
	进料粒度/mm	出料细度/目	
4R3C19 型	≤20	80～325	3～5.5
4R3216 型	≤25	80～325	4～6
4R3220 型	≤25	80～325	5～8
4R110 型	≤25	80～325	5～10

注：数据来源于郑州市中州机械制造有限公司。

三、性能及使用

雷蒙磨的特点是圈流式粉碎，较少发生物料的"过度粉磨"，效率高，电耗低，与球磨机相比可节电 20%～35%；产品粒度较均匀，细度可控制；一次粉碎比在 300 以上，产量较大（目前已投入生产的磨机其生产能力可达到 1000t/h），且这种磨机在工作时须有较多的配套设施，因而常常在原料加工厂或大型陶瓷企业才被选用。用于粉磨中等硬度或软质的物料，如长石、煤、黏土、石膏等。这种磨机需干法操作，要求物料的含水量＜6%。但物料在粉磨过程中，不可避免地会带入一些铁质（一般估计折合成 Fe_2O_3 的带入量为 0.1%～0.2%），这对陶瓷产品质量有很不好的影响。

雷蒙磨底盘上料层的厚度对其操作影响很大。物料太少，近似于空车运转，磨辊直接压在磨环上，会发出金属碰击声，使磨机的生产能力降低，磨辊和磨环的磨损加剧；反之，物料太多，料层把进风孔堵小，空气流动阻力增大，流速减小，已磨细的物料不能被及时带走，结果在磨内越积越多，越磨越细。由于磨辊的粉碎力较大，细粒物料不能在磨辊与磨环之间形成衬垫层，也会使磨辊和磨环直接接触，这种现象在工厂中称为"塞车"。发生塞车时，应立即停止加料，所以雷蒙磨必须有能根据磨机的操作情况自动地调节加料量的给料机，使磨机底盘上的料层厚度保持在一个适当的数值，从而达到在较高效率下操作的目的。此外，给料机还应具有一定的气密性，不使空气大量漏入磨机内。

第四节　球磨机

球磨机是无机非金属材料工业中最广泛应用的原料粉磨与混合机械。球磨机的国家标准是 GB/T 25708—2010《球磨机和棒磨机》。球磨机的类型很多，分类方法各异，对陶瓷工业来说，由于生产工艺要求要准确控制每批原料的各项工艺参数，原料中不允许铁质掺入，以及从结构简单、操作维修方便、使用上机动灵活等方面考虑，通常采用间歇式球磨机。

一、间歇式球磨机的构造和工作过程

间歇式球磨机的构造如图 1-11 所示。它的主要工作部件是筒体 6，筒体中部有一个加料口 7，供加料和卸料之用，筒体两侧为端盖，端盖中间有短轴，两端短轴各有一个轴承座 10 支撑。轴承下面为轴承座和机架 11。一侧端盖上紧固着大齿圈 5，作为传动之用。在筒体的内表面上镶有衬板 12。球磨机由电动机 1 通过离合器 4 和传动齿轮带动旋转。

在陶瓷工业中，间歇式球磨机一般是湿法操作。球磨机筒体内装有很多称为研磨体的砾石或瓷球。被磨物料和适量的水从加料口加入。筒体旋转时，研磨体在离心力等外力作用下贴在筒体内壁与筒体一起旋转。当研磨体被带到一定高度时，由于重力作用而被抛出，研磨体落下时，筒体中的物料受到研磨体的碰击和研磨作用而被粉碎。当物料被磨到要求的粒度后，把球磨机停下来，使加料口朝上，打开盖子，装上带孔的卸料管 9（图 1-11，此时卸料管中的旋塞应当是关闭的），再将筒体转动，使加料口朝下，打开卸料管中的旋塞，这样，筒体内的浆状物——料浆就可自动流出。卸料时装上卸料管的目的是防止研磨体随同料浆一同排出。为了加快料浆流出的速度和使料浆卸得更为完全，或者在卸料的同时需要把料浆送到较高的地方，卸料时可以往筒体中通入压缩空气，使料浆在压缩空气的压力作用下流出。

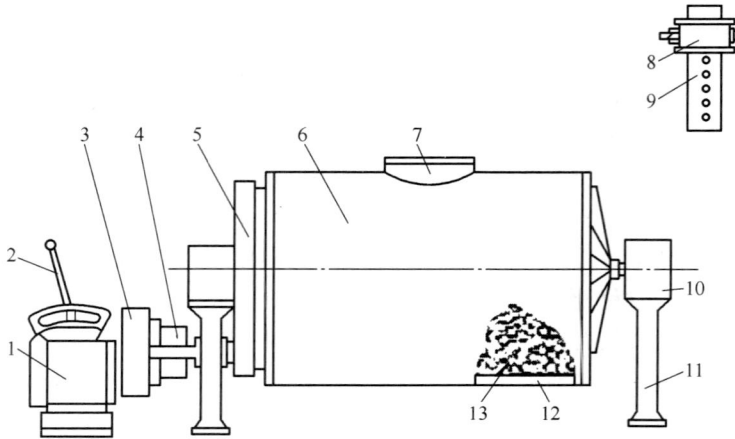

图 1-11　间歇式球磨机示意图

1—电动机；2—离合器操纵杆；3—V 带轮；4—离合器；5—大齿圈；6—筒体；7—加料口；
8—旋塞阀；9—卸料管；10—轴承座；11—机架；12—衬板；13—研磨体

二、球磨机研磨体运动分析

（一）研磨体在筒体中的运动状态

由生产实践和模型实验可知，筒体内研磨体的运动是很复杂的，有随筒体的上升运动，有研磨体与筒壁之间及研磨体与研磨体之间的相对滑动，有研磨体的抛落运动，也有研磨体绕自身轴线的自转运动等。这些运动与很多因素有关，如筒体的转速、研磨体的填装量及研磨体与筒体内壁的摩擦系数等。但在不同的转速下，研磨体在筒体中的运动状态基本上可化简为三种形式，如图 1-12 所示。

1. 泻落式运动状态

当球磨机转速较低时，研磨体靠摩擦力作用随筒体升至一定高度形成斜坡，当面层研磨体的倾斜角超过其自然休止角时，研磨体将沿斜坡滚下，形成泻落式的运动，如图 1-12（a）所示。在泻落式运动状态下，物料主要在研磨体相对运动时产生的碰击和研磨作用下被粉碎。但此种状态下，研磨体的动能不大，对物料的碰击力量不足。

2. 抛落式运动状态

当球磨机转速较高时，研磨体随筒体旋转上升至一定高度后，将像抛射体一样抛落下

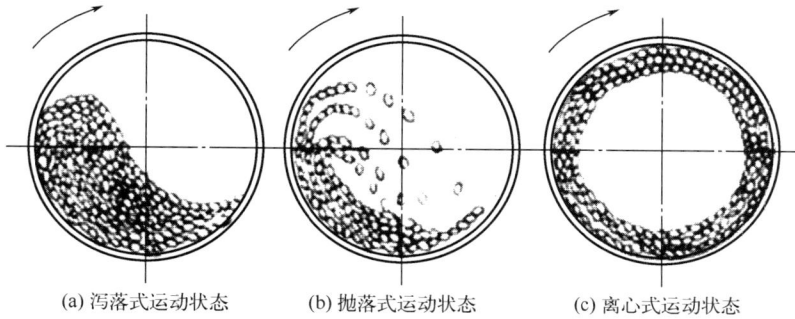

(a) 泻落式运动状态　　　(b) 抛落式运动状态　　　(c) 离心式运动状态

图 1-12　研磨体的运动状态

来，研磨体的这种运动状态称为抛落式运动，如图 1-12（b）所示。在抛落式运动中，每层研磨体的运动轨迹都可以分成两部分，一部分是圆弧，另一部分近似为抛物线。通常，球磨机中的研磨体以这种状态工作。在抛落式运动状态下，物料主要是在研磨体抛落时的碰击作用以及部分的研磨作用下被粉碎的，同时研磨体的滚动和滑动对物料兼施磨剥作用。

3. 离心式运动状态

当筒体转速过高时，由于离心力的作用，研磨体贴附在筒体内壁上与筒体一道回转，如图 1-12（c）所示，研磨体的这种运动状态称为离心式运动。在离心式运动中，研磨体不再对物料产生碰击作用。

（二）研磨体抛落式运动的运动规律

球磨机在工作时，筒体内除了装研磨体外还有物料和水，为使问题得以简化，在对球磨机中研磨体抛落式运动情况进行分析时，作如下的假设。

（1）当球磨机在一定条件下（如一定的转速和研磨体填装量）工作时，研磨体互不干扰，在筒体内是按其所在位置一层层地进行循环运动。任一层的研磨体，在运动过程中，无论经历何种轨迹的运动，最后仍回到原来所在的层，运动轨迹近乎封闭曲线。

（2）研磨体的运动轨迹曲线一种是以筒体横截面的中心为中心，以其所在层的半径为半径的圆弧；另一种是抛物线。

（3）研磨体与筒体内壁之间以及研磨体层与层之间的滑动忽略不计。如此，当研磨体沿着圆弧轨迹上升时，其线速度应与筒体内相当于研磨体中心处的圆周速度相等。

（4）筒体内物料与水对研磨体运动的影响忽略不计。

1. 研磨体的运动方程式及脱离点的轨迹

由以上假设，筒体转动时研磨体随筒体一道沿圆弧轨迹向上运动，当达到某一高度时，研磨体将离开圆弧轨迹沿抛物线轨迹落下，此时研磨体的中心称为研磨体的脱离点。各层研磨体脱离点的连线称为研磨体的脱离点轨迹。连接脱离点与筒体中心的直线与垂直坐标轴（Y 轴）之间的夹角称为研磨体的脱离角，以 α 表示，如图 1-13 所示。

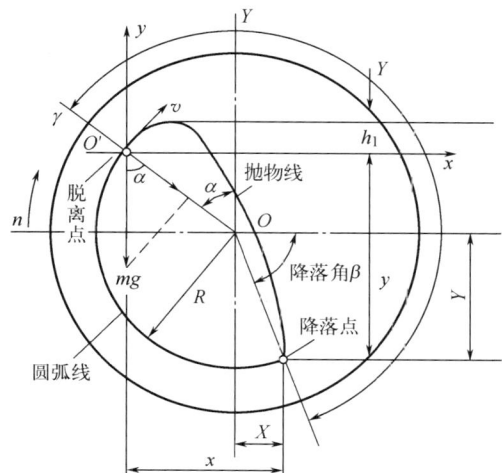

图 1-13　球磨机中研磨体的运动情况

取球磨机筒体横截面上任意层中的某个研磨体作为研究对象。设研磨体到筒体中心 O 的距离为 R。该研磨体随筒体沿着以 O 为中心、R 为半径的圆弧向上运动。此时，作用在研磨体上的离心力为：

$$F_c = m \frac{v^2}{R}$$

式中　F_c——离心力；

　　　m——研磨体的质量；

　　　v——研磨体的线速度。

研磨体的线速度为：

$$v = \frac{\pi n}{30} R$$

式中　n——筒体的转速。

作用于研磨体上的重力 mg 可沿半径方向、切线方向分解为两个力。随着研磨体位置的不断升高，径向分力将不断发生变化。当径向分力与离心力大小相等、方向相反时，研磨体将脱离圆弧轨迹开始抛射出去，开始沿抛物线轨迹运动。因此，研磨体在脱离点处有：

$$R = \frac{900}{n^2} \cos\alpha \quad \text{或} \quad \cos\alpha = \frac{Rn^2}{900} \tag{1-25}$$

式（1-25）即为研磨体的运动方程式。

从方程式可知，研磨体的脱离角是由研磨体所在层的半径和筒体转速决定的，与研磨体的质量无关。由于方程式对任何一层研磨体都是适用的，具有普遍的意义，所以式（1-25）也就是研磨体脱离点轨迹方程式。从解析几何学知道，式（1-25）是以筒体中心 O 为极点，OY 为极轴的圆的极坐标方程式，该圆的圆周通过极点 O。

2. 降落点的轨迹

研磨体从脱离点抛出后，沿抛物线轨迹落下，研磨体降落至终点时，其中心点称为研磨体的降落点。各层研磨体降落点的连线称为研磨体的降落点轨迹。连接降落点与筒体中心的直线与水平坐标轴（X 轴）之间的夹角称为研磨体的降落角，以 β 表示，如图 1-13 所示。按前面的假设，其降落点应是在抛物线与圆弧线的交点上。因此，列出抛物线和圆的方程并联立求解，其结果即表示降落点的位置。

设脱离点 O' 为 $xO'y$ 坐标系的原点，则研磨体的抛物线方程为：

$$x = vt\cos\alpha$$

$$y = vt\sin\alpha - \frac{1}{2}gt^2$$

式中　v——研磨体从脱离点抛出时的线速度；

　　　t——时间。

消去参数 t 后，抛物线的轨迹方程为：

$$y = x\tan\alpha - \frac{gx^2}{2v^2\cos^2\alpha} \tag{1-26}$$

对于坐标系 XOY，圆轨迹的方程为：

$$X^2 + Y^2 = R^2$$

通过坐标变换有：

$$(x-R\sin\alpha)^2+(y+R\cos\alpha)^2=R^2 \tag{1-27}$$

联立式(1-26)、式(1-27)两式，可得：

$$\begin{cases} x=4R\sin\alpha\cos^2\alpha \\ y=-4R\sin^2\alpha\cos\alpha \end{cases}$$

再通过坐标变换，可得以坐标 X、Y 表示的降落点的坐标：

$$\left.\begin{array}{l} X=4R\sin\alpha\cos^2\alpha-R\sin\alpha \\ Y=-4R\sin^2\alpha\cos\alpha+R\cos\alpha \end{array}\right\}$$

$$\tag{1-28}$$

由图 1-13，降落角的正弦为：

$$\sin\beta=\frac{|Y|}{R}=\frac{4R\sin^2\alpha\cos\alpha-R\cos\alpha}{R}=-(4\cos^3\alpha-3\cos\alpha)=-\cos3\alpha$$

从而可得降落角：

$$\beta=3\alpha-\frac{\pi}{2} \tag{1-29}$$

从图 1-13 可知，从脱离点到降落点的角 $\gamma=\alpha+\beta+\dfrac{\pi}{2}=4\alpha$，所以降落点轨迹可按照下面的方法作出：从脱离点轨迹上取一系列的点并分别与圆心 O 以直线相连，得到各点的脱离角 α，然后沿筒体旋转方向作出一系列与之对应的角 γ，γ 的大小等于 4α，这些角的一边为脱离点与圆心的连线，另一边与圆弧轨迹的交点即为降落点，最后以光滑曲线连接各降落点，该曲线即为降落点轨迹。

3. 研磨体的最内层半径

研磨体的最内层是指研磨体能以一最小半径 R_2 随筒体上升到一定高度后，不受干扰地沿抛物线轨迹落下。要满足这个要求，从图 1-14 可知，最内层研磨体的降落点只能在曲线 B_1W 上。在降落点轨迹的各点中，B_1 点位于垂直坐标轴 OY 的最左边，该点的 X 坐标有极小值。

根据式(1-28)，降落点的 X 坐标为：

$$X=4R\sin\alpha\cos^2\alpha-R\sin\alpha$$

以 $R=\dfrac{900}{n^2}\cos\alpha$ 代入上式，令 $\dfrac{\mathrm{d}X}{\mathrm{d}\alpha}=0$，求得最内层研磨体的脱离角为：

$$\alpha_2=73°44'$$

图 1-14　研磨体的最内层

因此，最内层半径为：

$$R_2=\frac{900}{n^2}\cos73°44'$$

即

$$R_2=\frac{250}{n^2} \tag{1-30}$$

上式说明，确定球磨机筒体中研磨体的填装量时，务必使研磨体的最内层半径不小于 $\dfrac{250}{n^2}$。如果研磨体最内层半径小于 $\dfrac{250}{n^2}$，研磨体降落时就会发生相互碰撞，损失能量，降低

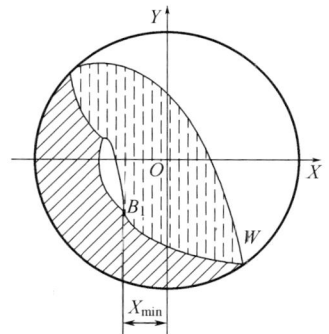

粉碎效率，同时还会使研磨体加速磨损或碰坏。

4. 研磨体的循环次数

研磨体在圆弧和抛物线轨迹运动的整个过程称为循环。设筒体的转速为 n，则筒体每转一周所需的时间为：

$$t = \frac{60}{n}$$

对任意一层研磨体，在圆弧轨迹上运动经历的时间 t_1 为：

$$t_1 = \frac{2\pi - 4\alpha}{\dfrac{\pi n}{30}}$$

或

$$t_1 = \frac{38.2\left(\dfrac{\pi}{2} - \alpha\right)}{n} \tag{1-31}$$

该层研磨体在抛物线轨迹上运动经历的时间 t_2 为：

$$t_2 = \frac{x}{v\cos\alpha} = \frac{4R\sin\alpha\cos^2\alpha}{\dfrac{\pi n}{30}R\cos\alpha}$$

化简后得：

$$t_2 = \frac{19.1\sin 2\alpha}{n} \tag{1-32}$$

循环一次所需要的时间 t_0 为：

$$t_0 = t_1 + t_2 = \frac{38.2\left(\dfrac{\pi}{2} - \alpha\right) + 19.1\sin 2\alpha}{n} \tag{1-33}$$

在球磨机筒体旋转一周的时间内研磨体循环运动的次数 i 为：

$$i = \frac{t}{t_0}$$

将 $t = \dfrac{60}{n}$ 代入上式并化简得：

或

$$i = \frac{\pi}{\pi - 2\alpha + \sin 2\alpha} \tag{1-34}$$

5. 循环轨迹上研磨体的数目分析

设单位时间内有 m 个研磨体从脱离点进入抛物线轨迹。由于研磨体的循环是连续不断的，在同一时间内应有同样多的研磨体从降落点进入圆弧轨迹。因此，根据研磨体在圆弧轨迹上和抛物线轨迹上运动的时间，可以得到分布在这两条轨迹上研磨体的数目。

假设从某一瞬时零开始，经过降落点进入圆弧轨迹的研磨体，经历了时间 t_1 后应当到达脱离点，那么，在时间 t_1 内进入圆弧轨迹的研磨体 $t_1 m$，应当也就分布在圆弧轨迹上。因此，分布在圆弧轨迹上的研磨体的数目为：

$$N_1 = \frac{38.2\left(\dfrac{\pi}{2} - \alpha\right)}{n}m \tag{1-35}$$

同理，分布在抛物线轨迹上的研磨体的数目为 $t_2 m$，即

$$N_2 = \frac{19.1\sin2\alpha}{n}m \tag{1-36}$$

分布在两条不同轨迹上研磨体数目之比为：

$$\frac{N_1}{N_2} = \frac{\pi - 2\alpha}{\sin2\alpha} \tag{1-37}$$

同一层中研磨体的总数为：

$$N = N_1 + N_2 = \frac{38.2\left(\dfrac{\pi}{2} - \alpha\right) + 19.1\sin2\alpha}{n}m \tag{1-38}$$

三、主要的工作参数

（一）转速

1. 临界转速

当球磨机筒体的转速达到某一数值时，最外层研磨体的脱离角等于零，研磨体升到最高，不再沿抛物线轨迹落下，如图 1-15 所示，这个转速称为球磨机的临界转速，以 n_c 表示。

以研磨体最外层半径 R_1 和其脱离角 $\alpha_1 = 0°$ 代入式（1-25）中，得临界转速：

$$n_c = \frac{30}{\sqrt{R_1}} = \frac{30}{\sqrt{\dfrac{D}{2} - \dfrac{d}{2}}}$$

图 1-15　在临界转速下
各层研磨体运动情况

式中　D——筒体的有效直径，等于筒体内径减去两倍衬板厚度，m；

d——研磨体的直径，m。

因为 $d \ll D$，故上式近似成为：

$$n_c = \frac{42.4}{\sqrt{D}} \tag{1-39}$$

必须指出，如只考虑离心力的作用而忽略滑动和物料对研磨体运动的影响等因素，当 $\alpha_1 = 0°$ 时，最外层研磨体紧贴筒体内壁的现象是可能发生的，但是事实上由于这些因素的影响，球磨机实际临界转速比理论计算的临界转速要大。

2. 工作转速

使研磨体做最大功时筒体的转速称为球磨机的工作转速或适宜转速，以 n 表示。以抛落式工作的球磨机，希望研磨体能从最高的位置抛下，以获得最大的粉碎功。由图 1-13，研磨体的降落高度为：

$$H = h_1 + |y|$$

研磨体在脱离点处的线速度 v 可分解成 v_x、v_y，其中 $v_y = v\sin\alpha$，由 v_y 产生的动能 $E_y = \frac{1}{2}mv_y^2 = \frac{1}{2}mv^2\sin^2\alpha$ 在抛物线的最高点，$v_y = 0$，此时，全部动能转变成势能，所以：

$$E_v = mgh_1$$

$$h_1 = \frac{v^2\sin^2\alpha}{2g}$$

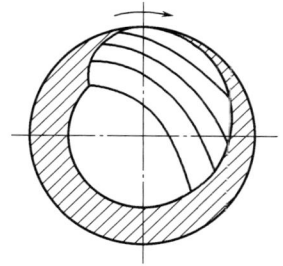

由研磨体从脱离点的脱离条件 $mg\cos\alpha = F_c$，而 $F_c = m\dfrac{v^2}{R}$ 得：

$$\frac{v^2}{g} = R\cos\alpha$$

因此

$$h_1 = \frac{1}{2}R\sin^2\alpha\cos\alpha$$

由图 1-13：

$$|y| = 4R\sin^2\alpha\cos\alpha$$

所以

$$H = 4.5R\sin^2\alpha\cos\alpha$$

为了求得 H 有最大值时 α 的数值，令 $\dfrac{\mathrm{d}H}{\mathrm{d}\alpha} = 0$，得：

$$\alpha = 54°44'$$

此值表示筒体内任意层研磨体若以此脱离角抛出，其降落高度有最大值。但各层研磨体的脱离角是各不相同的，也就是说不可能使各层研磨体的 $\alpha = 54°44'$，即不可能使各层研磨体都有最大的降落高度。

一般认为，最外层研磨体数量多，降落高度大，必须充分发挥其对物料的粉碎作用。所以在确定球磨机的工作转速时，应使最外层研磨体的 $\alpha = 54°44'$，即使其获得最大的降落高度。

以 $\alpha = 54°44'$，$R = R_1$（研磨体最外层半径）代入式(1-25)，即可求得球磨机的工作转速：

$$n = \frac{32}{\sqrt{D}} \tag{1-40}$$

式中　n——球磨机的工作转速，r/min；

　　　D——筒体的内径，m。

令工作转速与临界转速之比为 q（球磨机的转速比），则

$$q = \frac{n}{n_c} \approx 0.755 \tag{1-41}$$

取

$$q = 0.76$$

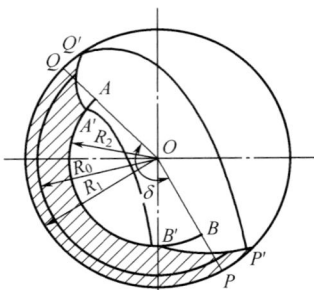

图 1-16　研磨体的"聚集层"

另一种意见认为，不能只使最外层研磨体有最大的降落高度，而应该全面地发挥各层研磨体对物料的粉碎作用。为此，可以假想球磨机筒体中所有的研磨体都集中在某一中间层运动，研磨体在这一中间层的运动性质，可以概括地代表全部研磨体内的运动情况，这一中间层称为"聚集层"。聚集层的位置可根据聚集层与全部研磨体层对筒体中心的惯性矩相等的原则确定。如图 1-16 所示，作直线 OP 和 OQ，使面积 $ABPQ$ 与面积 $A'B'P'Q'$ 对 O 点的惯性矩相等。

全部研磨体层对筒体中心 O 的惯性矩为：

$$\int_{R_2}^{R_1} \delta R^3 \, \mathrm{d}R = \frac{\delta}{4}(R_1^4 - R_2^4)$$

设聚集层半径为 R_0，聚集层研磨体对筒体中心 O 的惯性矩为 $\dfrac{\delta}{2}(R_1^2 - R_2^2)R_0^2$，令两者

相等，可得聚集层半径：

$$R_0 = \sqrt{\frac{R_1^2 + R_2^2}{2}}$$

为了发挥各层研磨体对物料的粉碎作用，在确定球磨机工作转速时，应使聚集层的研磨体有最大的降落高度。将 $\alpha = 54°44'$，$R = R_0$ 代入式（1-25）中，最后可得球磨机的工作转速：

$$n = \frac{37}{\sqrt{D}} \tag{1-42}$$

相应的转速比 $q = 0.88$。

球磨机的工作转速或适宜转速与很多因素有关，如物料的性质与装载量、料球水的配比、衬板的形状等，所以至今尚无定论。上述理论公式只能作为参考。在最后确定工作转速时，应当通过实验确定。从国内外发表的实际操作资料来看，球磨机的转速比在 $0.55\sim0.85$ 之间，多数在 $0.75\sim0.85$ 之间。在确定球磨机工作转速（r/min）时有下列各式可供参考：

$$D < 1.25\text{m 时，}\quad n = \frac{40}{\sqrt{D}}$$

$$D = 1.25\sim1.75\text{m 时，}\quad n = \frac{35}{\sqrt{D}}$$

$$D < 2.5\text{m 时，}\quad n = \frac{32}{\sqrt{D}} \tag{1-43}$$

$$D = 2.5\sim3.5\text{m 时，}\quad n = \frac{25\sim28}{\sqrt{D}}$$

（二）功率

球磨机的功率包括两部分：一部分用于提升研磨体至一定的高度并使之具有一定的速度抛射出去，沿抛物线轨迹落下粉碎物料；另一部分用于克服机械摩擦阻力。

如图 1-17 所示，研磨体提升的高度为：

$$h_2 = 4R\sin^2\alpha\cos\alpha$$

在脱离点处研磨体的线速度为：

$$v = \frac{\pi n}{30}R$$

如筒体长度为 L，线速度为 v，对于半径为 R、宽为 $\mathrm{d}R$ 的一薄层，单位时间研磨体的提升质量为：

$$m = \rho L v \mathrm{d}R = \rho L \frac{\pi n}{30}R\mathrm{d}R$$

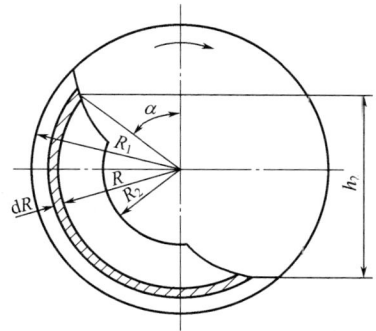

图 1-17　功率的计算

式中　ρ——研磨体的密度。

将这些研磨体提升到高度 h_2 并使之具有速度 v 所需要的能量为 $\rho L \frac{\pi n}{30}R\mathrm{d}R\left(gh_2 + \frac{1}{2}v^2\right)$，此即为提升功率 $\mathrm{d}P$。将 $h_2 = 4R\sin^2\alpha\cos\alpha$，$v = \frac{\pi n}{30}R$，$\cos\alpha = \frac{Rn^2}{900}$ 代入，化解得：

$$dP = \frac{\pi \rho g n^3 L}{54000}\left(9R^3 - \frac{8n^4}{810000}R^5\right)dR$$

在 R_1、R_2 范围内积分并令 $k = \frac{R_2}{R_1}$，得：

$$P = \int_{R_2}^{R_1} \frac{\pi \rho g n^3 L}{54000}\left(9R^3 - \frac{8n^4}{810000}R^5\right)dR$$

$$= \frac{\pi \rho g n^3 L R_1^4}{216000}\left[9(1-k^4) - \frac{16n^4 R_1^2}{2430000}(1-k^6)\right]$$

以 $n = \frac{30q}{\sqrt{R_1}}$ 以及 $R_1 \approx \frac{D}{2}$ 代入上式，并将功率单位换算为 kW，研磨体密度单位换算为 t/m³，可得：

$$P = 0.68\rho D^{2.5} L q^3 \left[9(1-k^4) - \frac{16}{3}q^4(1-k^6)\right]$$

令

$$c = q^3\left[9(1-k^4) - \frac{16}{3}q^4(1-k^6)\right]$$

于是有

$$P = 0.68c\rho D^{2.5}L \tag{1-44}$$

式中　P——功率，kW；

ρ——研磨体的容积密度，t/m³；

D——筒体内径，m；

L——筒体长度，m。

上式中的系数 c 由 q、k 的大小决定，而 k 的大小除与转速有关外，还与研磨体的填装量有关。

在实际的工作中，球磨机中研磨体的装填系数 ϕ 为：

$$\phi = \frac{m}{\frac{\pi D^2}{4}L\rho}$$

式中　m——球磨机中研磨体的质量。

不同的 q、ϕ 值下 k 值的大小可从表 1-6 中查得。

表 1-6　不同 q、ϕ 值下的 k 值

转速比 q	填充系数 ϕ					
	0.3	0.35	0.4	0.45	0.5	0.55
0.60	0.1723	—	—	—	—	—
0.62	0.4036	—	—	—	—	—
0.64	0.4940	—	—	—	—	—
0.66	0.5543	0.3243	—	—	—	—
0.68	0.5995	0.4427	—	—	—	—
0.70	0.6354	0.5126	0.2389	—	—	—
0.72	0.6650	0.5630	0.3990	—	—	—
0.74	0.6899	0.6022	0.4779	—	—	—

转速比 q	填充系数 ϕ					
	0.3	0.35	0.4	0.45	0.5	0.55
0.76	0.7111	0.6340	0.5324	0.3627	—	—
0.78	0.7295	0.6606	0.5740	0.4492	—	—
0.80	0.7456	0.6832	0.6074	0.5066	0.3325	—
0.82	0.7597	0.7027	0.6351	0.5497	0.4251	—
0.84	0.7721	0.7196	0.6585	0.5840	0.4843	0.3069
0.86	0.7832	0.7344	0.6785	0.6122	0.5281	0.4041
0.88	0.7929	0.7473	0.6958	0.6359	0.5627	0.4640
0.90	0.8016	0.7587	0.7109	0.6560	0.5908	0.5078
0.92	0.8093	0.7688	0.7239	0.6733	0.6143	0.5419
0.94	0.8160	0.7775	0.7353	0.6881	0.6340	0.5695
0.96	0.8218	0.7851	0.7451	0.7008	0.6507	0.5922
0.98	0.8268	0.7916	0.7535	0.7116	0.6648	0.6110
1.00	0.8308	0.7969	0.7604	0.7206	0.6764	0.6263

在合理的工作制度下，一般 $k \leqslant 0.5$，这样 k^4 和 k^6 远小于 1，系数为：

$$c \approx q^3 \left(9 - \frac{16}{3} q^4 \right) \tag{1-45}$$

从表 1-7 可查出不同转速比 q 时的系数 c 的值。

表 1-7　不同 q、ϕ 值下的 c 值

转速比 q	填充系数 ϕ					
	0.3	0.35	0.4	0.45	0.5	0.55
0.60	1.7930	—	—	—	—	—
0.62	1.9010	—	—	—	—	—
0.64	1.9877	—	—	—	—	—
0.66	2.0608	2.2682	—	—	—	—
0.68	2.1225	2.3653	—	—	—	—
0.70	2.1734	2.4426	2.6378	—	—	—
0.72	2.2137	2.5039	2.7413	—	—	—
0.74	2.2428	2.5503	2.8164	—	—	—
0.76	2.2604	2.5819	2.8701	3.1031	—	—
0.78	2.2657	2.5985	2.9040	3.1679	—	—
0.80	2.2578	2.5991	2.9184	3.2048	3.4347	—
0.82	2.2355	2.5829	2.9126	3.2163	3.4785	—
0.84	2.1980	2.5488	2.8857	3.2024	3.4833	3.7145
0.86	2.1436	2.4950	2.8365	3.1624	3.4639	3.7244
0.88	2.0707	2.4202	2.7632	3.0949	3.4081	3.6911

转速比 q	填充系数 ϕ					
	0.3	0.35	0.4	0.45	0.5	0.55
0.90	1.9778	2.3223	2.6639	2.9982	3.3192	3.6177
0.92	1.8627	2.1993	2.5364	2.8700	3.1950	3.5039
0.94	1.7234	2.0488	2.3781	2.7079	3.0334	3.3482
0.96	1.5572	1.8679	2.1862	2.5088	2.8314	3.1483
0.98	1.3613	1.6536	1.9576	2.2696	2.5858	2.9011
1.00	1.1326	1.4029	1.6888	1.9869	2.2934	2.6036

式(1-44)是功率计算理论式，表示了球磨机各参数与功率的相互关系，具有一定的指导意义，但它没有考虑系统功率的其他平衡关系，结果数值偏大。因此，式(1-45)仅供选择球磨机配套用电动机时的参考。至于克服机械摩擦力需要克服的功率和功率储备，可不必再计算。

(三) 球磨机的生产能力

球磨机的生产能力与很多因素有关，主要的有以下几种。

(1) 物料的种类、物理性质、粉磨前的粒度和要求磨细的程度。

(2) 球磨机的直径和长度、衬板的材料和形状、筒体的转速。

(3) 研磨体的种类、装填量、形状、尺寸大小及其配合。

(4) 物料和水的加入量、加料方式、是否加入助磨剂。

工艺设计选型时，可按下式计算：

$$Q = K\frac{m}{t} \tag{1-46}$$

式中　Q——球磨机的生产能力，t/h；

　　　m——每次装入物料量，t；

　　　t——每次球磨的时间，包括装卸时间、球磨时间和其他各种辅助时间；

　　　K——考虑到各种损失的系数，$K<1$。

(四) 研磨体装填量及选择

1. 装填量

球磨机中研磨体的装填量一般以填充系数 ϕ 表示，有以下两种表示方法。

(1) 以球磨机中研磨体的体积与球磨机筒体体积之比表示，即

$$\phi = \frac{m}{\dfrac{\pi D^2}{4}L\rho} \tag{1-47}$$

(2) 以球磨机静止时在筒体横截面内研磨体占的面积与研磨体最外层半径所在圆的面积之比表示，即

$$\phi = \frac{A}{\pi R_1^2} \tag{1-48}$$

式中　A——球磨机静止时在筒体横截面内研磨体占的面积；

　　　R_1——研磨体最外层半径。

第一种表示方法较易计算，第二种计算方法讨论如下。

当球磨机旋转时，研磨体所占的面积分成为两部分：沿圆弧轨迹运动的部分和沿抛物线轨迹运动的部分，如图 1-18 所示。

设 A_1 表示研磨体沿圆弧轨迹运动部分的面积，A_2 表示研磨体沿抛物线轨迹运动部分折算成与沿圆弧轨迹运动部分有相同间隙时的面积，因此有：

$$A = A_1 + A_2$$

A_1 的计算：一般来说，研磨体在运动过程中，研磨体之间的间隙与静止时是不同的。不过，沿圆弧轨迹运动部分的研磨体，其间隙与静止时的情况相差不大，可近似认为是相同的。从图 1-24 可知，对于半径为 R、宽为 $\mathrm{d}R$ 的圆弧带面积：

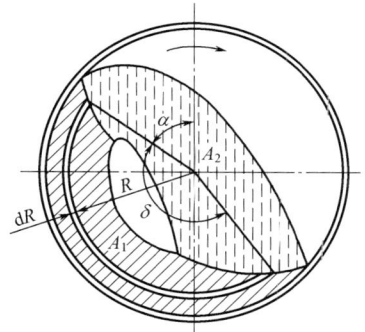

图 1-18 填充系数的计算

$$\mathrm{d}A_1 = \delta R \,\mathrm{d}R$$

以 $\delta = 2\pi - 4\alpha$，$R = \dfrac{900}{n^2}\cos\alpha$，$\mathrm{d}R = -\dfrac{900}{n^2}\sin\alpha \,\mathrm{d}\alpha$ 代入可得：

$$\mathrm{d}A_1 = -\frac{4\times900}{n^2}\left(\frac{\pi}{2}-\alpha\right)\sin\alpha\cos\alpha \,\mathrm{d}\alpha$$

积分后得：

$$A_1 = -\frac{4\times900}{n^2}\int_{\alpha_2}^{\alpha_1}\left(\frac{\pi}{2}-\alpha\right)\sin\alpha\cos\alpha \,\mathrm{d}\alpha = \frac{900^2}{2n^4}\left[\sin2\alpha + (\pi-2\alpha)\cos2\alpha\right]_{\alpha_2}^{\alpha_1}$$

积分的上下限由实际工作条件决定。

例如，如果令球磨机中最外层研磨体有最大的降落高度，即

$$\alpha_1 = 54°44', \quad n = \frac{22.89}{\sqrt{R_1}}$$

并且按照研磨体有最大的装填量计算，即

$$\alpha_2 = 73°44'$$

以上数据代入后得：

$$A_1 = 0.707R_1^2$$

A_2 的计算：由于沿抛物线轨迹运动的部分间隙比较大，须作如下处理。

设单位面积上研磨体的数目为 N_0，对于任意一层研磨体，有：

$$\mathrm{d}N_1 = N_0\mathrm{d}A_1, \quad \mathrm{d}N_2 = N_0\mathrm{d}A_2$$

式中 $\mathrm{d}N_1$，$\mathrm{d}N_2$——沿圆弧轨迹和沿抛物线轨迹运动的研磨体数目。

两式相除得：

$$\frac{\mathrm{d}A_1}{\mathrm{d}A_2} = \frac{\mathrm{d}N_1}{\mathrm{d}N_2}$$

根据式（1-37）有：

$$\frac{\mathrm{d}A_1}{\mathrm{d}A_2} = \frac{\pi-2\alpha}{\sin2\alpha}$$

那么，$\mathrm{d}A_2 = \dfrac{\sin2\alpha}{\pi-2\alpha}\mathrm{d}A_1$，因此：

$$\mathrm{d}A_2 = \frac{\sin 2\alpha}{n-2\alpha}\left[-\frac{4\times 900^2}{n^4}\left(\frac{\pi}{2}-\alpha\right)\cos\alpha\sin\alpha\,\mathrm{d}\alpha\right] = -\frac{900^2}{n^4}\sin^2 2\alpha\,\mathrm{d}\alpha$$

积分后得：

$$A_2 = \int \mathrm{d}A_2 = -\frac{900^2}{n^4}\int_{\alpha_2}^{\alpha_1}\sin^2 2\alpha\,\mathrm{d}\alpha = -\frac{900^2}{2n^4}\left[\alpha - \frac{1}{4}\sin 4\alpha\right]_{\alpha_2}^{\alpha_1}$$

用上面的相应数据代入后得：

$$A_2 = 0.609 R_1^2$$

从而有：

$$A = 1.32 R_1^2 , \phi = 0.42$$

如果使筒体中"聚集层"研磨体有最大的降落高度，经类似的计算后可得：

$$\phi = 0.58$$

对于间歇式球磨机，实际采用的填充系数一般为 $\phi = 0.4\sim 0.5$。有人认为，$\phi = 0.45\sim 0.5$ 时，球磨机的粉碎效果最好。

2. 研磨体的大小和形状的选择

研磨体尺寸确定时，可使用下面的经验公式：

$$d \leqslant \left(\frac{1}{18}\sim\frac{1}{24}\right)D \tag{1-49}$$

式中　d——研磨体的直径，mm；

　　　D——球磨机筒体的内径，mm。

研磨体总装填量一定时，体小则数量多、面积大，对研磨有利；体大则数量少，但碰击力大。故研磨体级配要有大有小，按大、中、小搭配，使得研磨和碰击作用最大。一般当大球占 50%、中球占 10%、小球占 40% 时，研磨体的空隙率最小（为 22%），粉末效果最好。

研磨体的形状有球形、扁平、短柱形等。以研磨为主的粉磨，短柱形好；以碰击为主的粉磨，球形为好。为了有效地粉碎物料，应使研磨体各部分均能与物料接触，表面有凹窝的研磨体不宜使用。

3. 材料和磨损率

首先，研磨体物料中不应含有影响原料性能的有害成分，特别是不应含有着色元素；其次，研磨体的密度越大，球磨机的生产能力越高，因此，在可能的条件下，应采用密度大的材料；再次，为减小研磨体的磨损，材料的硬度、强度应比较高；最后，由于在陶瓷厂中研磨体的需求量很大，要经常补充，所以还应从价格上和来源上加以考虑。

作为研磨体的材料，通常是普通瓷、高铝瓷、刚玉、锆质瓷和天然燧石等。其中天然燧石来源容易、价格便宜、硬度高、杂质含量较少、能够满足工艺要求，得到广泛应用。

（五）物料和水的加入量

对于间歇式操作的球磨机，为了充分利用球磨机的有效容积，避免频繁的装料和卸料，缩短平均的辅助操作时间，球磨机的装载量（研磨体、物料和水的总量）一般要占其有效容积的 80% 左右。通常对于塑性原料较多的物料，加水量要多，对于以瘠性原料为主的物料，加水量可少些，具体数据通过实验确定。一般粉磨釉料（含瘠性原料较多）时，料、水和研磨体的质量比为 1:(0.45～0.55):(1.5～2.3)；粉磨坯料（含塑性原料较多）时，水要适量多加，料、水、研磨体的质量比通常为 1:(0.6～1.0):(1.5～2.0)。

四、性能与使用

球磨机作为一种粉磨设备，其结构比较简单，工作安全可靠，操作、维修方便；对生产的适应性强，能适应各种物料的粉磨，如硬的、软的、脆性的、韧性的物料；可制成各种大小的磨机，满足各种生产规模的需求。球磨机机身庞大、笨重，启动力矩大；工作噪声大；介质和衬板磨耗大；粉磨效率低，能耗高，能量利用率只有 $1\%\sim3\%$，近代磨机也只提高到 $5\%\sim7\%$。目前球磨机广泛应用于矿物加工、选矿、冶金、化工、建材、煤炭、水利、电力、医药等行业的物料粉磨。陶瓷工业用于粉磨和混合陶瓷粉料和浆料、釉料等。一般墙地砖企业适合选用大型球磨机；卫生洁具和日用陶瓷、特种陶瓷企业以选择中小型球磨机为宜；对于细度要求在 $40\sim60\mu m$ 以下的物料，球磨机的效率较低，不宜选用。

球磨机操作使用时应注意：①避免重载启动，严格按工艺要求加料、加水等；②开机前应检查各部件的灵活性、离合器的位置；③出现不正常声音，应停机检查；④出浆时应注意操作程序，避免喷浆伤人；⑤应及时补充研磨体，定期调换润滑油。

第五节 振动磨

振动磨是借助筒体高频率的振动，利用筒体内研磨体对物料的抨击和研磨作用对物料进行细磨或超细磨。

振动磨的种类较多，按照筒体数目可分为单筒的和多筒的，按照激振形式可分为惯性式和偏旋式，按照操作方法可分为间歇式和连续式。目前普遍使用的是惯性式振动磨。

一、构造和工作过程

图 1-19 为 M200-1.5 型间歇式惯性振动磨示意图。磨机主要由筒体 2、振动器 8、支架 12、弹性联轴器 6 及电动机组成。筒体用角钢支撑在弹簧 11 上，其内表面和振动器的外管包有耐磨橡胶衬 3。振动器（偏心轴）由两个滚动轴承支撑，用两个对开的锥形环 4 固装在磨机筒体上，外部有内管 9 和外管 10，管子与管子之间的间隙通冷却水，以降低磨机工作时振动器的温度。筒体内装有大量的研磨体。

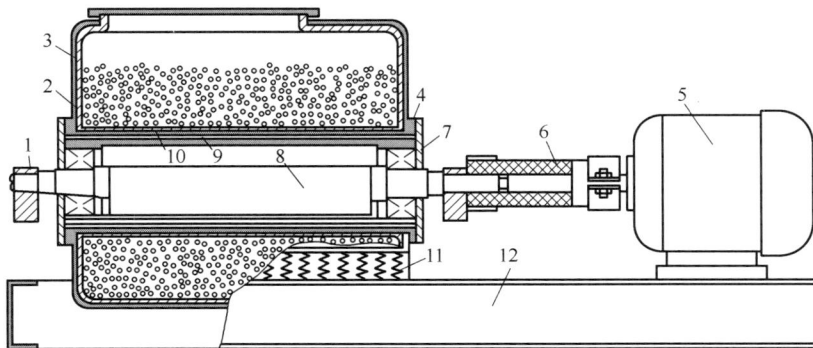

图 1-19 惯性振动磨示意图

1—附加偏重；2—筒体；3—耐磨橡胶衬；4—锥形环；5—电动机；6—弹性联轴器；
7—滚动轴承；8—偏心轴（振动器）；9—振动器内管；10—振动器外管；11—弹簧；12—支架

磨机主轴旋转时，由于偏心轴产生的离心力作用使筒体振动，带动研磨体对物料产生高频碰击和研磨将物料粉碎。

二、主要的工作参数

1. 工作频率和振幅

振动磨通常采取磨机直接与电动机连接，省去了减速装置，所以振动磨的频率就等于电动机的转速。

振动磨的工作频率越高，振幅越大，生产能力也越高，但是动力消耗也越大，磨机机构内的应力也显著增大。试验表明，转速（即频率）一定时，粉磨物料的单位电耗开始随振幅的增加而逐渐变小，振幅到一定值时，功耗趋于最小值；此后，再增加振幅，则单位电耗又逐渐增大，同时当频率和振幅乘积一定时（即介质的加速度值一定时），频率大振幅小的磨机效率大于频率小振幅大的磨机。因此，振动磨是以高频率低振幅的振动方式粉碎物料的。工作频率一般为 $1000 \sim 1500 \mathrm{r/min}$，振幅一般为 $3 \sim 20 \mathrm{mm}$。应根据被磨物料的物理性质、粒度及所要求的产品细度来选择适宜的频率和振幅。振幅 λ 与喂料最大粒度 d_{max} 的关系大致为 $d_{max} < \lambda < 2d_{max}$。喂料粒度大，则应采用较大的振幅。

2. 填充系数和研磨体的大小

振动磨的工作效率以筒体全部容积都处在介质作用范围之内为最大。因此，其介质填充率比球磨机高，一般为 $0.7 \sim 0.8$，最高可达 0.9。

研磨体的形状以采用球形或长径比 $\frac{L}{D} \approx 1$ 的短圆柱体，粉磨效率较佳。材质以刚玉比较好，在粉磨产品中对某一特定粒级要求其含量较高时，有时也需采用钢棒。研磨体的大小影响到对物料的冲击力和磨剥力及研磨体装填的量。具体尺寸必须同喂料粒度相适应，球与料的直径比一般不小于 $5 \sim 6$，直径一般为 $10 \sim 25 \mathrm{mm}$。当粉磨大粒或硬质物料时，宜用较大的球。

3. 物料的填装量和入磨粒度

研磨体和被磨物料的体积比，对产品细度、生产能力和研磨体磨损率都有直接影响，通常取 $25:1$。被磨物料入磨粒度，在 $2 \mathrm{mm}$ 以下为宜，一般为 $250 \sim 300 \mu\mathrm{m}$，出料粒度可小至 $2 \mu\mathrm{m}$。

4. 功率

振动磨需要的功率包括振动部分运动时消耗的功率和振动器轴承消耗的功率。但由于影响功率消耗的因素很多，至今尚无比较准确的理论计算公式。计算振动磨电动机功率的经验公式为：

$$N \approx 6 \times 10^{-8} \omega^3 \lambda^2 m_c \tag{1-50}$$

式中　N——电动机功率，kW；

　　　ω——振动器的转速，rad/s；

　　　λ——磨机振幅，cm；

　　　m_c——研磨体及物料的质量，kg。

也可参照表 1-8 中的数据来选配电动机功率。

表 1-8 振动磨的功率

	振动磨的容积/L	5	10	50	200	400	1000
电动机功率/kW	激振器转速 $n=3000r/min$	—	4.5	14	20	50	—
	激振器转速 $n=1500r/min$	2.8	—	—	14	32	70

三、性能及使用

振动磨的优点是：由于可与电动机直接相连，设备质量及占地面积都小；由于填充率和振动频率都高，单位容积产量高，电耗低；粉磨效率较高，特别是对坚硬物料的超细磨（将物料磨至 0.02mm 以下），工作效率更为显著；粉磨适应性强，可干磨或湿磨，可间歇或连续作业，可用于各种物料的细磨和超细磨。其缺点是：对机械上的要求高，特别是大规格磨机中弹簧及轴承等零件易损坏；单机的生产能力低，不能满足大型企业的需要。

在无机非金属材料工业中，振动磨用于粉磨铝矾土、锆英砂、石英、焙烧白云石、珐琅原料、水泥熟料及煤等。在陶瓷工业中通常用于粉磨陶瓷颜料和釉料，在某种情况下也可用于粉磨坯料。

振动磨使用时，研磨体要尽量选用重度大、不污染原料的材料制造；应避免空载开机，以免损坏弹簧。

第六节 气流粉碎磨

气流粉碎磨是利用流体的动能作为粉碎物料的机械能的，故又称流能磨。它是利用高速气体带动物料做高速运动，高速运动的物料颗粒由于互相之间发生剧烈的碰撞和摩擦，物料在强烈的抨击和研磨作用下被粉碎。

气流粉碎磨的种类很多，一般分为卧式和立式两种。

一、结构与工作原理

卧式气流粉碎磨的结构如图 1-20 所示。压缩空气经过滤（除去灰尘、油滴等杂质）后分两路进入磨机。一路经装在料斗 9 下的喷嘴 6，把物料送入粉碎室；另一路经装在粉碎室周边上的若干个（一般为 4～8 个）喷嘴 4 进入粉碎室 3，形成高速旋转的涡流。物料在粉碎室中被旋转的空气加速到超过声速，高速运动的颗粒具有很高的动能，颗粒之间相互剧烈碰撞、摩擦，从而迅速粉碎。粉碎室除作为物料粉碎的场合外，又起着分级装置的作用，物料经粉碎后，只有粒度达到要求的细小颗粒，由于离心力很小，才能被气流带到粉碎室的中心部分经出料管 5 排出，粗的颗粒则仍然留在粉碎室

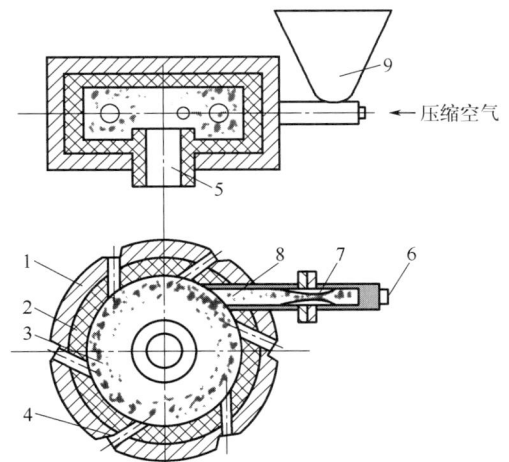

图 1-20 卧式气流粉碎磨示意图

1—外壳；2—衬里；3—粉碎室；4—喷嘴；5—出料管；6—给料喷嘴；7—文丘里管；8—进料管；9—料斗

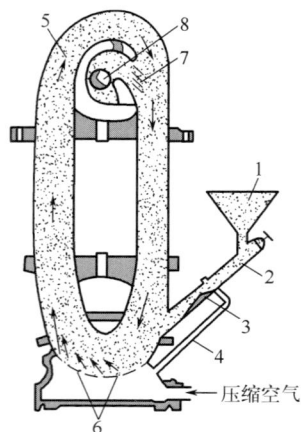

图 1-21　立式气流粉碎磨示意图
1—料斗；2—喂料管；3—文丘里管；
4—压缩空气管；5—粉碎室；
6—喷嘴；7—挡板；8—排出口

中不断循环，继续粉碎，直至粒度达到要求为止。从出料管连同空气一道排出的物料，经旋风分离器和袋式收尘器收集后成为产品。

卧式气流粉碎磨结构简单，容易制造和维修，因此得到广泛的应用。

立式气流粉碎磨的结构如图 1-21 所示。物料从料斗 1 加入，由气体经喂料管 2、文丘里管 3 送入粉碎室内。粉碎室为椭圆形的环形管，直径为 $\phi 25 \sim 200\text{mm}$，管的底部有一排喷嘴 6，压缩空气经喷嘴喷入，速度超过声速，迫使粉碎室中的物料颗粒相互碰撞、摩擦而被粉碎。粉碎后的物料，上行至分级区，颗粒由于惯性的作用，粗的在外层（靠外壁），细的靠内层。到了分级区，细粉穿过选粉挡板 7 随气流经排出口 8 带出机身进行回收。粗的物料下行返回粉碎室与新加入的物料再次进行粉碎。调节选粉挡板的斜度，可以调整产品的粒度。

立式气流粉碎磨有一部分气体在闭路中循环使用，单位功耗较低，同时产品的粒度较细，粒度的调节也比较方便，但是结构复杂，制造和维修都比较困难，因此其应用受到一定的限制。

二、性能及使用

气流粉碎磨是一种自磨机，在粉碎过程中没有研磨体加入，不存在研磨体的磨耗问题，物料中基本上不会有杂质掺入；没有运动部件，制造容易，操作简单，作为超细磨设备越来越受到人们的重视；可以制取粒度很小的粉状物料，且可实现常温粉碎，故适用于热敏性强、易受热变质、熔点低和易爆物料的粉碎；气流粉碎还能和其他过程如混合、着色、化学反应等一道进行。缺点是所制得的物料颗粒粒度分布比较窄。

气流粉碎时，粉碎室的压力通常不低于 0.5MPa，因此压缩空气压力较高，通常为 $0.6 \sim 0.7\text{MPa}$（$6 \sim 7\text{kgf/cm}^2$）。根据粉碎机的型号规格和产品粒度的不同，单位空气消耗量一般为 $3 \sim 20\text{m}^3/\text{kg}$，功耗大（单位功耗为 $0.5 \sim 2.5\text{kW} \cdot \text{h/kg}$），且辅助设备的投资也较大。

气流粉碎磨工作室内壁磨损过大时，易产生原料污染，应为耐磨材料。

第二章

筛分设备

第一节　概述

使物料颗粒通过筛面按粒度分成不同粒级的作业称为筛分。通过筛孔的称为筛下料，被截留在筛面上的称为筛上料或筛余，而进入筛分过程的物料称为筛分原料。筛分粒级以筛下料的最大粒度和筛上料的最小粒度表示，通常假定都等于所用筛面的筛孔尺寸来表示。例如通过筛孔为 2.5mm 的筛面而留在筛孔为 1.25mm 筛面上的物料粒级，以 $-2.5+1.25\text{mm}$ 或 $1.25\sim2.5\text{mm}$ 表示。

在陶瓷行业，筛分有其重要性，原因在于以下几点。

（1）利用筛面的截留作用去除原料有害杂质，例如泥浆中的云母、颗粒块等。

（2）控制物料的细度和级配。

（3）用于监控原料加工质量要求。例如球磨机粉磨物料通常以其泥浆通过某号筛面，筛余不超出多少数量作为指标来衡量是否达到要求。

固体物料的尺寸和形状都是不规则的，为了便于比较，最好用一个尺寸来表示，这个尺寸称为颗粒的直径，颗粒的直径可用以下方法表示：

$$d = b \tag{2-1}$$

或

$$d = \frac{l+b}{2} \tag{2-2}$$

$$d = \sqrt{lb}$$

式中　l——颗粒的长度；

　　　b——颗粒的宽度。

使用哪一个公式，主要取决于测量方法。用筛分法测量颗粒大小时，只能知道它的一个尺寸，故可用式(2-1)；在显微镜下测量时，能定出两个尺寸，可用式(2-2)。式(2-2) 的第一式表示长度与宽度的算术平均值，第二式为几何平均值。

确定物料粒度组成通常用筛分分析、沉降分析和显微分析等。用得比较多的是筛分分析。

筛分分析是称取一定质量的物料试样，装入实验室用的套筛最上层的筛子，用盖子把套筛盖好，放进专用的摇筛机中摇动 10~30min；然后把筛子逐个取下，称取每个筛子筛上料的质量。由于每个筛子筛上料一定比上一层筛孔尺寸小，而比所在层筛子的筛孔尺寸大，故一般可取两层筛子的筛孔尺寸 b_1 和 b_2 的算术平均值作为这一级别物料的平均直径，即

$$d = \frac{b_1 + b_2}{2} \tag{2-3}$$

由大小不同颗粒组成的物料的平均直径为：

$$d_m = \frac{\omega_1 d_1 + \omega_2 d_2 + \cdots + \omega_n d_n}{\omega_1 + \omega_2 + \cdots + \omega_n}$$

或

$$d_m = \frac{\sum_{i=1}^{n} \omega_i d_i}{\sum_{i=1}^{n} \omega_i} \tag{2-4}$$

式中　d_m——物料的平均直径，mm；

d_i——每一级别颗粒的直径，mm；

ω_i——每一级别颗粒的质量分数，以小数表示。

一、筛分的类型及流程

1. 筛分类型

筛分操作按物料含水分的不同，有干法筛分（干筛）和湿法筛分（湿筛）。一般采用干法筛分。

按筛分用途不同，主要可分为独立筛分和辅助筛分两类。筛分后所得的产品即为成品的筛分称为独立筛分；与粉碎作业配合的筛分称为辅助筛分。在粉碎前进行的辅助筛分称为预备筛分，它可在粉碎前分出已符合粒度要求的产品，以提高粉碎作业的生产能力，降低电耗；在粉碎后对所得产品进行筛分，这种辅助筛分称为检查筛分，它可保证产品的粒度，改善产品质量。

2. 筛分流程

每种规格的筛面可将物料分成筛上料和筛下料。因此，要将物料分成多个粒级，就要多个不同筛号的筛面。设筛面数为 n，则可分成 $n+1$ 级。把几个筛面组合的不同方案，就是筛分流程。图 2-1 所示为筛分的三种基本形式。

（1）由细到粗的流程 ［图 2-1(a)］　其优点是操作和更换筛面方便，各级筛下料分别从不同处排出，运送方便；其缺点是粗颗粒都需要经过细筛网，不仅筛网易磨损，而且常被粗

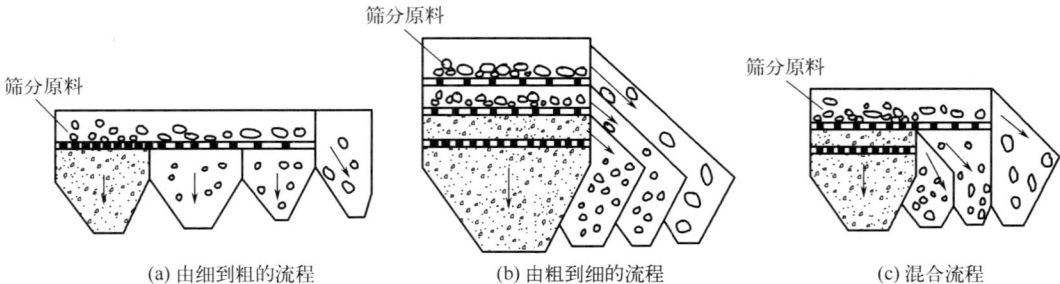

(a) 由细到粗的流程　　　　(b) 由粗到细的流程　　　　(c) 混合流程

图 2-1　筛分流程

粒堵塞降低筛分质量。

（2）由粗到细的流程［图 2-1（b）］　其优点是可将筛面由粗到细重叠布置，占地面积小，且粗颗粒不接触细筛网，减少了细筛网的磨损，较为难筛的细颗粒能很快地通过上层筛面，有利于提高筛分质量，但这样配置不便于维修。

（3）混合流程［图 2-1（c）］　是上述两种流程的组合，兼有两者的优缺点。

陶瓷行业中用得较多的是由粗到细的流程。

二、筛分效率及其影响因素

（一）筛分效率

物料筛分时，筛上料中常混有未被筛下的细颗粒，因此实际筛下的细颗粒始终少于筛分原料中细颗粒的数量。为了评价筛分操作质量的好坏，通常要用到筛分效率这个概念，即筛分原料中筛下级别物料通过筛孔的百分数。

设：筛分原料的质量为 m_1，筛下料的质量为 m_2，筛上料的质量为 m_3；α_1 为筛分原料中筛下级别物料的质量分数，α_2 为筛下料中筛下级别物料的质量分数，α_3 为筛上料中筛下级别物料的质量分数。

根据定义，筛分效率为：

$$\eta = \frac{\alpha_2 m_2}{\alpha_1 m_1} \times 100\% \tag{2-5}$$

在实际生产中，由于筛分过程是连续的，筛分原料和筛下料的质量不能准确称量，故用式（2-5）计算是有困难的，因此用取样的方法来测定筛分物料的细度。从物料平衡可知，对于全部筛分原料，应有：

$$m_1 = m_2 + m_3 \tag{2-6}$$

对于筛下级别部分，应有：

$$\alpha_1 m_1 = \alpha_2 m_2 + \alpha_3 m_3 \tag{2-7}$$

将式（2-6）代入式（2-7），解得：

$$\frac{m_2}{m_1} = \frac{\alpha_1 - \alpha_3}{\alpha_2 - \alpha_3}$$

或　　　　　　　　　$$m_1(\alpha_1 - \alpha_3) = m_2(\alpha_2 - \alpha_3) \tag{2-8}$$

将式（2-8）代入式（2-5）得：

$$\eta = \frac{(\alpha_1 - \alpha_3)\alpha_2}{(\alpha_2 - \alpha_3)\alpha_1} \times 100\% \tag{2-9}$$

在正常操作的情况下，筛面没有破损，故 $\alpha_2 = 100\%$，因此式（2-9）成为：

$$\eta = \frac{100(\alpha_1 - \alpha_3)}{\alpha_1(100 - \alpha_3)} \times 100\% \tag{2-10}$$

实际计算时，只要在筛分原料和筛上料中分别取样，精确测定其筛下级别的物料含量，代入式（2-10）即可算出 η。工业用筛的平均筛分效率一般为 $60\% \sim 70\%$，振动筛的筛分效率较高，可达 95% 以上。

（二）影响筛分效率的因素

1. 物料的性质

（1）物料的粒度组成　物料的粒度组成对于筛分过程有决定性的影响。由筛分实践可知，比筛孔越小的颗粒越容易透过筛孔（小于 3/4 筛孔尺寸的颗粒称为"易筛粒"），颗粒大到筛孔 3/4，虽然比筛孔尺寸小，但却难以透筛（因此，小于筛孔尺寸但大于 3/4 筛孔尺寸的颗粒称为"难筛粒"）。直径为 1～1.5 倍筛孔尺寸的颗粒，易卡在筛孔中，形成料层，影响细颗粒通过筛孔（因此，把粒度为 1～1.5 倍筛孔尺寸的颗粒称为"阻碍粒"）；而直径大于 1.5 倍筛孔尺寸的颗粒形成的料层，对"易筛粒"或"难筛粒"穿过它去接近筛面的影响并不大。物料含"难筛粒"和"阻碍粒"越多，则筛分效率越低。通常认为物料中最大颗粒不应大于筛孔尺寸的 2.5～4 倍。当物料中筛下粒级含量较少时，可采用筛孔较大的辅助筛网预先排出过粗的粒级，然后对含有大量细级别的物料进行最终筛分，以提高筛分效率。

（2）颗粒的形状　球形颗粒容易通过方孔和圆孔筛；条状、片状以及多角形物料难以通过方孔和圆孔筛，但较易通过长方形孔筛。

（3）物料的含水量和含泥量　物料所含的水分有两种：一种为外在水分，处于颗粒的表面；另一种为内在水分，处于物料的孔隙、裂缝中。后者对筛分过程没有影响。物料中所含的表面水分在一定程度内增加，黏滞性也就增大，物料的表面水分能使细粒互相黏结成团，并附着在大颗粒上，黏性物料也会把筛孔堵住。这些原因使筛分过程进行较难，筛分效率将大大降低。另外，以不同筛孔的筛子筛分含水量相同的同一种物料时，水分对筛分效率的影响也是不同的。筛孔尺寸越大，水分的影响越小。这是因为筛孔尺寸越大，筛孔堵塞的可能性就越小。更重要的原因是，水分在各粒级内的分布是不均匀的，粒度越小的级别，水分含量越高。因此，当筛孔大时，就能够很快地把水分含量高的细粒级别筛出去，筛上物料的水分于是大大降低，使它不致影响筛分过程的进行。因此，当物料含水量较高，严重影响筛分过程时，可以考虑采用适当加大筛孔的方法来提高筛分效率。

物料中若含有泥质混合物，当含水量达到 8% 时，就会使细粒物料黏结在一起，再经筛面摇动即滚成球团，很快堵塞筛孔，筛分困难。为了筛分这类物料，可采用湿法筛分，在筛分时不断向筛面物料喷水。当物料含水量超过某一值后筛分效率反而提高，因为这时已有部分水分开始沿着颗粒表面流动，流水有冲洗颗粒和筛网的作用，改善筛分条件。

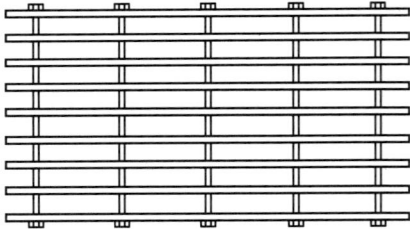

图 2-2　栅筛

2. 筛面种类及工作参数

（1）筛面种类　用于筛分操作的筛面，按其构造不同分为三种，即栅筛、板筛和编织筛。

① 栅筛　如图 2-2 所示，栅筛由许多钢质栅棒组成，中间穿以若干根带螺栓的钢条，在栅棒之间套上一定尺寸的支隔横管，以保持栅棒间的间隙大小。

② 板筛　如图 2-3 所示，板筛是由薄钢板冲孔制成，孔的形状有圆形、长圆形、长方形和方形等几种。筛孔最好是上小下大，稍呈锥形，可以减少堵塞。筛孔多采用交错排列，以提高筛分效率。

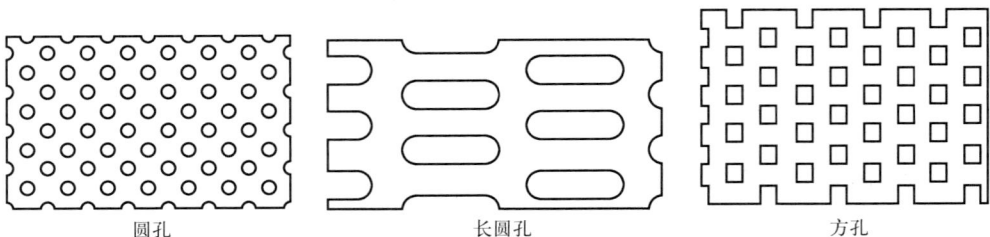

圆孔　　　　　　长圆孔　　　　　　方孔

图 2-3　板筛

③ 编织筛　如图 2-4 所示，编织筛用钢丝、铜丝或黄铜丝等金属丝编织而成，又称筛网。

筛网规格的表示方法常用的有两种：一种以每英寸长度内的筛孔数表示，称为网目数，简称网目，以 M 表示；另一种以每厘米长度内的筛孔数表示，称为筛网的号数，简称筛号，以 N 表示。两者之间有如下近似关系：

$$N = \frac{M}{2.54}$$ （2-11）

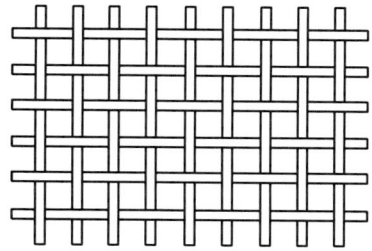

图 2-4　编织筛

以上三种不同的筛面对筛分效率的影响，主要和它们的有效面积有关。其中，编织筛的有效面积最大，栅筛的有效面积最小，但寿命最长。

（2）筛孔形状　筛孔形状不同，物料的通过能力相差较大。一般采用方形筛孔，筛面开孔率较大，筛分效率较高（筛面强度低、寿命短）。圆形筛孔与其他形状的筛孔比较，在名义尺寸相同的情况下，透过筛孔的筛下料的粒度较小。在选择筛孔形式时应与物料的形状相适应。对于块状物料应采用正方形筛孔；当筛分粒度较小且水分较高时，可采用圆孔，以避免方孔的四角发生颗粒粘连而堵塞；对于条状、片状物料应采用长方形筛孔。

（3）筛面尺寸及倾角　筛面的宽度主要影响生产能力，筛面长度则影响筛分效率。筛面宽度越大，料层厚度越薄；长度越大，筛分时间越长。料层厚度减小及筛分时间加长都有助于提高筛分效率。但是筛面过长，筛分效率提高不多，而筛机构造笨重。筛面的长宽比应在适当的范围，筛面长宽比过大，筛面上料层厚，细粒难以接近筛面通过筛孔；筛面长宽比过小，筛面料层厚度可减小，但颗粒在筛面上停留时间短，物料通过筛孔的机会减少，这两种情况都会使筛分效率降低，因此通常长宽比为 2～3。

物料沿筛面运动速度过高，物料筛分时间缩短，筛分效率降低。因此，筛子倾角要选择合适，固定筛的倾角一般为 40°～45°，振动筛的倾角一般为 0°～25°。

（4）筛面的运动情况　筛面与物料的相对运动是进行筛分的必要条件。按相对运动方向可分为两种类型：一种是颗粒主要垂直筛面运动，如振动筛；另一种是颗粒主要平行筛面运动，如筒形、摇动筛等。颗粒做垂直筛面运动，堵塞筛孔的现象减轻，物料层的松散度增大，离析速度也大，颗粒通过筛孔的概率增大，筛分效率得以提高。各类筛中，振动筛上的物料在筛面以接近于垂直筛孔的方向被抖动，而且振动频率高，所以筛分效率最高；回转筛由于筛孔容易堵塞，筛分效率不高；摇动筛上的物料主要是沿筛面滑动，而且摇动频率比振动筛的频率小，所以筛分效率也较振动筛低；固定筛的筛分效率最低。各种筛机的筛分效率见表 2-1。

表 2-1　各种筛机的筛分效率

类型	固定筛	回转筛	摇动筛	振动筛
筛分效率/%	50～60	60	70～80	90 以上

筛面的运动频率和振动幅度影响到颗粒在筛面上的运动速度和通过筛孔的概率，对筛分效率影响很大。筛分效率主要是依靠振幅与频率的合理调整来得到改善。对于粒度较小物料的筛分，宜用小振幅高频率的振动。

3. 操作条件的影响

（1）给料的均匀性　连续均匀的给料，使单位时间的加料量相同，而且入筛物料沿筛面宽度分布均匀，可使整个筛面充分发挥作用，有利于提高筛分效率。在细筛筛分时，加料的均匀性影响更大。

（2）加料量　加料量少，筛面料层厚度薄，可提高筛分效率，但生产能力会降低；加料量过多，料层厚，容易堵塞筛孔，不仅降低筛分效率，而且筛下料总量也并不增加。

三、筛制

不论工业用筛或试验用筛，许多国家都制定有系列标准，称为筛制。标准中规定了筛孔的系列、相应的筛丝直径以及上下筛号之间筛孔尺寸之比（即筛比），有些标准筛还设有一个作为基准的筛子，称为基筛。

在各种筛系标准中，用不同方法表示筛孔大小。例如，英美泰勒制标准中用每英寸长筛网上所含正方形筛孔目数来表示筛号；德国标准中用 $1cm^2$ 筛面上筛孔的个数表示筛号；原苏联标准中以筛孔尺寸相对应的筛号表示；日本标准中用筛孔公称尺寸表示。目前使用较广的标准筛有泰勒标准筛、德国标准筛和国际标准筛。

1. 泰勒标准筛

泰勒筛制有两个序列：一个是基本序列，其筛比为 $\sqrt{2}=1.414$；另一个是附加序列，其筛比 $\sqrt[4]{2}=1.189$。基筛为 200 目的筛子，其筛孔的尺寸为 0.074mm。对于基本筛序，比 200 目细一级的筛子的筛孔尺寸等于 $0.074/\sqrt{2}=0.053$（mm），即 270 目；比 200 目粗一级的筛子的筛孔尺寸为 $0.074\times\sqrt{2}=0.104$（mm），即 150 目；更粗一级的筛子的筛孔尺寸为 $0.074\times\sqrt{2}\times\sqrt{2}=0.147$（mm），即 100 目。其余类推。一般按基本筛序选用，只有要求得到更窄粒级产品时才插入附加筛序。

2. 德国标准筛

德国筛制的特点是筛网目数与筛孔尺寸（mm）的乘积约等于 6，并规定筛丝直径等于筛子孔尺寸的 $\frac{2}{3}$，各层筛的开孔率等于 36％。

3. 国际标准筛

基本筛比为 $\sqrt[10]{10}=1.259$，对于要求得到更窄粒级的筛分，还插入附加筛比 $(\sqrt[40]{10})^6=1.41$ 和 $(\sqrt[40]{10})^{12}=1.99$。

各种标准筛系规格可查阅有关手册。标准试验筛与筛目制筛之间的关系见表 2-2。

表 2-2　标准试验筛与筛目制筛之间的关系

标准筛 /μm	筛目制筛 /（目/in）	标准筛 /μm	筛目制筛 /（目/in）	标准筛 /μm	筛目制筛 /（目/in）
≈90	166	≈71	210	≈45	330
≈80	187	≈63	235	≈32	423
≈75	203	≈56	270		

第二节　筛分机械

用于筛分或过筛的机械设备称为筛分机械。陶瓷工业中常选用的有摇动筛、振动筛和回转筛等几种。

一、摇动筛

1. 构造和工作原理

摇动筛通常用曲柄连杆机构使支撑在铰链上的筛框作往复摆动，利用重力、惯性力和物料与筛面之间的摩擦力，在一定条件下，使物料与筛面之间产生不对称的相对运动而进行连续筛分。摇动筛的筛面宽度为 0.5~3m，长度为 1.5~8m。筛面可为单层或多层；筛子可为水平或倾斜的，倾斜度视物料的性质而定，倾斜角 α 一般为 10°~20°，湿筛的倾斜度可减少 5°~10°。按筛面的运动规律不同，摇动筛分为直线摇动筛、平面摇晃筛和差动筛等。

直线摇动筛如图 2-5 所示，有一个长方形的筛框，筛面 5 固定在筛框上，筛框用拉杆 2 悬挂或用滚轮支撑。依靠偏心轮 4 使筛框和筛面产生往复运动。物料由筛面一端加入，筛面下面有容器承载筛下料，不能过筛的物料即由筛面的另一端卸出。

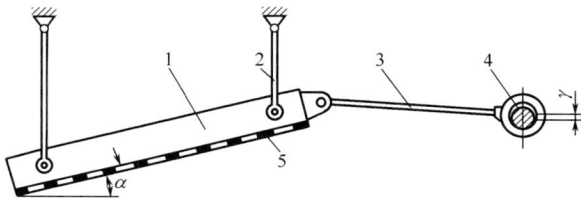

图 2-5　直线摇动筛示意图

1—筛框；2—拉杆；3—连杆；4—偏心轮；5—筛面

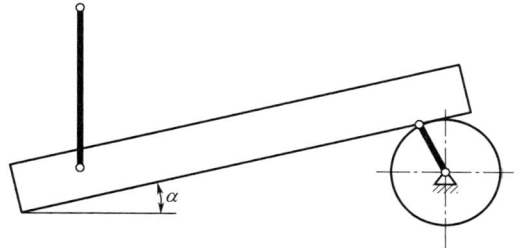

图 2-6　平面摇晃筛示意图

平面摇晃筛的构造与直线摇动筛相似，主要区别是筛框一端直接连在偏心轴上，如图 2-6 所示。筛面做复杂的平面运动，在与偏心轴连接的一端运动时有较大的垂直位移。

差动筛的构造如图 2-7 所示，筛面水平放置在筛框 1 中，筛框安放在数个斜立的弹性支杆 2 上，弹性支杆用角钢固定于筛框和筛机底座 3 之间，偏心机构使筛框运动。虽然筛面是水平放置的，但由于筛框的运动方向与筛面有一定角度，筛面上物料的前进和后退有不同的加速度，从而筛面上的物料与筛面之间有不对称的相对运动，使筛上料能够移到筛面的另一端卸出。正是根据筛面上物料进退不同的特点，将其称为差动筛。

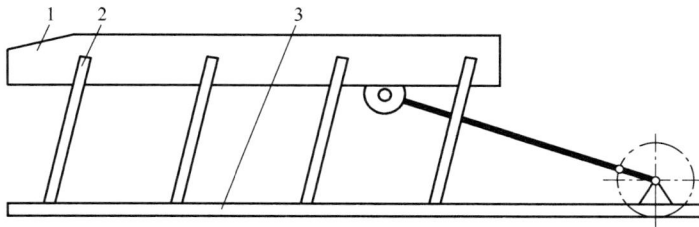

图 2-7　差动筛示意图

1—筛框；2—弹性支杆；3—底座

2. 主要工作参数

（1）转速　进行筛分操作，物料与筛面之间必须有相对运动，筛下级别的物料才能通过筛孔落下。同时，这种相对运动应该是不对称的，使筛上料能够朝一个方向移动，最后才能从筛面的一端自动卸出。筛面上物料的运动取决于重力、惯性力和摩擦力的作用。

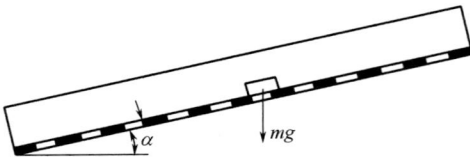

图 2-8　转速的计算

假设筛面的倾角为 α，如图 2-8 所示，其上有质量为 m 的物料颗粒，可计算出使物料沿筛面向左运动时偏心轴的最小转速为：

$$n_{+x\min}=30\sqrt{\frac{\tan(\phi-\alpha)}{r}} \tag{2-12}$$

使物料沿筛面向右运动时偏心轴的最小转速为：

$$n_{-x\min}=30\sqrt{\frac{\tan(\phi+\alpha)}{r}} \tag{2-13}$$

式中　$n_{+x\min}$——使物料沿筛面向左运动时偏心轴的最小转速，r/min；

　　　$n_{-x\min}$——使物料沿筛面向右运动时偏心轴的最小转速，r/min；

　　　ϕ——物料与筛面之间的摩擦角，$\tan\phi=f$；

　　　α——筛面倾斜角；

　　　r——偏心轴的偏心距，m，一般在 $4\sim22$mm 之间选择，筛孔大，偏心距取大些；反之，筛孔小，偏心距取小些。

为了充分利用操作时间，发挥筛面的工作能力，摇动筛的转速通常取为：

$$n=(1.30\sim1.35)n_{-x\min} \tag{2-14}$$

（2）生产能力　摇动筛的生产能力受许多因素影响，下式可作为参考：

$$Q=3600bdv\rho \tag{2-15}$$

式中　Q——筛机的生产能力，t/h；

　　　b——筛面宽度，m；

　　　d——在给料处筛面上料层的厚度，m，给料处筛面上料层的厚度应根据筛孔尺寸、物料性质、粒度和含水量以及筛面长度等不同而定，一般小于 40mm；

　　　v——筛面上料层移动的速度，m/s；

　　　ρ——物料的密度，t/m^3。

（3）功率　摇动筛的运动是一种谐振动，理论上在筛子运动的过程中只有机械能的交换，在第一个 1/4 周期中偏心轴对筛机做的功，在第二个 1/4 周期中筛机要还回给偏心轴；同样，在第三个 1/4 周期中偏心轴对筛机做的功，在第四个 1/4 周期中又还回给偏心轴。但是实践表明，由于消耗于克服各种阻力，不考虑筛机还给偏心轴的功是合适的。也就是说，可以认为偏心轴对筛机做的功由于克服各种阻力而全部消耗掉了，因此，在偏心轴旋转一次的时间内，消耗的功为：

$$W=mv^2$$

功率为：

$$P=\frac{W/n}{60\times1000\eta}$$

最后得：

$$P=\frac{1.83mn^3r^2}{\eta}\times10^{-7} \tag{2-16}$$

式中　P——筛机需要的功率，kW；

　　　m——筛机运动部分的质量，kg；

　　　n——偏心轴的转速，r/min；

r——偏心轴的偏心距，m；

η——传动效率，一般取 $\eta=0.70$。

二、振动筛

振动筛是陶瓷行业最广泛选用的筛分机械。所有振动筛的共同点是带筛网的筛框布置于弹性支承上，施加动力使筛机产生高频率的振动，来加剧物料之间、物料与筛面之间的相对运动，对提高细筛的筛分效率特别有利。使筛机产生振动的方法可以使用由偏重旋转时产生的惯性力、偏心轴旋转时的强制作用以及电磁力的间歇牵引等。因此，振动筛分为惯性振动筛、偏心振动筛和电磁振动筛等几种。这里只介绍应用较多的惯性振动筛。

1. 构造和工作原理

方形惯性振动筛的构造如图 2-9 所示。筛框 1 安装在弹簧 2 上，筛框上有一对轴承座 6，带有圆盘 3 的主轴 4 在轴承中转动，圆盘共有两只，在其上面装有偏重 5，这就构成筛机的振动器。当带有偏重的主轴旋转时，由于离心力的作用，筛机产生高频率的振动，物料在筛面上有剧烈的相对运动，从而达到筛分的目的。

图 2-10 是筛分料浆用的圆形惯性振动筛。振动筛的筛框 4、振动器 3 装在筛架 5 上，筛架

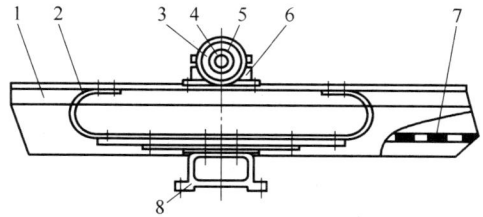

图 2-9 方形惯性振动筛示意图
1—筛框；2—弹簧；3—圆盘；4—主轴；
5—偏重；6—轴承座；7—筛面；8—机座

由橡胶立柱 6 支撑并与电动机 1 一同装在机架 9 上，电动机经由 V 带 2 可带动振动器旋转。筛网 7 张紧在筛框的下面。工作时，由于振动器的离心力作用，筛架产生高频率的振动，料浆从筛框上面加入，筛下料通过筛网后经由集浆漏斗流到浆池里，留在筛面上的筛上料则定期由人工清除或停机后取出筛框用水冲走。

带激振器的圆形振动筛如图 2-11 所示。具有双轴伸的电动机 7 与支架 4、底座 8 连接在

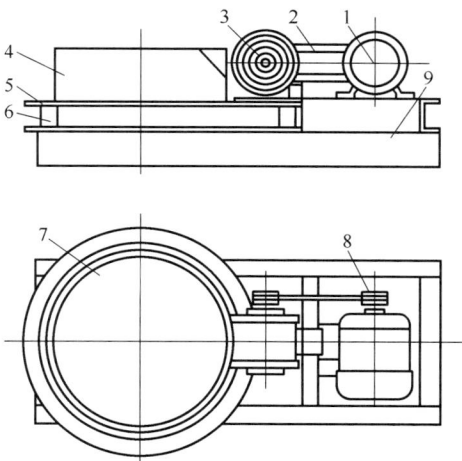

图 2-10 圆形惯性振动筛示意图
1—电动机；2—V 带；3—振动器；4—筛框；
5—筛架；6—橡胶立柱；7—筛网；
8—V 带轮；9—机架

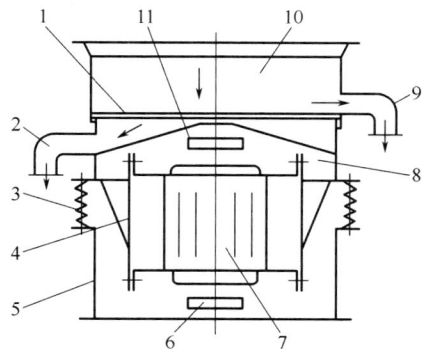

图 2-11 具有两个激振器的圆形惯性振动筛示意图
1—筛网；2—细料出料管；3—支承弹簧；4—支架；
5—机座；6—下偏心块；7—电动机；8—底座；
9—粗料出料管；10—筛框；11—上偏心块

一起成为一个整体，筛框 10 装在底座上面，两者之间用夹子夹紧，使筛框的装卸比较方便。底座通过弹簧 3 支承在机座 5 上。在电动机两端的轴伸上装有偏心块 6 和 11，两偏心块之间的夹角可以调节。筛网 1 张紧在筛框的下面。当电动机旋转时，在偏心块产生的离心力作用下，电动机连同支架、底座、筛框和筛网等均做高频率的振动。物料从筛框上面加入，通过筛网的物料从细料出料管 2 排出，未能过筛的粗粒物料则从粗料出料管 9 卸出。调节两偏心块之间的夹角，可以改变物料在筛面上的运动规律。由于振动器上具有上下两偏心块，激振力的合力不通过振动部分的质心，振动筛在做圆轨迹振动的同时还做旋回运动，因此通常又称旋振筛。

2. 主要的工作参数

（1）频率 较高的频率可以加快物料过筛的速度，提高生产能力，也能促进筛上料的自动排出（即自动排渣）。但是，振幅一定时，频率增加，惯性力增大。考虑到筛面的结构强度和使用寿命，特别是筛网的刚度比较小，过大的惯性力会使筛网的变形增大，运动规律发生较大的畸变，且很不稳定，筛分条件很可能受到破坏，因此，振动频率也不宜过高。为了简化结构，筛机与电动机间一般不装设变速机构而直接连接，因此，振动筛的频率等于电动机的转速。表 2-3 的数据可供参考。

表 2-3　振动频率与筛网直径

筛网直径/mm	<500	500～800	800～1000
振动频率/Hz	50	25	17

（2）振幅 振动筛的振幅应根据筛孔的大小选择，一般为 1～5mm，可用下式计算：

$$e = 0.1a + 1 \tag{2-17}$$

式中　e——振动筛的振幅，mm；

　　　a——筛孔直径或边长，mm。

筛分料浆用的振动筛，通常装的是 180 目（0.09mm）左右的筛网，筛孔很小，振幅为 0.5～1.0mm。

对于旋振筛，除了水平振幅外，还有垂直振幅，在筛网周边处，垂直振幅最大。实验表明，垂直振幅比水平振幅对筛机生产能力的影响大。通常最大垂直振幅与水平振幅大体相等。

（3）功率 振动筛需要的功率，可用振动磨的功率公式计算（见第一章第五节），这里不再复述。

第三章

颗粒流体力学分级设备

从力学上研究固体颗粒与流体之间相对运动规律以及它们之间相互作用的规律的科学，称为颗粒流体力学。颗粒流体力学分级设备是根据尺寸不同的固体颗粒在流体介质中的沉降速度不同进行分级的设备。常用的流体介质是空气和水。这种分级方法不仅对粗颗粒可以进行分级，而且对细颗粒的分级，其效率比任何筛机都高。此外对尺寸相同、密度不同的固体颗粒，在流体介质中的沉降速度也是不同的，故在分级的同时可按物料的密度不同进行分类，从而把混在原料中的有害杂质除去，以提高原料的质量。

第一节　颗粒流体力学分级的基本原理

物体在真空中降落时，其速度 $\omega = gt$。但当固体颗粒在流体介质中降落时，由于流体介质产生阻力，颗粒仅在最初时以加速度降落。经过一段时间后，随着速度的增加，阻力也增大。当流体阻力与重力（包括流体的浮力）达到平衡时，固体颗粒就以不变的速度降落，这个速度称为沉降速度或最终速度，以 ω_0 表示。此处，虽然定义颗粒的沉降速度是以颗粒在重力作用下的降落情况作为依据的，但是，颗粒在其他主动力（如惯性离心力、电力、磁力等）作用下，也会出现类似的情况，即当颗粒速度增加到某一数值，流体阻力与主动力达到平衡时，颗粒即以不变的速度运动，这个不变的速度也称沉降速度。显然，这时速度的方向是沿着主动力作用的方向。

一、颗粒在流体内运动时的阻力

只要颗粒与流体间有相对运动，就有阻力存在。颗粒在流体介质中运动时，所遇到的阻力 F_s 的大小与下述因素有关：垂直于运动方向的颗粒的横截面积 A、颗粒在流体中的相对运动速度 ω、流体的黏度 μ 和密度 ρ 等。因此，阻力的变化可用下述函数式表示：

$$F_s = f(A, \mu, \rho, \omega)$$

运用牛顿阻力定律，对于球形颗粒，F_s 可按下式计算：

$$F_s = \zeta \frac{A\rho\omega^2}{2} \tag{3-1}$$

式中 F_s——流体介质的阻力，N；

A——颗粒在垂直于运动方向上的投影面积，也称颗粒的帆面面积，对于直径为 d

的球形颗粒，$A = \dfrac{\pi}{4} d^2$，m^2；

ρ——流体介质的密度，kg/m^3；

ω——颗粒与流体介质之间的相对速度，m/s；

ζ——阻力系数，无量纲。

假设作用于颗粒上的主动力为重力，与此同时还有流体介质的浮力。当颗粒的速度达到沉降速度 ω_0 时，阻力与主动力平衡，于是有：

$$\omega_0 = \sqrt{\frac{4gd(\rho_s - \rho)}{3\rho\zeta}} \tag{3-2}$$

式中 ρ_s——固体颗粒的密度，kg/m^3。

其余符号的意义同前。

式(3-2) 为沉降速度的基本方程式。由方程式可知，对同一种成分（即 ρ_s 相同）的固体颗粒，只要其尺寸不同，在流体介质中沉降时，其沉降速度是不同的，利用这个特点可将成分（或密度）相同而尺寸不同的颗粒分开，这就是分级。此外，从方程式还可知道，颗粒尺寸如果相同，但其成分（或密度）不同，那么，其沉降速度也是不同的，也可以将它们分开，这就是分类。

二、不同流态的阻力系数及沉降速度

用式(3-2) 来计算固体颗粒的沉降速度，还有待于 ζ 的确定。ζ 是雷诺数 Re 的函数，固体颗粒在流体介质中运动的 Re 为：

$$Re = \frac{d\omega\rho}{\mu} \tag{3-3}$$

式中 d——颗粒的直径，m；

μ——流体的黏度，$Pa \cdot s$；

Re——用来比较黏滞流体流动状态的一个无量纲的数。

ζ 与 Re 之间的关系由实验测定。因颗粒在流体中相对运动的情况不同，与流体在管道中的流动一样，也有着几种不同的流态。在不同的流态下阻力的性质不同，因而阻力系数 ζ 与 Re 之间的关系也就不同。

当 Re 值较小时，流体能一层层地平缓绕过颗粒，在后面合拢，流线不致受到破坏，层次分明，呈层流状态 [图 3-1(a)]。这时颗粒在流体中运动的阻力主要是各层流体以及流体与颗粒之间相互滑动时的黏性阻力，阻力大小与雷诺数 Re 有关；当 Re 值较大时，由于惯性关系，紧靠颗粒尾部边界发生分离，流体脱离了颗粒的尾部，在后面造成负压区，吸入流体而产生漩涡，引起了动能损失，呈过渡流状态 [图 3-1(b)]。这时颗粒在流体中运动的阻力就包括颗粒侧边各层流体相互滑动时的黏性摩擦力和颗粒尾部动能损失所引起的惯性阻力，它们的大小按不同的规律变化着；当 Re 值甚大时，颗粒尾部产生的涡流迅速破裂，并形成新的涡流，以致达到完全湍动，处于湍流状态 [图 3-1(c)]。此时黏性阻力已变得不太重要，阻力大小主要取决于惯性阻力，因而阻力系数与 Re 的变化无关，而趋于一固定值；当 Re 值更高时，流速很大，颗粒尾部产生的涡流迅速被卷走，仅在紧靠颗粒尾部表面残留有一层微小的湍流，总阻力随之减小。根据实验研究，ζ 与 Re 之间的关系如图 3-2 所示。

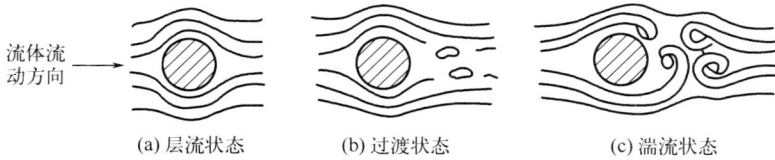

流体流动方向 →

(a) 层流状态　　　(b) 过渡状态　　　(c) 湍流状态

图 3-1　颗粒在流体中产生相对流动时的流动状态

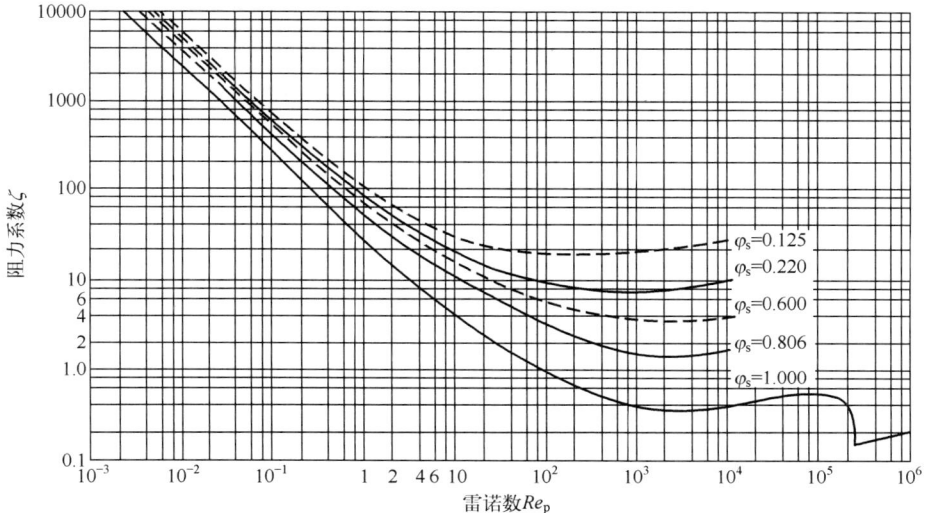

图 3-2　ζ-Re 曲线

［注：φ_s 为形状系数，指非球形颗粒的形状与球形颗粒的差异程度（或称球形度）］

对于球形颗粒（形状系数 $\varphi_s = 1$），ζ-Re 曲线大致可以划分为四个区段来讨论。

1. 层流区

当 $Re < 1$（近似地 $Re < 5.8$）时，流体显示出层流流动的特征，属层流区。此时，阻力系数为：

$$\zeta = \frac{24}{Re} = \frac{24\mu}{d\omega\rho} \tag{3-4}$$

将式(3-4) 代入式(3-1) 可得流体阻力：

$$F_s = \zeta\frac{A\rho\omega^2}{2} = \frac{24\mu}{d\omega\rho} \times \frac{\pi d^2}{4} \times \frac{\rho\omega^2}{2} = 3\pi\mu d\omega$$

上式即为著名的斯托克斯阻力定律的表达式。从式中可知，阻力与流体的黏度 μ 成正比，与速度 ω 的一次方成正比，由于属于黏性阻力，因此，这一区域又称黏性阻力区。

将式(3-4) 代入式(3-2) 得颗粒的沉降速度：

$$\omega_0 = \frac{d^2(\rho_s - \rho)g}{18\mu} \tag{3-5}$$

2. 过渡区

在 $30 < Re < 300$（近似地 $5.8 < Re < 500$）的范围内，流体的流动显示出层流与湍流同时存在的特征，属于过渡区。阻力系数为：

$$\zeta = \frac{10}{Re^{0.5}} \tag{3-6}$$

上式称为阿伦公式，将其代入式(3-1)得流体阻力：

$$F_s = \frac{5\pi}{4}(d\omega)^{1.5}(\rho\mu)^{0.5}$$

由上式可知，流体阻力与 $\omega^{1.5}$ 成正比，也与 μ 有关，流体阻力由黏性阻力和惯性阻力两部分组成。在过渡区，沉降速度为：

$$\omega_0 = \left[\frac{4g^2(\rho_s - \rho)^2}{225\rho\mu}\right]^{\frac{1}{3}} d \tag{3-7}$$

3. 湍流区

在 $1000 < Re < 5000$（近似地 $500 < Re < 200000$）的范围内，流体显示出湍流流动的特征，属湍流区。阻力系数为：

$$\zeta = 0.44 \tag{3-8}$$

此关系式又称牛顿定律。

球形颗粒的流体阻力为：

$$F_s = 0.44 \times \frac{\pi d^2}{4} \times \frac{\rho\omega^2}{2} = \frac{0.44\pi}{8}\rho d^2 \omega^2$$

上式中，阻力与速度的平方成正比，与流体的黏度无关，阻力为惯性阻力。将 $\zeta = 0.44$ 代入式(3-2)，得这一区域中的沉降速度：

$$\omega_0 \approx \sqrt{\frac{3(\rho_s - \rho)gd}{\rho}} \tag{3-9}$$

4. 高度湍流区

当 $Re > 150000$ 时，属高度湍流区。这时边界层本身也变为湍流，实验结果显示不规则现象。阻力系数减小，$\zeta \approx 0.1$。这种情况在工业生产中一般很少遇到。

三、沉降速度的计算

由以上讨论可知，计算沉降速度必须事先知道 Re 的数值，然后才能确定使用哪个公式。但实际上 Re 中就包含了所求的未知数——沉降速度，不可能直接计算，必须采用试差法，这就给计算工作带来了麻烦。为了简化计算过程，需要用一个不包含沉降速度的准则数来代替 Re，作为判明流态的依据。

将式(3-2)两边平方然后移项得：

$$\zeta\omega_0^2 = \frac{4gd(\rho_s - \rho)}{3\rho}$$

以 $\omega_0 = \frac{Re\mu}{d\rho}$ 代入上式，整理后得：

$$\zeta Re^2 = \frac{4d^3\rho^2 g}{3\mu^2}\left(\frac{\rho_s - \rho}{\rho}\right)$$

式中右端为一个不含沉降速度的无量纲数群，令：

$$Ar = \frac{d^3\rho^2 g}{\mu^2}\left(\frac{\rho_s - \rho}{\rho}\right) \tag{3-10}$$

Ar 称为阿基米德数。则：

$$Ar = \frac{3}{4} \zeta Re^2 \qquad (3\text{-}11)$$

由上式知，Ar 为 Re 的函数，因此可用 Ar 的数值来代替 Re 判断流态。

在各个区中 Ar 的临界值如下。

在层流区，Re 的临界值为 1，阻力系数为：

$$\zeta = \frac{24}{Re} = 24$$

故 Ar 的临界值为：

$$Ar = \frac{3}{4} \zeta Re^2 = 18$$

近似地，层流区 Re 的临界值为 5.8，阻力系数为：

$$\zeta = \frac{24}{5.8} = 4.14$$

Ar 的临界值为：

$$Ar = \frac{3}{4} \zeta Re^2 = 104.4$$

即 $Ar < 18$（近似地 $Ar < 104.4$）时，颗粒沉降时流体介质的流态属于层流。

在过渡区，Re 的临界值为 500，阻力系数为：

$$\zeta = \frac{10}{Re^{0.5}} = 0.447$$

Ar 的临界值为：

$$Ar = \frac{3}{4} \zeta Re^2 = 8.4 \times 10^4$$

即 $104.4 < Ar < 8.4 \times 10^4$ 为过渡区。那么 $Ar > 8.4 \times 10^4$ 时，当然就是湍流区了。

借助于 Ar，沉降速度的计算步骤如下。

（1）将有关的数据代入式(3-10)，计算 Ar 值。

（2）根据 Ar 的大小，判别流体流态，用相应的沉降速度公式，即式(3-5)、式(3-7) 或式(3-9) 直接计算沉降速度。

四、沉降速度的讨论

用上述各式计算沉降速度是有以下条件的。

（1）颗粒直径不能小于 $1\mu m$。因为颗粒的直径太小，布朗运动的影响已不容忽略，因此沉降速度不符合上述规律。

（2）上述各式都是根据球形颗粒导出的。但是实际上遇到的颗粒，多数为表面粗糙的非球形颗粒。非球形颗粒沉降时的流体阻力比球形颗粒大［由图 3-2 可知，不规则形状的颗粒（$\varphi_s < 1$）比球形颗粒具有较大的阻力系数，但在层流区内 φ_s 对 ζ 的影响不显著］，故其沉降速度较上述各式的计算值低，所以，对其他形状的颗粒要进行校正。

（3）悬浮体的浓度应该很小，颗粒沉降时不受附近颗粒的影响。如浓度较大，沉降时颗粒之间相互发生干扰，当然会影响沉降速度。下面仅对后面两个问题予以讨论。

1. 非球形颗粒的沉降速度

对于非球形颗粒，其尺寸的大小以与其体积相等的球形颗粒的直径表示，称为相当直径，其计算式为：

$$d_e = 1.24 \sqrt[3]{\frac{m}{\rho_s}} \tag{3-12}$$

式中　d_e——颗粒的相当直径，m；

　　　　m——颗粒的质量，kg；

　　　　ρ_s——颗粒的密度，kg/m^3。

按球形颗粒计算的沉降速度乘以校正系数，即是非球形颗粒的沉降速度：

$$\omega_0' = k\omega_0 \tag{3-13}$$

式中　ω_0'——非球形颗粒的沉降速度；

　　　　k——形状校正系数，其大小与颗粒的形状及 Ar 的大小有关，由表 3-1 查出。在层流区，沉降速度与颗粒形状无关，即 $k=1$。

表 3-1　形状校正系数 k 与 Ar 的关系

Ar	颗粒形状				
	球形	圆形	角形	长形	片状
15000	1	0.805	0.68	0.61	0.45
18750	1	0.8	0.678	0.595	0.441
37500	1	0.79	0.672	0.59	0.437
93750	1	0.755	0.65	0.564	0.42
187500	1	0.753	0.647	0.562	0.408
375000	1	0.74	0.635	0.56	0.392

2. 悬浮体浓度较大时颗粒的沉降速度

前面在推导沉降速度的计算公式时，无论在哪个阻力区，都是考虑单个颗粒在无限大的流体介质中沉降的，它在沉降过程中既不受附近颗粒影响，也不受四壁的影响，这种沉降为自由沉降。可是，当悬浮体的浓度较大时，每一个颗粒在沉降过程中一定会受到附近颗粒对它的影响，因而会影响到沉降速度，这种沉降为干涉沉降。在实际生产过程中，一般悬浮体的浓度是比较高的，实际的沉降大多属于干涉沉降。不过，当悬浮体的浓度不太大时（如 $<3\%$），按自由沉降计算造成的误差并不大。可是，当悬浮体的浓度较大时，一定要按干涉沉降计算。

对于浓度较高的悬浮体，沉降速度与悬浮体的空隙率有关。悬浮体的空隙率为：

$$\varepsilon = \frac{V - V_s}{V} \tag{3-14}$$

式中　ε——悬浮体的空隙率；

　　　　V——悬浮体的体积；

　　　　V_s——悬浮体中固体颗粒的体积。

干涉沉降速度为：

$$\omega_c = \varepsilon^n \omega_0 \tag{3-15}$$

式中　ω_0——自由沉降的沉降速度；

n——指数，与 Re 有关，由实验测定。

根据实验的结果，n 与 Re 之间有如下的关系：$Re<0.2$ 时，$n=4.65$；$Re=0.2\sim1.0$ 时，$n=4.36Re^{-0.03}$；$Re=1\sim500$ 时，$n=4.45Re^{-0.1}$；$Re=500\sim7000$ 时，$n=2.36$。

第二节　流体力学分级设备

一、空气分选器

用空气作流体介质进行分级的设备，称为空气选粉机。空气选粉机是一种通过气流的作用使颗粒按尺寸大小进行分级的设备，这种设备用于干法圈流的粉磨系统中。

在粉磨工艺中使用的选粉机有许多类型。按机内是否有运动部件来分，有静态选粉机和动态选粉机两类；按分级机理来分，有离心式分级机、旋风式分级机、笼式分级机（或称涡流式分级机）、组合式分级机、打散分级机等；按气体流通方式来分，有通过式选粉机和密闭式选粉机两类。通过式选粉机是让气流将颗粒带入选粉机中，在其中使粗粒从气流中析出，细颗粒跟随气流排出机外，在附属设备中回收。密闭式选粉机是将物料喂入机内，物料颗粒遇到该机内部循环的气流，分成粗粉及细粉，从不同的孔口排出。选粉机的结构形式虽然各不相同，但其工作过程主要包括分散、分级和分离三个部分。

1. 离心式选粉机的构造及工作原理

离心式选粉机的构造如图 3-3 所示。其外筒 5 的上部为圆柱形，下部为圆锥形，内部装有与其形状相似的内筒 4，内筒用支架 3 和 7 固定在外筒 5 上，内、外筒体之间形成环形空间。在内筒的上部，装有做旋转运动的撒料盘 10 和小风叶 2，在小风叶上面还有大风叶 1。大小风叶之间有可以调节的挡风板 11。导向叶片 6 是内、外筒之间空气循环的通道，可以用来调节进风角度和通道间隙。选粉机的顶部用盖板密封。

物料由加料管 12 落入旋转着的撒料盘上，在离心力的作用下甩向四周，空气流则从内筒下部为大风叶所吸上升，在空气流穿过从撒料盘抛出的物料时，物料中较细的颗粒被气流带走，较粗的颗粒由于沉降速度较大，不能被上升气流托住，就向内筒下部沉降。含有细粒物料的气流在穿过小风叶时，由于小风叶旋转使气流也发生旋转，气流中的固体颗粒在离心力作用下，其中较粗的颗粒又被甩出，只有更小的颗粒才能穿过。然后，气流经过内筒顶部出口，转入

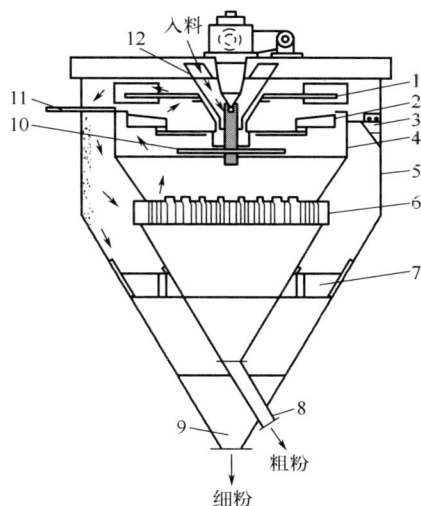

图 3-3　离心式选粉机示意图

1—大风叶；2—小风叶；3,7—支架；
4—内筒；5—外筒；6—导向叶片；
8—粗粉出口；9—细粉出口；10—撒料盘；
11—挡风板；12—加料管

内、外筒之间的环形空隙中，气流旋转向下运动，部分细颗粒离心沉降至外筒内壁，向下滑落，部分细粉颗粒随气流向下运动，与重力沉降方向一致，快速向下沉降，都由细粉出口 9 排出。气流经导向叶片回到内筒，重新循环使用。粗粒物料落到内筒底部，由粗粉出口 8 排出。该机的工作是连续的。

整个设备是密封的，空气在其中循环使用。该机的优点是分级、鼓风及收尘设备全部包含在选粉机内，比较紧凑，功率消耗较低。缺点是物料要用提升机等设备提升到一定的高度，然后喂入选粉机中。离心式选粉机宜配用于机械卸料的磨机的圈流系统中。

2. 主要的工作参数

（1）生产能力 影响选粉机生产能力的因素较多，诸如选粉机的结构尺寸、转速、物料性质和产品细度等。可按下面的经验公式计算：

$$Q = KD^{2.65} \tag{3-16}$$

式中 Q——选粉机的生产能力，t/h；

D——选粉机外壳直径，m；

K——系数，与物料的性质、产品的细度及选粉效率有关。

空气选粉机的大小一般用圆筒外径来表示，其直径可达 10m，生产能力达 2500t/h。

（2）主轴转速 选粉机主轴转速快慢影响到循环风量的改变及选粉区气流上升速度，从而影响到选粉机的生产能力、功率和选粉效率。一般离心式选粉机的转速 n 和直径 D 的乘积在 $600 \sim 900$ m·r/min 范围，即

$$nD = 600 \sim 900 \text{m·r/min}$$

表 3-2 列出了国内几种规格的离心式选粉机的转速与直径乘积的值。

表 3-2 离心式选粉机的转速与直径乘积值

选粉机直径/m	1.5	3.0	3.5	4.2	5.0	5.5
nD/(m·r/min)	600	725	805	840	900	918

3. 功率

离心式选粉机的功率可按下面的经验公式计算：

$$N = KD^{2.4} \tag{3-17}$$

式中 N——选粉机的功率，kW；

K——系数，一般取 1.58；

D——选粉机直径，m。

二、水力分级机

用水作介质进行分级的设备称为水力分级机。无机非金属材料工业中使用的水力分级机有耙式分级机、浮槽分级机、水力旋流器（简称水旋器）以及弧形筛等。前两种分级机主要借助于重力的作用来工作，分级速度慢，已经逐渐被淘汰；水旋器是借助于惯性离心力的作用来工作，离析过程比用重力作用的快得多，处理能力大，设备简单紧凑，可供分级、分选、脱泥及增稠等用途使用，如高岭土的选矿；弧形筛是近年发展起来的流体动力分级设备。它本是一种筛分设备，但利用流体的压头和料浆做圆周运动时的惯性离心力将颗粒送到筛面上，使单位面积筛面的筛分能力大为提高。弧形筛是一种有效的浓浆细分级设备，适于配置在湿法圈流粉磨系统中使用。

1. 水旋器的构造和工作原理

如图 3-4 所示，水旋器是一个上部为圆柱形、下部为锥形的筒体，中间插入溢流管 1 的装置。在筒体的上部，沿着圆柱的切线方向有进料管 4，圆锥形出口为底流管 3。

料浆在压力作用下经进料管沿切线进入筒体。在筒体中，料浆做旋转运动，料浆中的固

体颗粒在离心力作用下，除了随料浆一道旋转外，还沿着筒体的半径朝远心的方向沉降，粗颗粒沉降速度大，很快就达到筒体内壁并沿着内壁下行至圆锥部分，最后从底流管排出，称为沉砂；细颗粒的沉降速度小，当它们还未接近筒壁，仍处在筒体的中心附近时，就被后续进来的料浆所排挤，被迫上升到溢流管排出，称为溢流。这样，粗细不同的颗粒就分别从底部和溢流中收集，从而实现了分级。

2. 弧形筛的构造和工作原理

弧形筛的工作部件是一个固定的弧形筛面。筛面的面层用薄铜板、薄铁板冲孔制成，或用筛条编织成。筛条要求有一定的强度和耐磨性，可用不锈钢丝、铁丝或尼龙绳等。筛条的排列与物料运动方向相垂直。筛条具有矩形或略具梯形的断面，这样可使条形筛板的缝隙不致被物料堵塞。筛孔的直径或筛缝的宽度为 0.3～0.6mm。为了增加筛面的强度，可将面层支承在较粗的铁丝网底层上。

弧形筛有自流弧形筛及压力弧形筛两种。

（1）自流弧形筛 自流弧形筛又称无压力弧形筛，如图 3-5 所示。料浆自流到装在机架上的受料箱 1 中，由溢流板 2 的边缘倾流而出并落入下部逐渐收缩的收缩槽 3 中，通过该槽的排出口 4，料浆沿筛曲面内壁切线流到筛面 5 上。排出口 4 保证料浆均匀地分布在弧形筛网的整个宽度上。筛上料（粗浆）沿箭头从粗浆排出口 6 排出，而通过筛孔的筛下料（细浆）集中在接收器 7 中，通过细浆排出管 8 排出。

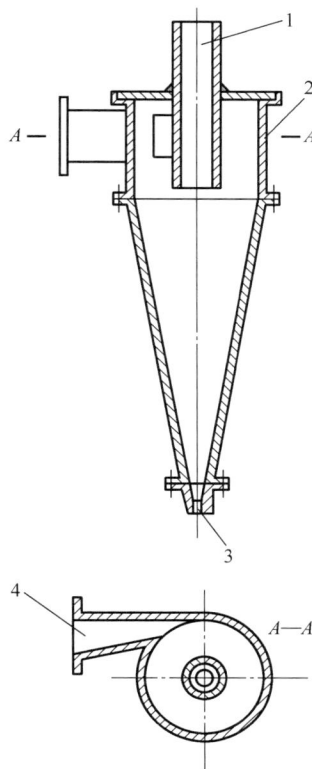

图 3-4 水旋器示意图
1—溢流管；2—筒体；
3—底流管；4—进料管

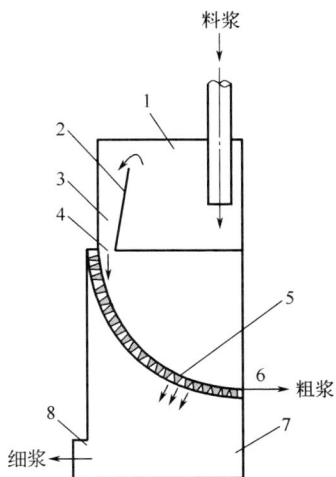

图 3-5 自流弧形筛
1—受料箱；2—溢流板；3—收缩槽；4—排出口；
5—筛面；6—粗浆排出口；7—接收器；8—细浆排出管

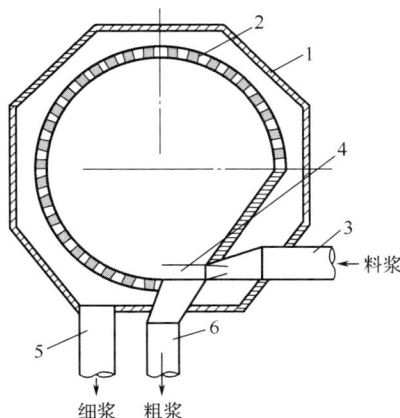

图 3-6 压力弧形筛
1—外壳；2—弧形筛面；3—进浆管；
4—喷浆口；5—细浆管；6—粗浆管

（2）压力弧形筛 压力弧形筛如图 3-6 所示。外壳 1 内固装着一个弧形筛面 2，料浆用泵经过进浆管 3 送入，从扁平的喷浆口 4 以高速喷出，料浆形成一股扁平的浆流贴在筛面上做圆周运动。在送浆压力及惯性离心力的作用之下，细颗粒和一部分水分穿过料浆层及筛孔筛出，汇集到外壳，经细浆管 5 送到料浆库中。较粗的颗粒和一部分水分则沿着弧形筛面运动，然后经粗浆管 6 作为循环料送回磨机再进行粉磨或送到下一级弧形筛中再次分级。

与其他分级设备比较，弧形筛无运动部件，结构简单，占地面积较小，容易制造和安装，生产能力和效率都很高，湿法粉磨配上弧形筛作圈流粉磨时，能提高磨机的产量和降低电耗。但是筛面比较容易磨损，需要经常更换修理。

第四章

脱水设备

陶瓷制品生产中，用湿法粉磨所得到的料浆往往含水量过多，不符合成形工序的要求。例如可塑成形要求泥料的含水量为 20%～26%；干压成形要求泥料的含水量在 7% 左右；等静压成形要求泥料的含水量更低，约为 2%。因此，必须把料浆中过多的水分除去。把料浆中水除去的操作称为脱水。脱水的方法有离心力沉降法（所用的设备有水力旋流器等）、过滤法（所用的设备有各种过滤机）及干燥法（主要设备为喷雾干燥器）。本章介绍两种主要的脱水设备：压滤机和喷雾干燥器。

第一节 压滤机

压滤机又称榨泥机，是湿法制泥和泥浆脱水生产工艺中的重要陶瓷专业机械，通常将含水分为 30%～80% 的泥浆通过压滤机过滤到含水率为 18%～26% 的泥料。

用压滤工艺制备塑性泥料除了能较好地满足生产工艺的要求外，还能节能。因为机械脱水（20% 以上时）要比干燥等其他方法的能量消耗要小得多。

一、过滤操作的基本原理

压滤的基本过程实际上就是过滤，所以，压滤机泥浆脱水主要采用的是过滤的原理。过滤操作是利用具有很多毛细孔的材料作为介质，在压力作用下，使泥浆中的水分自毛细孔通过，将固体物料截留在介质上，从而把料浆中的水分除去。

过滤操作的原理如图 4-1 所示。将需要过滤的料浆（称为滤浆），放到过滤介质（多孔的物质）的上面，滤浆中的水分通过过滤介质成为清水（称为滤液），截留在过滤介质上含水少的固体物料成为滤饼。压滤机上使用的过滤介质是各种不同纤维编织的布，即滤布。过滤的推动力为压力差，过滤

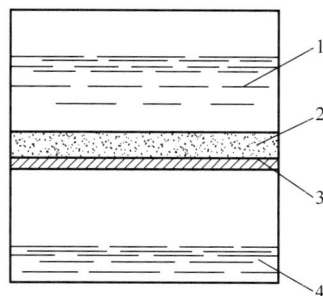

图 4-1 过滤操作

1—滤浆；2—滤饼；3—过滤介质；
4—滤液

的阻力为滤液通过过滤介质和介质上滤饼时的阻力。过滤开始时，滤饼尚未形成，过滤阻力就是介质阻力，但是，随着过滤操作的进行，滤饼逐渐形成，过滤阻力也随之增大，所以，过滤阻力是随时间变化的。

二、过滤方程式及过滤操作制度

在单位时间内，通过单位过滤面积滤出的滤液体积称为过滤速度。即

$$\omega = \frac{1}{A}\frac{dV}{dt} \qquad (4\text{-}1)$$

式中 ω——过滤速度，m/s；

      V——滤液体积，m^3；

      A——过滤面积，m^2；

      t——过滤时间，s。

无论过滤介质的结构和过滤的推动力如何，过滤速度取决于滤液通过过滤介质和滤饼的速度。因为过滤介质和滤饼中的通道很小，滤液在这些通道内的流态属于层流。液体在通道中作层流流动时，对一条通道而言，在 dt 时间内通过的液体体积为：

$$V = \frac{\pi r^4 \Delta p}{8\mu l}dt$$

式中 μ——滤液的黏度；

      l——通道的平均长度；

      r——通道的平均半径。

由于过滤介质是多孔材料，通道不止一条，设单位过滤面积的通道数为 n，那么从这些通道滤出的滤液的体积为：

$$dV = \frac{\pi r^4 \Delta p}{8\mu l}nA\,dt$$

代入式(4-1)，得过滤速度为：

$$\omega = \frac{\pi r^4 n \Delta p}{8\mu l}$$

因为通道是弯弯曲曲的，令 h 为过滤介质的厚度，a 为考虑通道弯曲程度的矫正系数，即 $l = ah$，则

$$\omega = \frac{\pi r^4 n \Delta p}{8\mu ah} \quad 或 \quad \omega = \frac{\Delta p}{\dfrac{8a}{\pi n r^4}\mu h} \qquad (4\text{-}2)$$

因此，过滤速度 ω 与压力差 Δp 成正比，与 $\dfrac{8a}{\pi n r^4}\mu h$ 成反比，前者为过滤的推动力，后者为过滤的阻力。

令 $\rho = \dfrac{8a}{\pi n r^4}$，$\rho$ 称为过滤介质的比阻，于是式(4-2)可改写为：

$$\omega = \frac{\Delta p}{\mu \rho h}$$

上面只是一般地叙述过滤介质的阻力性质，实际上，滤液要同时通过滤布和滤饼两部分，这两者又是串联的，过滤面积相等，在同一时间内通过滤布和滤饼的滤液体积是一样

的，故两者的过滤速度相等。因此，对滤布和滤饼分别有：

$$\omega = \frac{\Delta p_1}{\mu \rho_1 h_1} \qquad \omega = \frac{\Delta p_2}{\mu \rho_2 h_2}$$

上面两式中，Δp_1 和 Δp_2 分别是在滤布和滤饼两侧的压力差。那么，总压力差为：

$$\Delta p = \Delta p_1 + \Delta p_2 = \omega \mu (\rho_1 h_1 + \rho_2 h_2) \tag{4-3}$$

式中　ρ_1, ρ_2——滤布和滤饼的比阻；

　　　　h_1, h_2——滤布和滤饼的厚度。

将 ω 代回到式(4-1) 得：

$$\omega = \frac{\Delta p}{\mu (\rho_1 h_1 + \rho_2 h_2)} = \frac{1}{A} \frac{\mathrm{d}V}{\mathrm{d}t}$$

所以

$$\frac{\mathrm{d}V}{\mathrm{d}t} = \frac{\Delta p A}{\mu (\rho_1 h_1 + \rho_2 h_2)} \tag{4-4}$$

上式表示过滤过程中任一瞬间的过滤速度，称为过滤的基本微分方程式。该式表示出了过滤速度与料浆的性质、过滤介质的结构特征以及过滤时使用的压差等一系列因素之间的关系。

在实际的压滤操作中，速度、压力、介质特性等各因素都可能是不断变化的，要将过滤的基本方程式用于实际计算是有困难的。为简化并且依据实际工况，通常过滤操作有两种不同的典型方式：一种是恒压过滤，即在过滤过程中，压力保持不变；另一种是恒速过滤，即在过滤过程中速度保持不变，因此要根据具体的情况进行积分计算。

1. 恒压过滤方程式

令 x 表示滤出单位体积滤液所得到的滤饼体积，此项体积与通过滤液量的乘积应等于截留在滤布上的滤饼体积，即

$$xV = Ah_2$$

则

$$h_2 = \frac{xV}{A}$$

那么式(4-4) 成为：

$$\frac{\mathrm{d}V}{\mathrm{d}t} = \frac{\Delta p A^2}{\mu (\rho_1 h_1 A + \rho_2 xV)}$$

由物料平衡：

$$x = \left[\mu_p + \frac{\rho}{\rho_s}(1 - \mu_p) \right] \frac{1 - \mu_r}{\mu_p - \mu_r} - 1 \tag{4-5}$$

式中　μ_p, μ_r——滤浆和滤饼的含水量，以小数表示；

　　　　ρ, ρ_s——滤液和固体物料的密度。

对于恒压过滤，Δp 为常数，滤饼和滤布的结构也不变化，因而比阻 ρ_1、ρ_2 也是常数，滤液黏度、过滤面积在过滤过程中又是不变的，因此对上式进行积分并进行整理得：

$$V^2 + 2\left(\frac{\rho_1 h_1 A}{\rho_2 x}\right) V = \left(\frac{2\Delta p A^2}{\mu \rho_2 x}\right) t \tag{4-6}$$

以 A^2 除式(4-6) 两边，并令 $v = \frac{V}{A}$（单位面积滤液过滤量），则有：

$$v^2 + 2\left(\frac{\rho_1 h_1}{\rho_2 x}\right) v = \left(\frac{2\Delta p}{\mu \rho_2 x}\right) t \tag{4-7}$$

上式表示了恒压过滤时滤出的滤液体积与过滤时间的关系，即恒压过滤方程式，式中括号内的量都是常数，可合并成为：

$$v^2 + 2Cv = Kt \tag{4-8}$$

式中　C，K——过滤系数，由试验测定，$C = \dfrac{\rho_1 h_1}{\rho_2 x}$，$K = \dfrac{2\Delta p}{\mu \rho_2 x}$。

2. 滤饼的压缩性

以不同的压力差进行恒压过滤时，在多数场合下都发现滤饼的比阻与压力差有关，压力差增大，滤饼结构变得致密，比阻增大。对于压缩性较大的滤饼，随着压力差的升高，比阻的增加是比较快的，同时，由于结构比较致密，滤饼的含水量也比较少。

据经验，由于滤饼受压缩而引起比阻的变化可用下式计算：

$$\rho_2 = \rho_2' \Delta p^s \tag{4-9}$$

式中　ρ_2——压力差为 Δp 时滤饼的比阻；

　　　ρ_2'——系数，相当于单位过滤压力差时滤饼的比阻；

　　　s——滤饼的压缩指数。

ρ_2' 和 s 的大小与滤饼的性质有关，对于不变特性的滤饼，ρ_2' 和 s 为常数。当 $s=0$ 时，滤饼的比阻与过滤的压力差无关，即为不可压缩的滤饼。

3. 恒速过滤方程式

恒速过滤是过滤速度在过滤过程中保持恒定，即 $\omega = \dfrac{\mathrm{d}v}{\mathrm{d}t} = $ 常数，积分得：

$$v = \omega t \tag{4-10}$$

在恒速过滤中，由于滤饼的厚度随着过滤时间的增加而增加，要保持过滤速度不变，过滤的压力差必须相应增大，以克服滤饼的阻力。

以 $v = \dfrac{V}{A}$ 及 $h_2 = xv$ 代入式(4-4)，化简后得：

$$\Delta p = \frac{2C\omega}{K_0} + \frac{2\omega^2}{K_0}t \tag{4-11}$$

式中　K_0——常数，$K_0 = \dfrac{2}{\mu \rho_2 x}$。

在式(4-11) 中，等号右边第一项为克服滤布阻力的压力差，与过滤时间没有直接关系，第二项为克服滤饼阻力的压力差，与过滤时间成正比。

从式(4-10) 和式(4-11) 还可得到恒速过滤方程式的另一形式：

$$v^2 = Cv = \frac{K}{2}t \tag{4-12}$$

4. 过滤操作的操作制度

恒压过滤是比较简单的过滤操作，但因过滤开始时，滤饼还未形成，过滤速度很大，需要配用大流量的料浆泵。同时由于滤布表面还没有滤饼生成，往往因为滤浆来势过猛，其中的固体颗粒会塞进滤布的毛细孔中，接着又会在滤布表面形成比较致密的初期滤饼，这些都会使过滤阻力加大，给后来的过滤操作带来困难。因此，实际上过滤的开始阶段，通常是采用恒速过滤，随着过滤操作的进行，滤饼逐渐增厚，阻力随之增大，过滤的压力差也不断增大。当压力差增大到预定数值时，过程转入恒压过滤，直到过滤操作结束为止。开始的恒速过滤和后来的恒压过滤，构成了两阶段的过滤操作。

在两阶段的过滤操作中，滤出的滤液体积和过滤时间的关系可用图 4-2 表示。图中横坐标表示过滤时间，纵坐标表示滤出的滤液体积。在恒速过滤阶段，过滤速度不变，V/t 是常数，在图中以直线 OA 表示；在紧接着的恒压过滤阶段，由式（4-8）可知，其图形为抛物线，过程沿抛物线 AB 进行。

因为压滤机是间歇操作的，每个工作循环包括装机、过滤、拆机和取出滤饼等几项操作，工作周期等于过滤时间和辅助操作时间之和，压滤机的生产能力为：

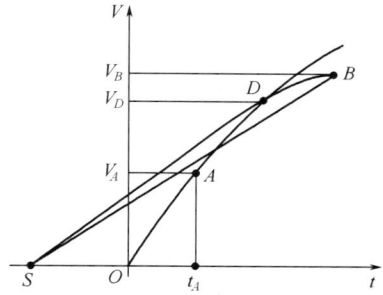

图 4-2　两阶段过滤操作滤液体积
与过滤时间的关系

$$Q = \frac{V}{t + t_s} \tag{4-13}$$

式中　Q——压滤机的生产能力；

　　　V——在一个工作循环中单位面积滤出的滤液体积；

　　　t——过滤时间；

　　　t_s——辅助操作时间。

生产能力可用图解方法表示如下：在图 4-2 中，如果在原点左边的 t 轴上取一点 S，使 OS 等于辅助操作时间 t_s。设过滤操作的终点为 B，连接 SB，直线 SB 的斜率就表示以 B 为过滤终点的生产能力。

要使生产能力最大，可过 S 点作曲线 OB 的切线，切点为 D，则切线 SD 为从 S 点向曲线上各点作的连接线中斜率最大的一条直线，如以 D 点作为操作终点，压滤机有最大的生产能力。

三、厢式压滤机的结构与工作过程

厢式压滤机的结构如图 4-3 所示，由许多块形状相同的滤板 13、机架 10、前座 4、横梁 11、活动顶板 6、固定顶板 7 和压紧装置组成。

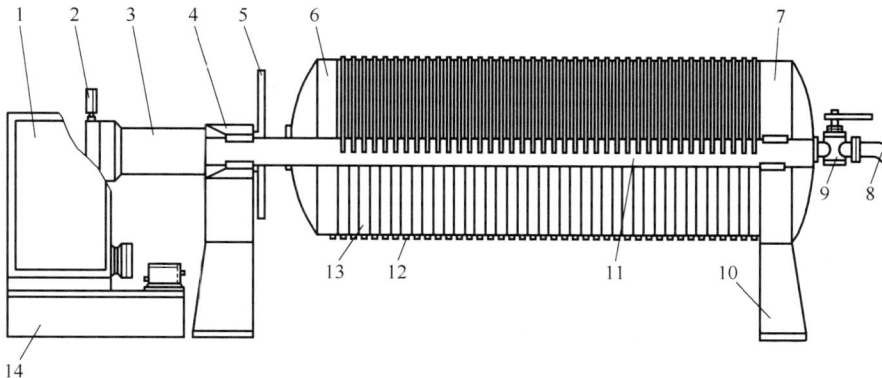

图 4-3　厢式压滤机

1—电气箱；2—电接点压力表；3—油缸；4—前座；5—锁紧手轮；6—活动顶板；7—固定顶板；
8—料浆进口；9—旋塞；10—机架；11—横梁；12—滤液出口；13—滤板；14—油箱

滤板的尺寸为压滤机的规格尺寸，常用的有 360mm、610mm、800mm、1000mm、1200mm 和 1500mm；滤板的数目为 20～160 片，最常用的是 40～120 片；滤板的形状主要

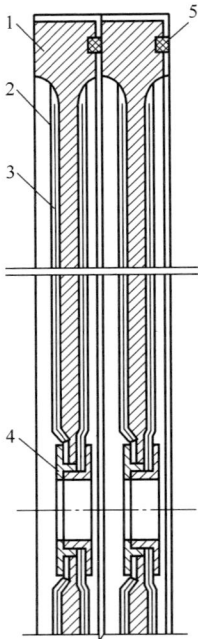

图 4-4　滤板的组装

1—滤板；2—滤布；3—滤布托板；4—空心螺栓；5—橡胶垫片

有圆形和方形两种，材质有灰口铸铁、球墨铸铁、钢铁芯子外面包覆橡胶或树脂、铝合金以及工程塑料等。滤板两面边缘凸起，中心处有一圆孔，作为进浆口。在凹进去的表面上有许多槽沟，这些槽沟称为排水槽。排水槽与滤板下部的滤液出口相通。排水槽的形状有同心圆、螺旋线和直线网格状等多种。用铸铁或铝合金制造的滤板，在滤板一面的凸缘上有放置密封件的环形槽，槽内嵌入橡胶垫圈。工程塑料的滤板在凸缘上一般不设密封槽。作为滤布托板的铝质筛板和滤布贴于滤板的两面，中间用铜质空心螺栓夹紧在进浆口上，如图 4-4 所示。

活动顶板和固定顶板实际上相当于单面滤板，又称活动堵头、固定堵头。固定顶板中心有进浆口，用管子与料浆泵相连；活动顶板中心无孔，直接承受压紧装置的作用力。

横梁用于支撑全部滤板和滤饼的重量，并承受压紧和过滤时的拉力作用，应有足够的强度和刚度。横梁截面形状有圆形和矩形两种，矩形截面的抗弯刚度较好，越来越得到广泛采用。

压滤机操作时，首先把装好滤布的滤板全部放置在机架的横梁上，然后将压紧装置压紧。这样在两块滤板之间，就构成了一个滤室。滤浆用泵送入，经由固定顶板的进浆口后分别进入每个滤室。在压力作用下，滤液通过滤布、筛板和滤板上的排水槽，最后汇集于滤液出口流出。固体物料则由于滤布的阻拦而在滤室中形成滤饼。滤液流出速度很慢时即可停止送浆，排除余浆后，松开滤板，取出滤饼，然后再装好使用。

在过滤过程中，如发现某一滤液出口滤出的滤液混浊不清，则说明该处滤布安装不好或有破损，这时应该将该处出口关闭，以免损失滤浆。

厢式过滤机结构简单，工作可靠，但是设备笨重，操作强度小，而且是间歇式作业，工人劳动强度也大。

第二节　喷雾干燥器

喷雾干燥就是将一定浓度的溶液或悬浮液（泥浆）通过雾化器分散成细滴，在干燥塔内用热风干燥获得颗粒状物料的过程。

喷雾干燥技术发展至今已有一百多年的历史。1865 年拉曼特就得到了美国的专利，到 19 世纪后期开始应用于工业生产，最初在食品、化工、医药业应用。20 世纪 50 年代开始在陶瓷工业使用，主要是用来制备生产面砖的粉料，随着陶瓷装饰材料及粉料压力成形技术与装备在现代陶瓷工业的迅速发展和普遍使用，需要的颗粒状粉料越来越多，因而喷雾干燥技术与装备自 20 世纪 80 年代以来在全世界已经获得了广泛的应用。近些年来，在制备可塑性泥料中喷雾干燥也有应用，其方法是把干燥得到的粉料与泥浆混合使之成为均匀的可塑泥料，泥料的含水量可以通过调节粉料与泥浆的配合比例准确地予以控制，制备流程如图 4-5 所示。

用喷雾干燥的方法脱水，可以使操作过程自动化、连续化，减少操作人员。同时泥料的质量稳定，操作可靠。然而，喷雾干燥是用物理方法脱水的，需要提供热量作为水分蒸发之用，同时，料浆雾化还要消耗能量，而且设备装置也比较复杂和庞大。尽管如此，对于大规模生产，如果使用得当，特别是用于生产干压粉料，总的说来还是比较先进且经济合理的。

一、喷雾干燥器的组成及工艺过程

1. 喷雾干燥器的组成

喷雾干燥器及其附属设备如图 4-6 所示，主要有以下部分。

（1）雾化器　安装于干燥塔内，完成料浆的雾化。

（2）干燥塔　完成干燥的场所，是一个几何形状为上部是圆柱形、下部是锥角为 60°圆锥形的筒体，干燥塔的顶上有进气管和热空气分配器，底部为粉料出口。粉料出口的上方有排气管，排气管与捕集细粉的旋风分离器等除尘设备相连。在筒体的中间装有雾化器。

图 4-5　使用喷雾干燥器制备塑性泥料的流程

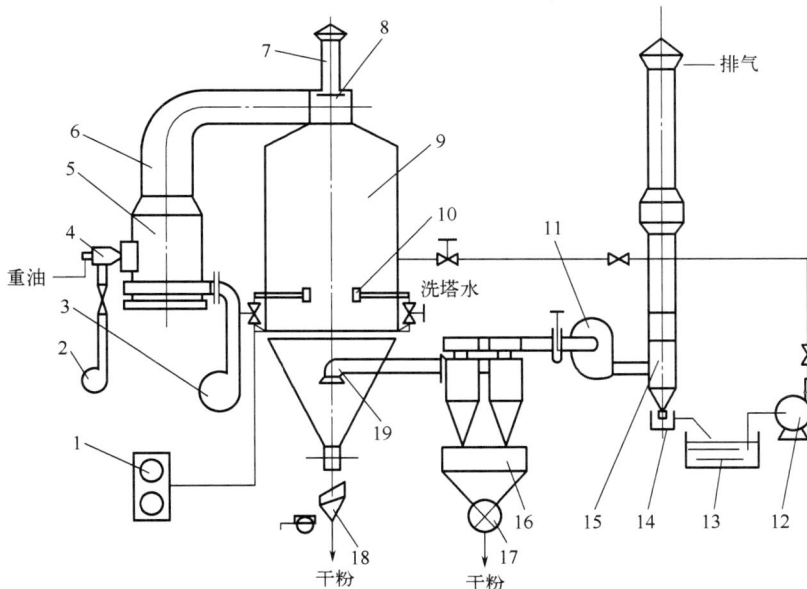

（3）料液供给系统　包括料浆池、料浆泵、管路等，完成向雾化器供给料液。

（4）热风系统　包括空气加热器（热风炉）、热风管等，为干燥塔提供干燥介质热风。

（5）排风除尘系统　废气排除，将其净化后排空。

（6）卸料及运输系统　粉料从塔底卸出，过筛、输送至料仓。

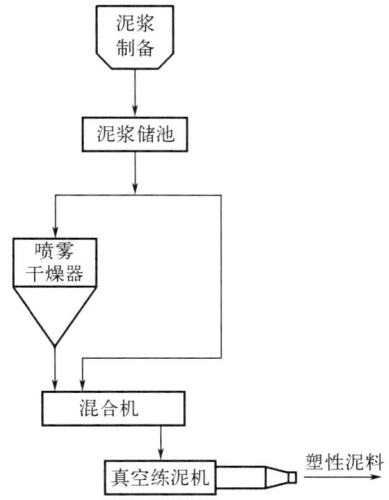

图 4-6　喷雾干燥器及其附属设备

1—泥浆泵；2—雾化器风机；3—配温风机；4—烧嘴；5—热风炉；6—热风风管；7—废气烟囱；8—升降阀门；
9—干燥塔；10—压力喷嘴式雾化器；11—排风风机；12—循环水泵；13—沉淀池；14—水封器；15—洗涤塔；
16—旋风分离器；17—叶轮给料机；18—振动筛；19—排气管

2. 喷雾干燥器的操作工艺过程

用泥浆泵把料浆从泥浆池中泵入管道送入雾化器中。在雾化器中，泥浆被分散成许多细小的液滴，由热风炉产生的热空气从干燥塔顶部经进气管和热空气分配器进入塔体内，当热空气与液滴相遇时，彼此之间产生强烈的热量和质量的传递，液滴中的水分迅速蒸发，很快成为干燥的粉料，最后沉降到筒体底部，从粉料出口排出。带有少量细粉的干燥尾气则经过后续的除尘设备把其中的细粉收集后排入大气中。

二、雾化器

喷雾干燥器要求液滴的平均直径为几十至几百微米，所以雾化器是其重要的组成部分。陶瓷工业中常用的雾化器有离心雾化器和压力喷嘴式雾化器。

（一）离心雾化器

离心雾化器和热空气分配器结构见图4-7。离心雾化器的工作过程是：使料浆流入一个高速旋转的雾化盘（图4-8）中，料浆在离心力的作用下从雾化盘中以很高的速度甩出，甩出的料浆在空气中与空气摩擦而分裂成液滴。当物料的流量、雾化盘的转速不同时，雾化的机理也会不同。

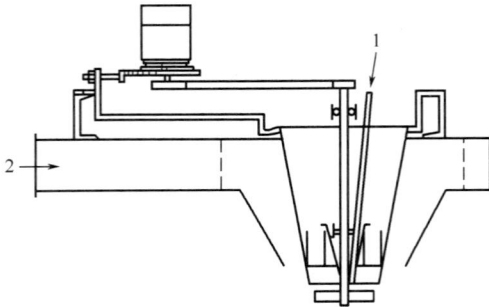

图 4-7　离心雾化器和热空气分配器结构示意图
1—料浆进口；2—热空气进口

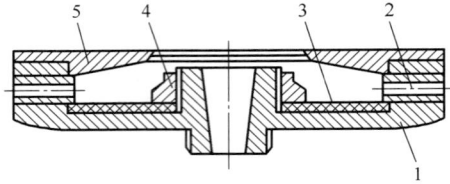

图 4-8　离心雾化器的雾化盘
1—盘体；2—喷嘴（共20～24个）；
3—衬板；4—螺母；5—盘盖

1. 雾化机理

（1）滴状雾化　当料浆流量小、雾化盘转速低时，料浆在盘的边缘隆起呈半球形，球的直径取决于离心力以及料浆的黏度和表面张力。当离心力超过料浆的表面张力时，盘边的各个球形料浆直接甩出成为雾状液滴，构成滴状雾化，但雾滴中有少量的大颗液滴，如图4-9(a) 所示。

（2）丝状雾化　当料浆流量加大、雾化盘转速增高时，盘边上半球形料浆被拉成许多液丝。随着料浆流量的继续增加，盘边的液丝数目也增多，但增加到一定数目后再增加料浆流

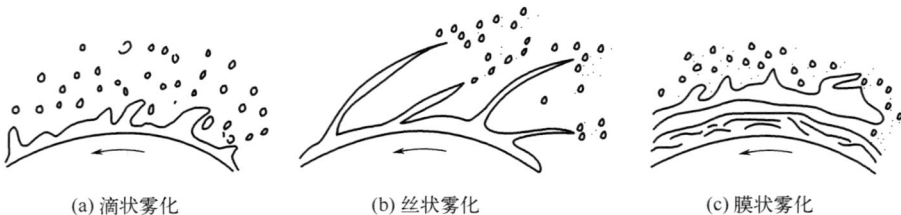

(a)滴状雾化　　　　　(b)丝状雾化　　　　　(c)膜状雾化

图 4-9　离心雾化器的雾化机理

量，液丝只是直径变大，数目却不再增多。在离心力和空气摩擦力的作用下，这些液丝很不稳定，在伸到离盘边不远处就迅速断裂，成为雾状的细微液滴和许多球形的小液滴，形成了丝状雾化，如图 4-9(b) 所示。料浆的黏度和表面张力越大，产生的液滴越粗，粗粒液滴在雾滴中所占比例也越大。

（3）膜状雾化　当料浆流量继续增加时，液丝的数目与直径均不再增加，液丝间互相溶合成为连续的液膜，液膜由盘边延伸至一定距离后破裂，分散成直径分布较广的液滴，构成了膜状雾化，如图 4-9(c) 所示。如雾化盘的转速继续提高，液膜延伸的距离缩短，料浆高速甩出，在盘边附近就与空气强烈摩擦而分裂成雾状液滴。

2. 雾化盘的结构形式

雾化盘的结构形式很多，料浆流量不大时，可以采用碟形或倒杯形结构。在这种雾化盘中，由于料浆在盘上的滑动较大，料浆不能得到高的速度，产生的液滴较粗，但液滴的粗细比较均匀。在流量大、转速高的操作条件下，为了减小盘面上料浆的滑动，可在盘面上做出径向浅槽或装上辐射状的径向叶片，这样会使液滴变小，但是也增大了雾化的不均匀性。

当生产能力较大时，可以在盘上开浅槽或装设喷孔，有时还采用多层喷孔（图 4-10），以满足大产量的要求。多层喷孔的结构可保证在喷炬直径不大的条件下增加雾化料浆的数量。

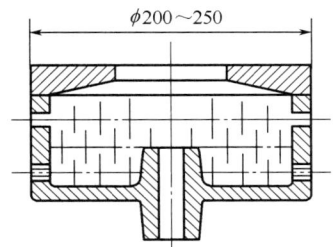

图 4-10　具有两层可换喷嘴的雾化盘

3. 转速

当料浆进入高速旋转的雾化盘时，由于料浆与盘面之间的摩擦力作用，料浆被带着一起做旋转运动。与此同时，在离心力作用下，料浆从盘的中心移向盘边，因此，料浆离开雾化盘时，其绝对速度为切向速度与径向速度的矢量和。但是由于工业生产实际使用的雾化盘，料浆的径向速度远远小于切向速度，故可近似认为，料浆离开雾化盘时的绝对速度等于其切向速度。

对于盘面上有浅槽或叶片的雾化盘，由于浅槽或叶片阻止了料浆的滑动，故料浆的切向速度等于雾化盘的圆周速度。对于平滑的雾化盘，由于料浆在盘面上滑动，切向速度小于雾化盘的圆周速度，并且，随着料浆流量的增加，滑动加剧；而随着料浆黏度和雾化盘直径的增大，滑动减小。

从雾化机理可知，雾化盘转速的大小影响产生的液滴的大小和均匀性。实验证明，当雾化盘的圆周速度较小时（小于 50m/s），产生的液滴很不均匀，喷炬主要由一群粗液滴和靠近盘边的细液滴组成。当圆周速度达到 60m/s 时，就不会出现上述的不均匀现象，所以圆周速度 60m/s 可以作为雾化盘选择时采用的最小值。通常雾化盘的圆周速度为 90～140m/s。

4. 液滴直径

液滴的大小与雾化盘转速有关，但两者之间的关系目前还未能从理论上加以解决。从已发表的经验公式来看，在高转速、大流量的操作条件下，雾化产生的液滴直径大致与雾化盘转速的 0.6～0.8 次方成反比。

对于平滑雾化盘：

$$D = \frac{23.4G}{\rho \left[5.1 \times 10^3 (\mu/\rho)^{0.25} (\sigma G)^{0.66} + 2.96 \times 10^{-3} (nd)^2\right]^{0.5}} \times 10^{-3} \quad (4-14)$$

式中　D——液滴的平均直径，m；

　　　G——进料量，kg/h；

　　　ρ——料浆的密度，kg/m³；

　　　μ——料浆的黏度，Pa·s；

　　　σ——料浆的表面张力，N/m；

　　　n——雾化盘转速，r/min；

　　　d——雾化盘直径，m。

对于具有浅槽或径向叶片的雾化盘：

$$D=K'r\left(\frac{G_{\mathrm{p}}}{\rho n r^2}\right)^{0.6}\left(\frac{\mu}{G_{\mathrm{p}}}\right)^2\left(\frac{\sigma\rho m h}{G_{\mathrm{p}}^2}\right)^{0.1} \tag{4-15}$$

式中　D——液滴的平均直径，m；

　　　r——雾化盘半径，m；

　　　n——雾化盘转速，r/min；

　　　h——叶片高度或浅槽深度，m；

　　　ρ——料浆的密度，kg/m³；

　　　μ——料浆的黏度，Pa·s；

　　　σ——料浆的表面张力，N/m；

　　m——叶片或沟槽的数目；

　　G_{p}——叶片单位高度或浅槽单位深度的进料量，kg/(h·m)，$G_{\mathrm{p}}=G/mh$，其中 G 为进料量，kg/h；

　　K'——与 G_{p} 有关的系数，如 $G_{\mathrm{p}}<1190$kg/(h·m)，取 $K'=0.37$，如 $G_{\mathrm{p}}>1190$kg/(h·m)，取 $K'=0.4$。

式（4-15）的适用范围是：$\mu=0.001\sim9$Pa·s，$\sigma=0.074\sim0.1$N/m，$d=2r=50\sim200$mm，$m=2\sim24$，$h=0.38\sim33$mm，$\rho=1000\sim1410$kg/m³，$G_{\mathrm{p}}=1190\sim8200$kg/(h·m)。

5. 液滴喷炬的直径

料浆从雾化盘甩出后，形成的液滴是沿水平方向散开的，即在干燥塔的横截面上形成喷炬。估算喷炬的直径可作为干燥塔直径的参考。

液滴喷炬的直径与雾化盘的构造和转速、进料量以及塔内热空气分配器的结构和安装位置等有关，其中雾化盘直径、转速和进料量对喷炬直径的影响可用下面的经验公式计算：

$$R_{\max}=\frac{3.31d^{0.21}G^{0.2}}{n^{0.16}} \tag{4-16}$$

式中　$R_{\max}$——99%的液滴飞行至距雾化盘0.91m处的喷炬半径，m；

　　　d——雾化盘直径，m；

　　　G——进料量，kg/h；

　　　n——雾化盘转速，r/min。

6. 雾化盘需要的功率

雾化盘需要的功率包括消耗于料浆雾化所需的功率和克服空气摩擦力需要的功率。

设料浆离开雾化盘时的切向速度等于雾化盘的圆周速度，雾化盘的效率为0.5，则消耗于料浆雾化的功率为：

$$P_k = 7.6Gn^2d^2 \times 10^{-10} \qquad (4\text{-}17)$$

式中 P_k——消耗于料浆雾化的功率，kW；

G——进料量，kg/h；

n——雾化盘转速，r/min；

d——雾化盘直径，m。

消耗于克服空气摩擦力需要的功率为：

$$P_m = \frac{d^2}{v}\left(\frac{u}{100}\right)^3 \qquad (4\text{-}18)$$

式中 P_m——克服空气摩擦力需要的功率，kW；

d——雾化盘直径，m；

u——雾化盘的圆周速度，m/s；

v——空气的质量体积，m³/kg。

（二）压力喷嘴式雾化器

压力喷嘴式雾化器的构造如图 4-11 所示。压力喷嘴式雾化器是一种旋转型的压力喷嘴，故又直接称为压力喷嘴。压力喷嘴主要由旋流室和喷嘴两部分组成。沿着旋流室周边的切线方向开有 2～6 条切向槽，料浆用泵以比较高的压力沿切向槽输送入旋流室。在旋流室中，料浆高速旋转，形成近似的自由涡流，因而越靠近喷嘴中心，流速越大而压力越小，结果在喷嘴的中心附近，料浆破裂，形成一根压力等于大气压力的空气柱，料浆在喷嘴内壁与空气柱之间的环形截面中以薄膜的形式喷出。喷出后，随着薄膜的伸长、变薄而拉成细丝，最后细丝断裂成为液滴。

1. 料浆的流量

设喷嘴的直径为 d，横截面积为 A，则料浆的流量为：

$$Q = \mu A\sqrt{\frac{2\Delta p}{\rho}} \qquad (4\text{-}19)$$

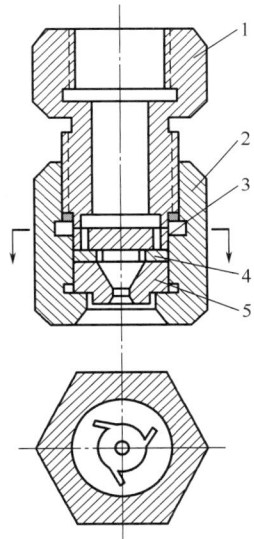

图 4-11　压力喷嘴式雾化器

1—雾化器座；2—压盖；

3—导流板；4—切向槽板；

5—喷嘴

式中 Q——料浆的流量，m³/s；

μ——喷嘴的流量系数，其大小与喷嘴的几何特性参数 K 有关，如图 4-12 所示；

A——喷嘴的横截面积，m²；

Δp——雾化器进出口处料浆的压力差，Pa；

ρ——料浆的密度，kg/m³。

2. 雾化角

从喷嘴出来的液滴喷炬，其形状近似为一个空心圆锥，该圆锥的锥角称为雾化角。料浆从喷嘴喷出的速度可分解为轴向速度 w_a 和切向速度 w_t，如雾化角为 θ，则有如下关系：

$$\tan\frac{\theta}{2} = \frac{w_t}{w_a} \qquad (4\text{-}20)$$

雾化角也与喷嘴的几何特性参数 K 有关，其关系同时示于图 4-12 中。

3. 喷嘴的几何特性参数 K

喷嘴的几何特性参数可近似地表示喷嘴出口处料浆的切向速度与轴向速度之比，可由下式计算：

$$K = \frac{Ar_1}{A_1 r} \quad 或 \quad K = \frac{\pi r r_1}{A_1} \tag{4-21}$$

式中　K——喷嘴的几何特性参数；

r——喷嘴出口的半径，m；

r_1——特定半径，m，$r_1 = r_0 - \dfrac{b}{2}$，r_0 为旋流室的半径，b 为切向槽的宽度；

A_1——切向槽横截面的总面积，m，$A_1 = nbh$，n 为切向槽的数目，h 为切向槽的深度。

对于具有圆形截面切向槽的喷嘴，表示其几何特性的参数为：

$$K' = \left(\frac{r r_0}{r_1^2}\right)\left(\frac{r}{r_0 - r_1}\right)^{\frac{1}{2}} \tag{4-22}$$

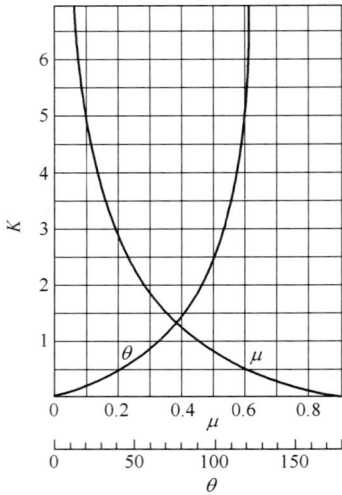

图 4-12　μ-K、θ-K 的关系

式中　r_1——切向槽的半径。

其余符号意义同前。

计算出 K' 值后，由图 4-13 和图 4-14 可查出喷嘴的雾化角，再由雾化角查出流量系数。

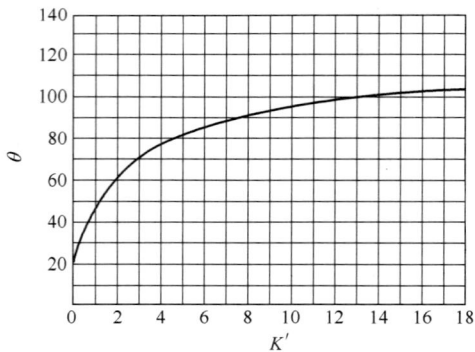

图 4-13　θ-K' 的关系

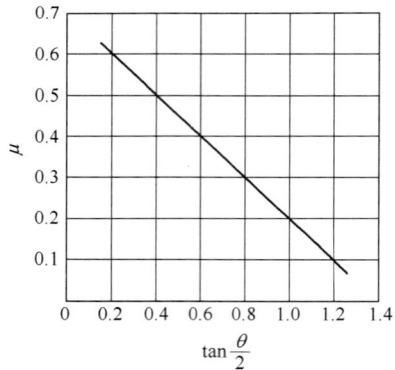

图 4-14　μ-θ 的关系

4. 料浆喷出速度

喷嘴出口处料浆的流速可用水力学中液体从喷嘴流出的公式计算：

$$w = \phi \sqrt{\frac{2\Delta p}{\rho}} \tag{4-23}$$

式中　w——喷嘴出口处料浆的流速，m/s；

ϕ——喷嘴的速度系数，可近似地取 $\phi = 1$。

其余符号意义同前。

w 与轴向速度 w_a 和切向速度 w_t 之间的关系如下：

$$w = \sqrt{w_a^2 + w_t^2} \tag{4-24}$$

轴向速度 w_a 为：

$$w_a = \frac{Q}{\pi(r - r_2^2)} \tag{4-25}$$

也可近似为：

$$w_a = \frac{4Q}{\pi d^2} \tag{4-26}$$

式中　r_2——空气旋流半径，m。

其余符号意义同前。

空气旋流半径与喷嘴结构尺寸有关，作为估算，对于直径大于 1.27mm 的喷嘴，空气旋流直径等于 0.7～0.8 倍喷嘴直径；对于直径小于 1.27mm 的喷嘴，空气旋流直径大约等于 0.4 倍喷嘴直径。

轴向速度 w_a 和切向速度 w_t 的计算目的在于确定塔高和塔径。

5. 雾化压力

雾化压力高则料浆的流速大，液滴直径随压力的增大而减小，同时，压力增大，液滴趋于均匀。在中等压力（＜2MPa）下，可近似认为液滴直径与雾化压力的 0.3 次方成反比。但是，在压力已经很高的情况下，继续提高压力，液滴直径不再随其减小，反而由于液滴离开喷嘴后会相互剧烈碰撞并发生粘连，小液滴溶合成大液滴，使液滴直径增大。

对于一定形式和一定大小的喷嘴，雾化压力可在很大的范围内变化，而空气柱直径与喷嘴出口直径之比几乎是不变的，即空气柱的直径不受雾化压力的影响。

常用的雾化压力为 2～3MPa。

6. 液滴直径

估算雾化器所产生的液滴直径，可用下面的经验公式：

$$D = 1.126(d + 0.00432)\exp\left(\frac{3.96}{w_a} - 0.0308w_{t1}\right) \times 10^{-2} \tag{4-27}$$

式中　D——雾化器产生液滴的平均直径，m；

　　　d——喷嘴直径，m；

　　　w_a——喷嘴出口处料浆的平均轴向速度，m/s；

　　　w_{t1}——切向槽出口处料浆的平均速度，m/s，$w_{t1} = \frac{Q}{nbh}$。

上式没有反映料浆性质对液滴直径的影响。实际上陶瓷泥浆的密度大、黏度高，雾化比较困难，液滴比较粗，故式(4-31)的计算值与实际情况相比往往是偏小的，只供估算之用。

7. 需要的功率

雾化器需要的功率为：

$$P_k = \frac{Q\Delta p}{1000} \tag{4-28}$$

式中　P_k——雾化器需要的功率，kW；

　　　Q——料浆的流量，m³/s；

　　　Δp——雾化压力，Pa。

8. 雾化器的几何尺寸

（1）喷嘴直径 d　雾化器产生的液滴直径与喷嘴直径有关，在其他条件相同的情况下，喷嘴直径增大，液滴的直径也增大。为了得到细的液滴，喷嘴直径不宜过大，通常为 1.5～2.5mm。如一个喷嘴不能满足产量要求，可同时使用几个喷嘴，不过，喷嘴直径过小，容易堵塞。

（2）喷孔长度 l　喷孔长度增加，会增大料浆流动的阻力，也就是增大了流体在孔内的压头损失；过短，在流量一定的情况下会增大喷嘴的磨损。设计时一般取为 $l/d=0.5～1.0$。

（3）切向槽宽度 b　切向槽的宽度大，旋流室自由涡流的平均切向速度小，料浆流线紊乱，雾化质量较差；宽度小，容易堵塞，阻力也大。通常可按 $b=（0.5～1.0）d$ 选取。

（4）切向槽深度 h　切向槽深度小，阻力大，深度大，流线紊乱，影响雾化质量。一般取为 $h/b=1.3～3$。

（5）切向槽长度 L　切向槽长度太长，料浆流动阻力大；太短，料浆进入旋流室后流线紊乱，雾化效果不好。通常取 $L/d=3$ 左右。

（6）切向槽数目 n　切向槽的数目不宜过多，数目增多，由于加工时分度不均匀和角度有偏差，会使料浆不能在旋流室中均匀旋转，影响雾化质量。具体数目要根据喷嘴的几何特性参数通过计算确定，一般 $n=2～6$，常用的是 $n=2～4$。

（7）旋流室直径 d_0　旋流室的形状有圆柱形和圆锥形两种，常用的是圆柱形。旋流室的直径与切向槽宽度（或半径）之比一般为 $d_0/b=9～10$。

离心雾化器与压力喷嘴式雾化器的性能各不相同，其性能对比示于表 4-1 中。

表 4-1　两种雾化器的技术性能

项目	离心雾化器	压力喷嘴式雾化器
干燥塔直径	大	小
干燥塔高度	小	大
供料压力	低	高
产品粒度	较小	较大
产品密度	较小	较大
产品温度	较低,低于干燥尾气温度	较高,高于干燥尾气温度
生产能力	大	小
操作弹性	大	小
操作的可靠性	较好	较差,喷嘴易磨损和堵塞

三、气液两相的流向

根据热空气与液滴在干燥塔内的流向不同，气液的流向可有四种类型，如图 4-15 所示。

1. 并流式向下的喷雾干燥

如图 4-15（a）所示，热空气进口和料浆雾化都在干燥塔的顶部，热空气和雾状料浆一同沿塔向下流动。气液两相在塔的上部接触，水分迅速蒸发，液滴大量吸收热空气中的热量，使热空气的温度迅速降低。在塔的下部，料滴成为干粉，同时热空气的温度已大大降低，故干燥产品的温度不会很高。这种流向适用于离心雾化器，如用于压力喷嘴式雾化器，由于液滴的初速度比较高，同时又受重力的加速，有很大的下降速度，特别是粗粒液滴，速度更快，为了达到干燥的目的，塔的高度需要很高。此外，由于粗细颗粒的速度不同，需要较长干燥时间的粗颗粒速度快，在塔内的存留时间短；反之，只需要较短干燥时间的细颗粒却速

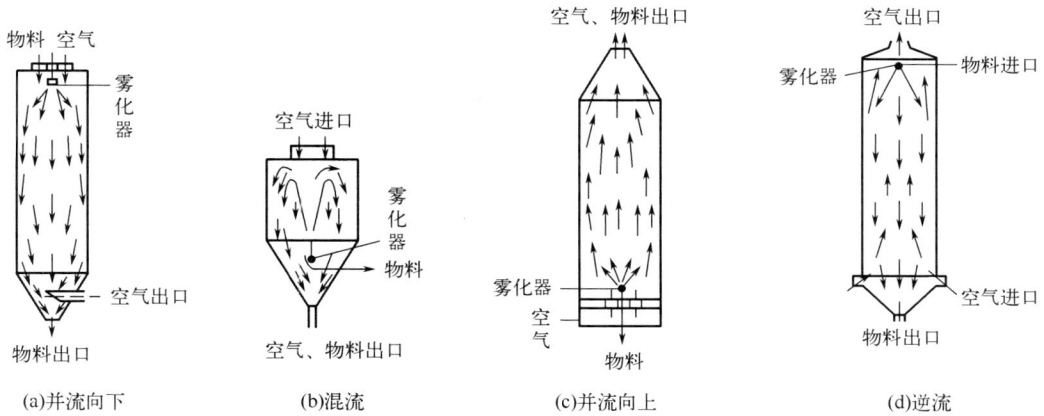

(a)并流向下　　　　(b)混流　　　　　(c)并流向上　　　　(d)逆流

图 4-15　气液两相的流向

度慢，在塔内停留的时间长，结果造成粗细颗粒干燥程度不均匀，含水量差别很大，甚至黏结成团，积在塔内，效果不好。

这种流向的空塔气速一般为 0.2～0.5m/s，低于 0.2m/s 时，将降低传热和传质的速度；但速度过大，又影响粉料的沉降。

2. 混流式喷雾干燥

如图 4-15(b) 所示，热空气从上向下流，雾化器安装在塔的中下部，向上喷雾，液滴在与塔顶流入的热空气接触的过程中，水分迅速蒸发，在逆流运动中基本上完成干燥过程。物料达到一定高度后，即开始向下沉降，此时与热空气同向而行，继续进行干燥。由于在干燥的开始阶段采用了逆流式的流向，故热利用率较高，这是压力式喷嘴特有的流向，国内外陶瓷工业中喷雾干燥器基本都采用此种流向。

3. 并流式向上的喷雾干燥

如图 4-15(c) 所示，热空气从塔底进入，喷嘴也安装在塔的下部向上喷雾。这种流向在原理上与并流向下的没有什么不同，只是由于较粗的颗粒不会被气流带出，产品的粒度比较均匀。

从干燥产品的性质来看，在并流式干燥中，由于料滴含水量最高时与高温热空气接触，水分迅速蒸发，导致体积膨胀，甚至开裂，因而易产生密度较小的非球形多孔产品。

4. 逆流式喷雾干燥

如图 4-15(d) 所示，热空气向上流动，雾状料浆从塔的上部喷下，气液两相反向流动，由于干燥产品与进口的高温热空气接触，故产品的温度较高，含水量较低。这种流向，传热和传质的推动力都较大，热的利用率也较高。并且由于已干燥的产品在将要离开干燥塔之前才与高温的热空气接触，料滴在蒸发过程中体积膨胀和碎裂的趋势减小，因此产品的孔隙率较小，密度较大。但只适用于耐热性物料。

如何选定适宜的热空气与料滴的流向，使气、物间有良好的混合，应根据物料性质和所选用的雾化器的形式决定。

四、液滴干燥需要的时间

液滴干燥的过程可分为开始时的恒速干燥和后来的降速干燥两个阶段。在恒速干燥阶段，液滴内部的水分能迅速地扩散到表面，干燥速度（单位时间内从单位表面积上蒸发的水分质量）保持恒定，对于含有不溶性固体物料的料浆，在该阶段中，料滴的温度不变并等于热空气的湿球温度。随着水分的不断蒸发，料滴中的固体粒子不断靠拢，体积收缩。当体积收缩到一定程度后，水分在固体粒子之间形成的毛细管中移动困难，不能迅速地从内部扩散到表面以维持表面的自由蒸发，此时，干燥速度降低，料滴失去流动性而逐渐成为比较干燥的固体颗粒，干燥过程转入降速阶段。在该阶段中，随着水分的蒸发，颗粒体积几乎不再收缩，但温度却逐渐升高。降速干燥一直进行到产品含水量达到要求、干燥过程结束为止。

在并流式的喷雾干燥中，位于干燥塔不同高度处热空气和料滴（或固体颗粒）的温度以及料滴干燥速度的变化情况如图 4-16 所示。在料滴干燥速度的曲线上，C 点是由恒速干燥转入降速干燥阶段的分界点，称为临界点，在该点上固体颗粒的含水量称为临界水分。

料滴在热空气中干燥所需的时间，与热空气向料滴传热的速度有关。

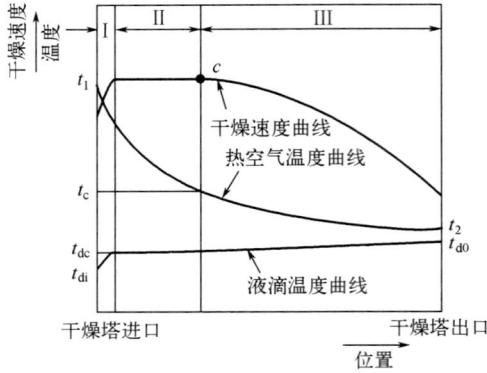

图 4-16　干燥温度和温度的变化曲线

五、干燥塔的热效率和进排气温度

干燥塔的热效率等于蒸发水分需要的热量与输入塔内热量之比。如果干燥塔散失于周围的热量以及产品加热需要的热量忽略不计，热效率可近似用下式计算：

$$\eta = \frac{t_1 - t_2}{t_1 - t_0} \qquad (4\text{-}29)$$

式中　　η——干燥塔的热效率；

t_1——进气温度，℃；

t_2——排气温度，℃；

t_0——大气温度，℃。

在实际操作条件下，$t_1 > t_2 > t_0$。

从式（4-29）可知，当排气温度和大气温度一定时，热效率随进气温度的增高而增大，所以，提高进气温度，可得到较高的热效率。不过，进气温度的提高是有一定限度的，首先必须考虑工艺上能允许的物料最高干燥温度，温度过高会影响产品质量，给制品的成形带来困难；其次要考虑设备的使用寿命，温度越高，越容易损坏；最后还要考虑热空气的生产费用，超过一定温度以后，就可能在经济上变得不合算了。综合各方面的因素，进气温度以不超过 500℃为宜。

为了保证产品达到要求的含水量，在并流操作的喷雾干燥塔中，排气温度一般应控制在 70~110℃，相对湿度在 10%~20%，具体数值随物料性质和产品含水量的多少而定。一般来说，如要求产品的含水量较高，排气温度可低些；反之，如要求产品的含水量低些，排气温度应较高。在实际生产中，从干燥塔排出的干燥尾气是放空的，尾气中所含的热量不予回收。因此，在工艺条件允许的情况下，应选取尽可能低的排气温度，以减少热损失，提高热效率。

六、塔下部排气管的装设形式

对于干物料主要由塔底排出的干燥塔，空气与干物料的分离程度，与排出空气的风管位置的设计有密切关系，特别对具有锥形底的干燥塔尤其如此。排气管的安设形式有如图 4-17 所示几种。

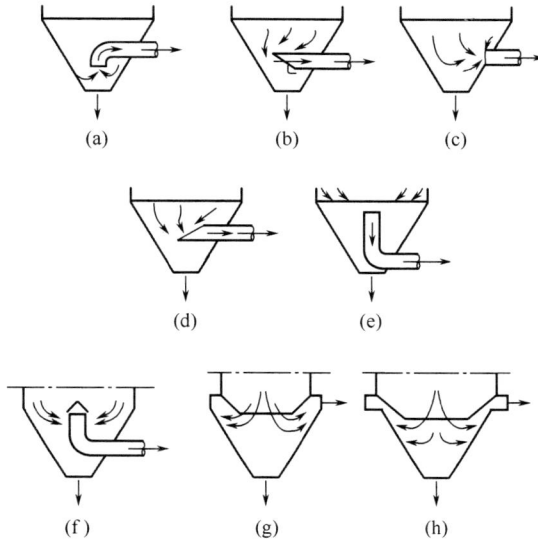

图 4-17　排气管装设形式

图 (a)、(f)、(g)、(h) 形式中，空气经过 180°转弯后进入排气管要比 90°转弯或更小角度转弯能带走较多的干粉。特别如图 (a) 形式的布置，由于排气管向下深入锥底，热气进口处于塔底干粉负荷高的截面上，又因管口靠近塔壁，热气在接近管入口处速度增大，因此更易于把已经分离到塔底或塔壁的干粉重新带走。图 (f)、(g)、(h) 装设形式的排气管若与产生大雾滴的雾化器结合使用，没有图 (a) 形式那样容易把大量干粉带走。

图 (b) 形式中，废气只经过 90°转弯，且管口距离塔壁和塔底较远。

图 (a) 和图 (b) 两种形式的优点是能充分地利用干燥塔的容积来蒸发水分，这就给雾滴以最长的停留时间，同时这两种形式由于管口向下，对塔内空气流动干扰最小。

图 (c) 形式是从干燥塔的侧边抽吸废气，由于引起不平衡的空气流动，会强烈地干扰热气流动。这种形式仅适用于干燥热敏性物料的场合，因为排气管伸入塔中的形式易使物料沉积于管子上面，这些沉积物料长时间受热会变质，致使经常停工清扫而影响生产。

图 (d) 形式的入口向上，由于从干粉浓度较低的截面吸入废气，因此带出的干粉较图 (b) 形式少，但塔的容积利用较差。

图 (e) 形式不需要空气转弯，作用与图 (b) 形式相仿。若在管口上装一管帽，可提高容积利用率，但带出干粉增加，然而管帽可阻止产品落入管口。

图 (g) 和图 (h) 形式的特点是废气经过筒底的环形出口进入排气管，空气流速较低，夹带粉尘较少，废气由筒体部分排出可清除塔壁上的干粉，但塔的容积利用率较低。

目前陶瓷泥浆的喷雾干燥塔多用图 (a)、(b)、(g) 三种形式。究竟选择哪一种形式，应根据产品性质及设置在干燥塔后面的收尘器的能力而定。

第五章

混合与搅拌设备

陶瓷制品的质地是均匀的，而生产这些制品的原材料往往是选用不同的天然矿物原料或化工材料经加工而成，其中必然涉及原料的混合或搅拌，且各部分混合的均匀程度对陶瓷制品的质量影响是很大的，如果出现材料中各部分成分不一样和含水量不相同的情况，就会导致大量废品产生。

原料的混合或搅拌，并不一定都需要专用设备。有的在原料的加工处理工艺过程中就伴随着混合或搅拌过程，例如陶瓷厂间歇式球磨机粉碎工艺本身，就是一个混合过程。有的却需要专用的机械设备，例如泥浆在储存池、注浆罐中的处理，以及回头泥化浆等过程。从工艺设计来说，应尽可能综合处理，如果减少一个搅拌步骤，那么就可以精简一道工序。

本章将介绍陶瓷工业中常用的混合与搅拌设备。

第一节　螺旋式搅拌机

如前所述，生产中用干的粉料与泥浆混合来制备塑性泥料，可以减少工序，实现生产过程的自动化和连续化，同时，泥料的含水量也比较稳定而且便于调节。将粉料和泥浆混合成为水分均匀的塑性泥料，可以在螺旋式搅拌机中完成。螺旋式搅拌机有单轴和双轴两种类型。

一、双轴搅拌机的结构和工作过程

双轴搅拌机的主要结构如图 5-1 所示。料槽 7 中安装有两根螺旋轴 6，在螺旋轴上固定着许多按螺旋线排列的刀片 3，其中一根用联轴器通过减速器 4 与电动机 5 相连，另一根则通过一对传动齿轮 9 被带动。在料槽的上方装设有带小孔的进浆管 1，泥浆通过小孔加入料槽中。粉料用给料机定量地从加料口 2 加入搅拌机，与同时加入的泥浆混合。螺旋轴旋转时，刀片不断对料槽中的物料进行搅拌，与此同时，刀片还把逐渐变得均匀的塑性泥料送到出料口。因此，这是一种连续的混合设备。

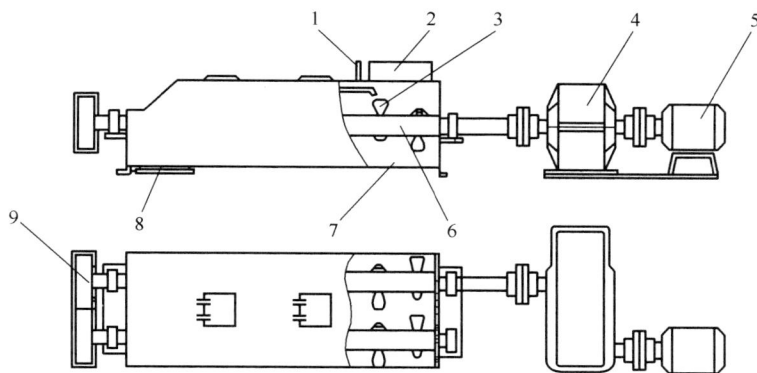

图 5-1　双轴搅拌机示意图

1—进浆（水）管；2—加料口；3—刀片；4—减速器；5—电动机；

6—螺旋轴；7—料槽；8—出料口；9—传动齿轮

　　螺旋轴上的刀片是易损件，一般用耐磨材料制造。为了延长刀片的使用寿命，有些在刀片容易磨损的压力面上镶有耐磨的盖板，磨损后，只要更换盖板，而无须调换整个刀片。为便于调整刀片的角度和更换刀片，在刀片的末端都有圆柱形的刀柄，安装时，将刀柄插入轴上相应的圆孔中，然后在带有螺纹的刀柄尾部套上螺母拧紧。

　　物料在搅拌机中混合的均匀程度，即混合质量，大致上与混合时间成正比。对于两根螺旋轴均使物料沿同一方向送进的并流式搅拌机，可以用减小刀片安装的螺旋升角来降低物料的送进速度，以达到延长混合时间的目的。逆流式搅拌机中，两轴上刀片排成的螺旋方向相同。这样，当一根轴把物料送往出口时，另一根轴却往相反方向运送物料，因此，混合时间增长，可得到比较均匀的混合。

二、双轴搅拌机的主要工作参数

1. 并流式搅拌机

（1）物料移动的速度

$$v = \frac{1}{60} Zbnk \sin\alpha \tag{5-1}$$

式中　v——物料移动的速度，m/s；

　　　Z——一个螺距内的刀片数，一般 $Z=4$；

　　　b——刀片的宽度，m；

　　　n——螺旋轴转速，r/min；

　　　α——螺旋升角，rad；

　　　k——物料反向回流系数，与物料的黏度、水分、松散程度以及 α 等有关，在正常情况下，取 $k=0.85\sim0.9$。

（2）物料在搅拌机中混合的时间

$$t = \frac{L}{v} \tag{5-2}$$

式中　t——混料时间，s；

　　　L——加料口与出料口之间的距离，即搅拌机的有效长度，m。

（3）搅拌机的生产能力

$$Q = 900\pi(D^2 - d^2)\phi v K \tag{5-3}$$

式中　Q——搅拌机的生产能力，m^3/h；

　　　D——刀片旋转时扫过的圆周直径，m；

　　　d——螺旋轴直径，m；

　　　ϕ——料槽填充系数，一般取 0.55；

　　　K——搅拌机螺旋轴的根数，并流式搅拌机 $K=2$。

2. 逆流式搅拌机

（1）物料的移动速度

$$v = \frac{Q}{900\pi(D^2 - d^2)\phi} \tag{5-4}$$

（2）搅拌机的生产能力　逆流式搅拌机的生产能力较小，可按式（5-3）令 $K=1$ 分别计算两根轴的生产能力，两者之差即为搅拌机的生产能力。

（3）物料在搅拌机中混合的时间　可用并流式的公式计算。

3. 搅拌机需要的功率

搅拌机需要的功率可按以下经验公式计算：

$$P = \frac{4\pi\beta\phi i C b n (D^2 - d^2)\sin\alpha}{\eta} \times 10^{-6} \tag{5-5}$$

式中　P——搅拌机需要的功率，kW；

　　　β——功率储备系数，可取 $\beta=1.2\sim1.4$；

　　　i——螺旋轴上刀片的总数；

　　　C——阻力系数，Pa，对于含水量在 20% 左右的泥料，可取 $C=200\sim300kPa$；

　　　η——机械效率，用圆柱齿轮减速器变速时，$\eta=0.94$。

第二节　螺桨搅拌机

在陶瓷厂里，螺桨搅拌机通常用于搅拌泥浆，使泥浆中各组分混合均匀，固体颗粒不致沉淀，此外，也用于在水中松解泥料以制备均质泥浆。

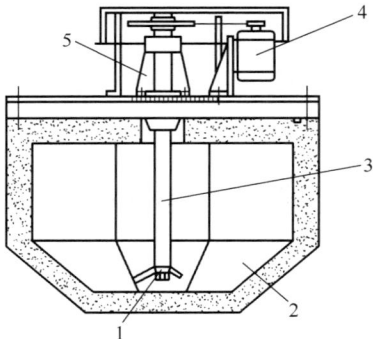

图 5-2　螺桨搅拌机示意图

1—螺旋桨；2—搅拌池；3—立轴；
4—电动机；5—机体

一、螺桨搅拌机的结构和工作过程

螺桨搅拌机的构造如图 5-2 所示。在垂直放置的立轴 3 末端装有一般为三片桨叶的螺旋桨 1。螺旋桨在液体中转动时，迫使液体产生剧烈的运动，液体的运动中除了切向和径向运动以外，还有速度较大的轴向运动，这种轴向运动能促使液体强烈循环而得到有效的混合。因此，螺桨搅拌机适用于松解泥料以制备泥浆和用于搅拌泥浆以保持泥浆的均匀性。

这种搅拌机结构简单紧凑，搅拌效率高，故在陶瓷行业应用广泛。

二、螺桨搅拌机的主要工作参数

1. 转速

用来松解黏土的螺桨搅拌机的转速可用下列经验公式来确定：

$$n = \frac{125}{d} + 80 \tag{5-6}$$

式中　n——转速，r/min；

　　　d——螺旋桨的直径，m。

搅拌机一般有 1～3 级转速可供选择，500r/min 以上为高转速，100～500r/min 为中等转速，小于 100r/min 为低转速。高转速用于泥料松解，低转速主要用于搅拌。

2. 功率

搅拌机所消耗的功率，主要用来克服桨叶在运动过程中所遇到的流体阻力。所需功率与搅拌机的结构尺寸、料浆性质、桨叶转速和安装位置等有关，从理论上可推得：

$$N = K\rho n^3 d^5 \tag{5-7}$$

式中　N——搅拌机的功率，W；

　　　K——功率系数，由试验测出；

　　　ρ——料浆密度，kg/m^3；

　　　n——桨叶转速，r/min；

　　　d——螺旋桨的直径，m。

对于三叶、单层螺桨搅拌机所需的功率，可用下式来计算：

$$N = (1.4 \sim 2.8) \times 10^{-6} \rho n^3 d^5 \tag{5-8}$$

式中　N——搅拌机的功率，kW。

其他符号意义同前。

螺桨搅拌机的规格以桨叶直径表示。例如，LJ750 螺桨搅拌机，其桨叶直径为 750mm。

第三节　真空练泥机

现代各种陶瓷制品，只要是用塑性成形，几乎全要用练泥机制备泥料。泥料经练泥机处理后，其组分的分布趋于均匀，结构更加致密，同时还能提高泥料的可塑性和干燥强度。若在真空练泥机的机头前端装上模具，可使挤压出的泥坯具有要求的形状和尺寸，练泥机即可兼作挤压成形机使用。因而真空练泥机是陶瓷工业生产的主要专用机械。

真空练泥机的分类方法较多，常见的有以下几种。

（1）按主轴数目可分为单轴式及多轴式真空练泥机，多轴的又可分为双轴和三轴两种；

（2）按真空室结构可分为螺旋-压泥滚式、梳板-搅刀片式、立式刀片-螺旋式真空练泥机；

（3）按挤出螺旋轴线的方位分为卧式及立式真空练泥机。

我国多用第（3）种分类方法，挤出螺旋轴线同水平面平行的称为卧式真空练泥机；挤出螺旋轴线同水平面垂直的称为立式真空练泥机。

真空练泥机是一个机组，是在真空状态下精练泥料的工作机，无论何种形式的真空练泥机，都由主机和抽真空系统组成。

真空练泥机的型号表示如下:

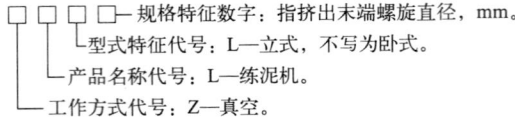

□□□□—规格特征数字:指挤出末端螺旋直径,mm。
└─型式特征代号:L—立式,不写为卧式。
└─产品名称代号:L—练泥机。
└─工作方式代号:Z—真空。

如 ZLL65,即指挤出末端螺旋直径为 65mm 的立式真空练泥机;ZL650,即指挤出末端螺旋直径为 650mm 的卧式真空练泥机。

一、真空练泥机的构造和工作过程

双轴式真空练泥机的构造如图 5-3 所示。电动机 1 通过传动装置带动上绞刀轴 5 和下绞刀轴 11 转动,两根轴上均装有螺旋绞刀。泥料从加料口 3 加入,首先被不连续螺旋绞刀搅拌和输送,然后在连续螺旋绞刀的挤压下通过筛板 6 进入真空室 10。设置筛板的目的是把泥料切成细小的泥条,以便有效地抽走泥料中的空气。在真空室内,泥料中的空气被抽走,接着泥料进入练泥机的出泥部分。泥料在出泥部分螺旋绞刀的输送和挤压下经机头 12 和机嘴 13 挤出,切断后即成为具有一定截面形状和大小的泥段。为了防止泥料跟随螺旋绞刀一道旋转,机壳内壁开有许多纵向(或其他形式)的凹槽,在装有不连续绞刀处,机壳内除有凹槽外,还装有固定的梳状挡泥板 4。

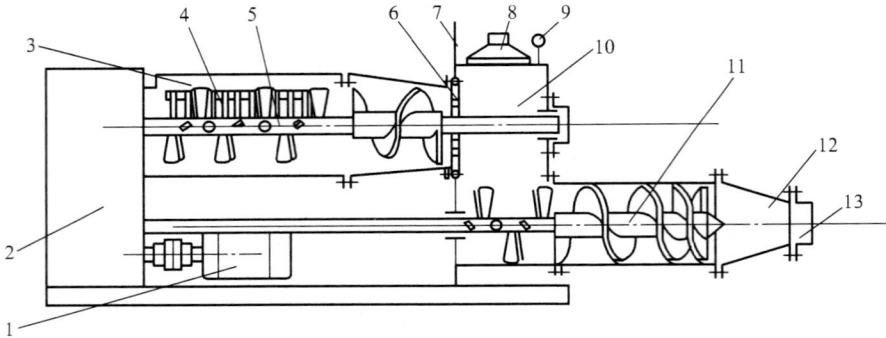

图 5-3 双轴式真空练泥机结构示意图

1—电动机;2—齿轮箱;3—加料口;4—梳状挡泥板;5—上绞刀轴;6—筛板;7—真空管道;
8—真空室照明灯;9—真空表;10—真空室;11—下绞刀轴;12—机头;13—机嘴

真空室用真空管道 7 经滤气器与真空泵相连,真空度的大小根据环境和工艺要求而定,一般不宜低于 96kPa。

为增强对泥料的搅拌和捏练,使泥料混合得更为均匀,有些练泥机在加料部分增加一根平行装设的螺旋绞刀轴,使加料部分实际上成为一台双轴搅拌机,这种练泥机即为三轴式真空练泥机。

单轴式真空练泥机的结构如图 5-4 所示。其构造特点是加料部分和出料部分安排在同一根轴上。电动机 1 通过传动装置带动绞刀轴 4 转动,泥料被不连续绞刀搅拌和输送,然后在连续绞刀的挤压下通过筛板 5 进入真空室 8,泥料经真空处理后继续往前输送,在出泥部分,泥料在连续螺旋绞刀的挤压下经机头 9 和机嘴 10 挤出,其工作原理与多轴式相同。

单轴式真空练泥机结构简单、设备高度小。但是由于主轴的长度长、受力较大,故难以制成大中型的设备,特别是由于结构上的原因,需要在泥料经过的通道上设置一档轴承。对这档轴承的密封与润滑都很困难，使用中常常因泥料进入轴承而使其很快磨坏，轴承损坏后也不便更换。因此，单轴式真空练泥机通常只制成小型的练泥机供车间或实验室使用。

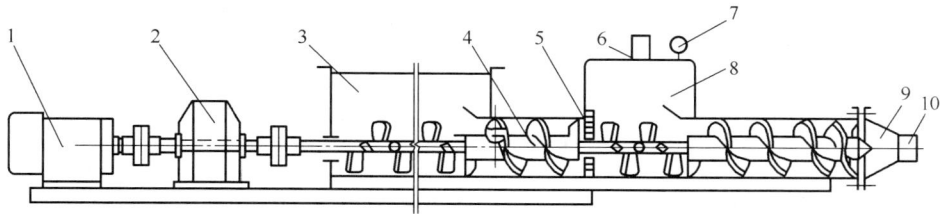

图 5-4　单轴式真空练泥机结构示意图

1—电动机；2—减速器；3—加料口；4—绞刀轴；5—筛板；
6—真空管道；7—压力表；8—真空室；9—机头；10—机嘴

二、泥料的运动分析

分析泥料在练泥机中的运动规律，是为了掌握练泥机工作时泥料在其中的变化，以便确定练泥机的主要工作参数以及了解影响泥料质量的各项因素。

泥料是一种塑性物体，它的变形和运动不服从弹性体的虎克定律和牛顿型流体的内摩擦定律，情况比较复杂。因此，长期以来，关于练泥机设计和应用的研究，多采用实验的方法。

如果生产中加入真空练泥机的泥料是压滤后的泥饼或经粗练后的泥段，那么，泥料进入练泥机后，首先在加料槽内受到不连续螺旋绞刀的破碎。然后揉练、混合，并逐步推入上部的锥形机壳内，受到进一步的捏练和挤压，逐渐填满整个机壳。由于锥形套筒的流通截面是逐渐缩小的，因而泥料在这里进一步受到挤压和消除前面螺旋推送时带来的螺旋结构。并且，泥料此时应挤满整个套筒，否则，真空室就有漏气现象存在。由连续螺旋推入真空室内的泥料被切割成条状或片状，靠自重落到真空室的底部。在此过程中，泥料中夹杂的气体被真空泵抽出。落到真空室底部呈松散状的泥料靠下面螺旋的作用，再次受到捏练、挤压，并逐渐推向前面的挤出螺旋，泥料沿轴向也逐渐挤满整个机筒。当然在未挤满之前，泥料中的空气继续被抽出。最后在挤出螺旋产生的强大推力下被推到机头，然后通过机嘴被挤压出来。

关于泥料在真空练泥机连续螺旋绞刀中的运动，过去一般假设为：在绞刀螺旋槽中的泥料相当于螺母，绞刀相当于螺杆，绞刀转动时，由于机壳的摩擦作用，泥料不能跟随绞刀一道旋转，从而迫使整体泥料以相同的速度做轴向运动，如同螺母在螺杆上的运动一样。当然如果各层泥料均无旋转运动，这个假定无疑是正确的，不过实际情况不是这样简单，因为泥料是一种塑性物体，尽管机壳内壁作用于泥料上的摩擦力矩足够大，可以阻止最外层泥料的转动，但是，在一般情况下，其余各层的泥料都有可能存在着相对转动。

在有螺旋的挤泥筒内，靠近机筒内壁的泥料，由于摩擦力关系，在螺旋推动下将向前移动，而接近轴壳的泥料，由于阻止回转力很小，同时泥料与螺旋面间摩擦力的存在，使得泥料一方面在后面输送来的泥料推动下沿螺旋面推移，另一方面将随螺旋回转。如果泥料与螺旋面、轴壳间摩擦力很大（即螺旋面、轴壳的表面很粗糙），则泥料就附着在螺旋面、轴壳上而不前进，成为死泥（或称呆泥）。后面输送来的泥料则不与螺旋面、轴壳表面直接接触，而在死泥上滑过或继续成为死泥。

在泥料的输出端，泥料的挤压作用主要靠最后多头螺旋叶的推力产生，多头螺旋将输送来的泥料推向机头，泥料成多头泥条一圈圈被压紧。在机头，泥条虽然脱离了螺旋，但由于在螺旋的旋转力矩影响下，料层间将发生相对旋转运动，如图5-5所示。

由于筒壁的摩擦，靠近筒壁的料层将被制动，制动作用传递到相邻的料层逐渐削弱。而旋转作用逐渐加剧，但随着离多头螺旋距离的增大，螺旋的旋转力矩的影响越来越小，直到完全消失。但旋转结构依然存在。在沿机筒长度方向，由于整个机筒内泥料外摩擦（与机筒内壁的摩擦）大于泥料间的内摩擦，使得泥料在多头螺旋推送下，中心流动速度远大于周边速度，因而形成了抛物线的速度分布规律，如图5-6所示。

图 5-5　泥坯横断面上的螺旋结构　　图 5-6　泥坯纵断面上的抛物线结构

上述的两种运动的复合，造成了泥料在机筒内的剪切流动。

除了上述两种运动外，在机头中泥料还会产生一定的回流或从螺旋与筒壁间隙的返泥，这种回流或返泥将随着阻力的增大和泥料中的水分增高及泥料的流动增大而加剧。

三、真空练泥机的主要工作参数

（一）螺旋绞刀的结构参数

螺旋绞刀是真空练泥机的重要部件，练泥机的生产能力、动力消耗和泥料的质量等都与绞刀的结构有关。往往同一种规格的练泥机，由于采用的绞刀不同，工作性能差别很大，因此正确选用螺旋绞刀对练泥机的设计有重要意义。

1. 绞刀的螺旋升角

绞刀螺旋升角用 α 表示，它与螺距间有如下关系：

$$\tan\alpha = \frac{h}{2\pi r} \tag{5-9}$$

式中　h——螺距；

　　　r——绞刀螺旋线上各点所在圆周的半径。

由于绞刀螺旋面上各点的螺距相等而所在圆周的半径不同，因此各点的螺旋升角是不一样的。螺旋面外缘的螺旋升角最小，与轴毂连接处螺旋升角最大。螺旋升角的最大值与最小值之差称为侧滑角。侧滑角的存在，使螺旋槽中的泥料有沿着半径向远心方向滑动的趋势，从而增大泥料与机壳之间的摩擦，有助于防止泥料的转动。通常所说的绞刀螺旋升角是指平均半径处的螺旋升角，即 $r = \dfrac{R_1 + R_2}{2}$，绞刀平均半径处的螺旋升角为：

$$\tan\alpha = \frac{h}{\pi(R_1 + R_2)} \tag{5-10}$$

式中　R_1——绞刀轴毂半径；

　　　R_2——绞刀半径。

绞刀输送泥料时，由于泥料与螺旋面之间的摩擦，需要消耗能量，通常以螺旋效率表示绞刀输送泥料的能量有效利用的程度。螺旋效率为：

$$\eta = \frac{\tan\alpha}{\tan(\alpha+\phi)} \tag{5-11}$$

式中　η——螺旋效率；

　　　ϕ——摩擦角，$\tan\phi = f$，f 为泥料与螺旋面间的滑动摩擦系数。

可以证明，当 $\alpha = \dfrac{\pi}{4} - \dfrac{\phi}{2}$ 时，螺旋效率有最大值。一般泥料与金属的滑动摩擦系数 $f = 0.4 \sim 0.6$，相当于 $\alpha = 29.5° \sim 34°$。

根据实验资料（图 5-7 和图 5-8），绞刀螺旋升角在 $20° \sim 25°$ 的范围内，无论绞刀的转速和泥料的性质如何，练泥机的生产能力都较高，单位功耗都较低。从图中可以看出，螺旋升角等于 $23°$ 时，练泥机的效率最高。螺旋升角为 $23°$，实际上是 $z = \dfrac{R_2}{R_1} = 2$、螺距 h 等于绞刀外径 $2R_2$ 时的螺旋升角。

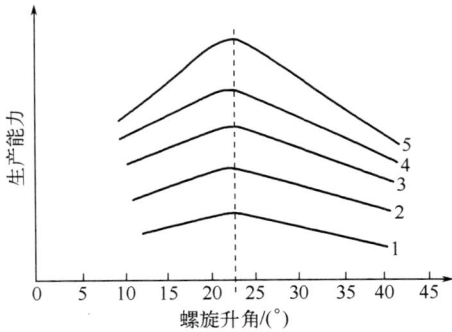

图 5-7　螺旋升角与生产能力的关系

1—10r/min；2—20r/min；3—30r/min；

4—40r/min；5—50r/min

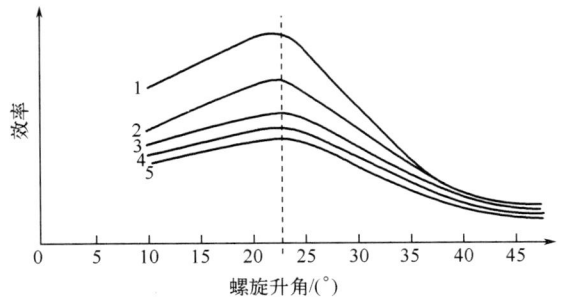

图 5-8　螺旋升角与效率的关系

1—10r/min；2—20r/min；3—30r/min；

4—40r/min；5—50r/min

因此，有人建议把螺距等于外径的螺旋绞刀作为标准绞刀。

2. 螺旋面母线倾角

根据螺旋面母线倾角 β 的不同，叶片的断面形状有以下三种。

（1）$\beta = 0°$，叶片与绞刀轴垂直，如图 5-9（a）所示。这是目前常用的叶片形状。这种叶片主要沿轴线方向推动泥料，推力的大小 F_n 等于泥料前进的阻力 F_p，即 $F_n = F_p$。

（2）$\beta < 0°$，叶片向后倾，如图 5-9（b）所示。叶片对泥料的推力可分解为两个分力：其

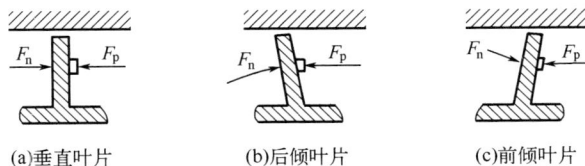

(a)垂直叶片　　　(b)后倾叶片　　　(c)前倾叶片

图 5-9　叶片的几种不同形状

中轴向分力 $F_{n_1}=F_n/\cos\beta=F_p$ 用于克服泥料前进的阻力，显然 $F_n<F_p$，与前者比较，后倾叶片与泥料之间的摩擦力较小；另一个径向分力 $F_{n_2}=F_n\tan\beta$ 使泥料有着沿螺旋面向机壳滑动的趋势，能进一步阻止泥料的转动，其作用同侧滑角一样，但是这种滑动会增加周边处泥料的压力，从而增加泥料经绞刀与机壳之间间隙的回流量。当泥料大量回流时，练泥机的生产能力急剧降低，泥料严重发热，质量变差，因此，后倾角度不宜过大。

（3）$\beta>0°$，叶片向前倾斜，如图 5-9(c) 所示。前倾叶片也可减小叶片与泥料之间的摩擦力，但泥料有着沿螺旋面向绞刀中心滑动的趋势，泥料容易跟随绞刀一道转动，并有可能在轴毂上形成部分呆泥，因此，在一般情况下不采用前倾叶片。

3. 绞刀轴毂

人们已经证明，泥料在绞刀螺旋槽中的运动状态一般属于黏流（各料层间有相对运动的流动）。黏流的特征是：越靠近绞刀中心，泥料的相对速度越小而旋转速度越大。为了减小泥料的转动，绞刀轴毂不宜过小。当然轴毂增大会降低练泥机的生产能力，如图 5-10 所示。

通常轴毂尺寸可在 $z=\dfrac{R_2}{R_1}=2\sim3$ 的范围内选择。为了减小绞刀的质量和便于加工，一般设计成空心的轴毂，如图 5-11 所示。

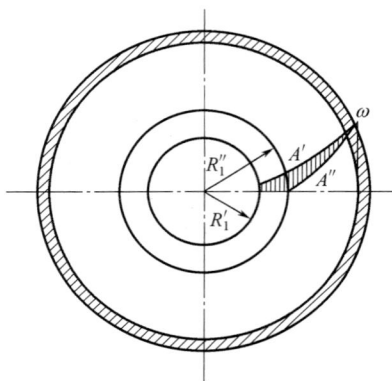

图 5-10　轴毂尺寸对生产能力的影响　　　图 5-11　空心轴毂

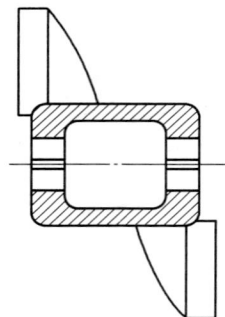

4. 叶片厚度

在正常操作的情况下，叶片的载荷不大，叶片的破坏形式主要是磨损，特别是泥料压力较高的地方，磨损速度更快。为了延长绞刀的使用寿命和减小摩擦力，叶片应当用耐磨和减摩材料制造，同时，绞刀表面应有较小的表面粗糙度值。目前使用的练泥机，叶片厚度多半为 $\delta=15\sim25mm$，中小型练泥机叶片较薄，大型练泥机叶片较厚。

5. 绞刀的形状和长度

除加料部分由于结构上的原因有采用锥度为 $5°\sim10°$ 的圆锥形绞刀外，出料部分一般都采用圆柱形绞刀。并且，目前大多采用等螺距的螺旋绞刀。

为了减小泥料的反向压力梯度，防止泥料回流，提高生产能力，绞刀长度不宜过短，一般出料部分连续螺旋绞刀的长度为其直径的 2.5 倍以上，螺旋叶片的圈数不少于三圈；加料部分连续螺旋绞刀的长度为其螺距的 1.5～2 倍，绞刀末端与筛板之间还要留出一段 80～150mm 的距离，目的是使筛板前面能经常充满泥料，以保证真空室有可靠的密封。当然，绞刀过长，阻力增大，功耗增加，泥料发热，效果也不好。

6. 螺旋推进器

出料部分绞刀的末端，位于机头的进口处，泥料从绞刀螺旋槽进入机头以及随后经机头和机嘴挤出，完全是靠绞刀末端部分的推进作用，因此，出料部分绞刀的末端、长度在一个螺距左右的一段绞刀也称为螺旋推进器。泥料进入机头的均匀性以及在机头内的运动情况，与推进器的结构有一定的关系。为了得到结构均匀的泥料，在泥料的横截面上推进器对泥料的推力必须均匀，同时机头中泥料的转动应该最小。

由于单线螺旋不如双线螺旋对泥料的推力来得均匀，因此，现有的真空练泥机，推进器都采用双线螺旋，大型练泥机甚至还采用三线螺旋。

（1）螺旋推进器的轴毂半径　要使机头中泥料的转动最小，则应使泥料横截面上切应力最小以及作用于泥料上的转动力矩与阻力矩之比最小，由此可导出推进器的轴毂半径：

$$r = \frac{h(f+\sqrt{f^2+1})}{2\pi} \tag{5-12}$$

式中　h——螺距；

　　　f——摩擦系数。

（2）螺旋推进器的螺旋升角及螺距　由计算分析，理想情况下推进器的螺旋升角一般应大于绞刀其余部分的螺旋升角，对于圆柱形绞刀，推进器的螺距也是较大的。

7. 绞刀与机壳之间的空隙

泥料经连续螺旋绞刀与机壳间间隙的回流量为：

$$Q = \frac{\pi R_2 \delta^4}{8\eta Y}\left(G - \frac{2Y}{\delta}\right)^2 \tag{5-13}$$

式中　R_2——绞刀外半径；

　　　G——泥料的轴向压力梯度；

　　　δ——螺旋与机壳间的间隙；

　　　Y——泥料的屈服值，一般为 $10^3 \sim 10^4 Pa$；

　　　η——泥料的宾汉黏度或塑性黏度，一般为 $10^3 \sim 10^4 Pa \cdot s$。

由式（5-13）可知，绞刀与机壳之间的间隙对泥料的回流量影响很大，间隙越小，泥料的回流量越少，练泥机的生产能力和效率越高。但是，间隙越小，对机器的加工和维修的技术要求越高，给制造和使用上带来困难。间隙的大小应根据泥料的性质和含水量决定，对于塑性良好、含水量高的泥料，间隙应当小些；反之，对于塑性较差、含水量低的泥料，间隙可大些。目前练泥机的这个间隙一般要求是不大于 $3 \sim 5mm$。

（二）生产能力

如果泥料充满绞刀的螺旋槽，且其运动均为塞式流动（泥料层与层之间没有相对运动，泥料像刚体一样整体沿着绞刀的螺旋槽输送，泥料的这种运动称为塞式流动），泥料通过绞刀与机壳之间间隙的回流量等于零，那么，练泥机理论上的生产能力为：

$$Q_T = 15\pi(D_2^2 - D_1^2)(h-\delta)n \tag{5-14}$$

考虑到实际上泥料的运动多半为黏流，层与层之间有相对运动，同时进入机头的泥料有一部分回流到绞刀的螺旋槽内，此外，还有加料和绞刀输送不均匀等因素的影响，故实际的生产能力为：

$$Q = 15\pi(D_2^2 - D_1^2)(h-\delta)nK \tag{5-15}$$

式中　Q——练泥机的生产能力，m^3/h；

$\quad\quad D_2$——绞刀外径，m；

$\quad\quad D_1$——绞刀轴毂直径，m；

$\quad\quad h$——绞刀螺距，m；

$\quad\quad \delta$——叶片厚度，m；

$\quad\quad n$——绞刀转速，r/min；

$\quad\quad K$——练泥机生产能力的利用系数，由实验确定，通常 $K=0.1\sim0.3$。

不连续螺旋绞刀的生产能力，可用双轴搅拌机的有关公式计算。

（三）转速

练泥机的转速是一个重要参数，转速与生产能力、功率消耗和效率都有关系，而且对泥料的质量也有影响。

1. 转速与生产能力的关系

根据式(5-15)，表面上似乎可以认为，练泥机的生产能力与转速的一次方成正比。但是实际情况并不如此。因为在绞刀的螺旋槽中，泥料的运动状态与转速有关，转速增加，泥料跟随绞刀一起旋转的程度增大，流量系数减小，从而使练泥机生产能力的利用系数减小。此外，转速加快，通过机头和机嘴的泥料流量增加，泥料压力升高，这又进一步使流量系数减小而泥料的回流量增多。由于这些原因，实际上练泥机的生产能力不是与转速的一次方成正比，生产能力的增加往往比转速的增加慢得多。

图 5-12 是生产能力与转速关系的实验曲线。可以看出，曲线近似为抛物线。从图中可以看出，泥料的水分越低，达到最高生产能力的转速也越低。从提高练泥机生产能力的角度来说，练制水分低的泥料，应选用较低的转速。

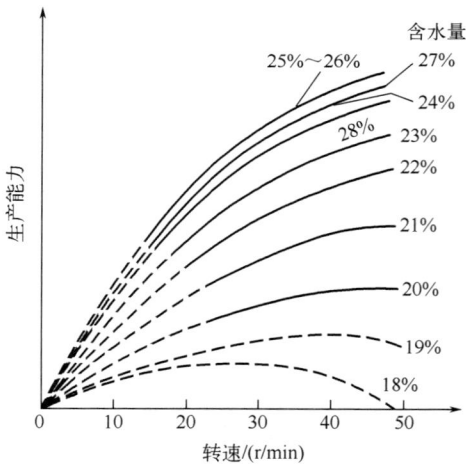

图 5-12　转速与生产能力的关系

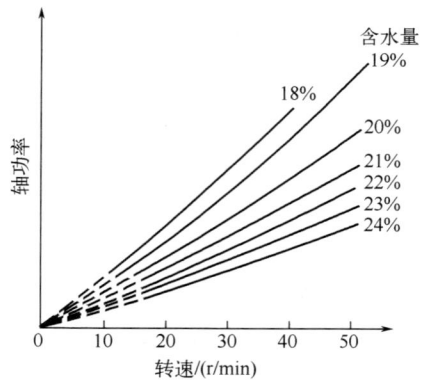

图 5-13　转速与轴功率的关系

2. 转速与轴功率、单位功耗和效率的关系

图 5-13 是练泥机轴功率与转速关系的实验曲线。从图中可以看出，曲线稍向上凹，也就是说，练泥机轴功率的增加比转速的增加快一些，这就意味着随着转速的增加，绞刀转动的阻力矩稍有增大。

由于练泥机生产能力的增加比转速的增加要慢，而轴功率的增加却比转速增加快，因此，单位功耗必然随转速的增加而增大，效率因而降低。图 5-14 和图 5-15 是单位功耗、效率与转速关系的实验曲线。

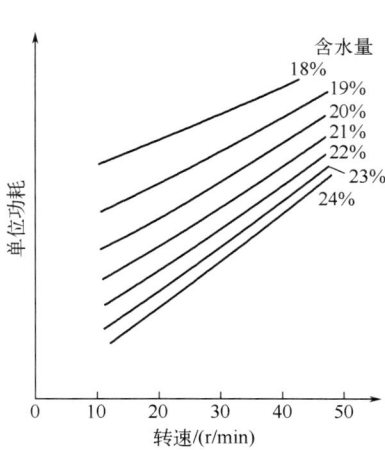

图 5-14　转速与单位功耗的关系

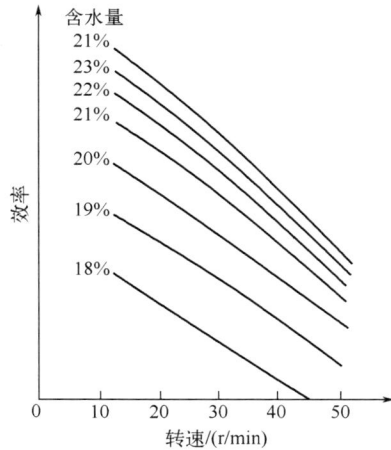

图 5-15　转速与效率的关系

3. 转速对泥料质量的影响

如前所述，随着转速的增加，泥料层与层之间的相对速度增大。这样，会促使泥料中颗粒定向排列，造成泥料结构的各向异性。同时，由于泥料层与层之间的摩擦作用，会使泥料发热，这些都给泥料的质量带来不良的影响。

总之，从提高练泥机的效率和泥料质量的角度，练泥机应当在较低的转速下工作，但另一方面，为了充分发挥练泥机的工作能力，尽可能使之有高的产量，转速又不能太低。故选择时应根据练泥机的规格和泥料的水分确定：练泥机的尺寸小，泥料的水分高，转速应高些；反之，练泥机的尺寸大，泥料的水分低，转速应低些。根据目前实际使用的情况，中小型练泥机的转速为 20～40r/min，大型练泥机为 10～20r/min 或更低。

(四) 需要的功率

真空练泥机需要的功率包括不连续螺旋绞刀对泥料搅拌和输送的功率，连续螺旋绞刀输送泥料的功率，以及克服推进器与泥料间摩擦力和迫使泥料通过机头和机嘴或筛板的功率。

1. 不连续螺旋绞刀对泥料搅拌和输送需要的功率 P_1

不连续螺旋绞刀对泥料的搅拌和输送作用与双轴搅拌机的情况基本相同。需要的功率可用双轴搅拌机的有关公式计算。仿照式(5-3)：

$$P_1 = 4\pi\phi iCbn(D^2 - d^2)\sin\alpha \times 10^{-6} \tag{5-16}$$

式中符号的意义见式(5-3) 的说明，对于练泥机的填充系数取为 $\phi = 0.5$。

2. 连续螺旋绞刀输送泥料需要的功率 P_2

$$P_2 = \frac{\omega LQ\rho}{367} \times 10^{-3} \tag{5-17}$$

式中　P_2——输送泥料的功率，kW；

　　　L——输送距离，m；

　　　Q——输送量，m³/h；

　　　ρ——泥料的密度，kg/m³，一般可取 $\rho = 1950$kg/m³；

ω——阻力系数，其值为 $4 \sim 5.5$。

3. 克服推进器与泥料之间的摩擦力并迫使泥料通过机头和机嘴或筛板需要的功率 P_3

$$P_3 = np\left[22(R_2^3 - R_1^3)\tan(\alpha_c + \phi) + \frac{138fR_1^2(R_2^3 - R_1^3)}{R_2^2 - R_1^2}\tan\alpha_c\right] \times 10^{-6} \tag{5-18}$$

式中　P_3——推进器需要的功率，kW；

　　　n——推进器的转速，r/min；

　　　p——泥料的压力，Pa；

　　　α_c——推进器的螺旋升角，(°)；

　　　f——泥料与轴毂的摩擦系数。

其余符号的意义和单位同前。

实际上，由于侧滑角的存在，使螺旋槽中的泥料有沿着半径向远心方向滑动的趋势，因此，轴毂附近泥料的压力比较小，故用式(5-18)计算的结果是偏高的。

分别计算各部分需要的功率后，练泥机的轴功率为：

$$P = \frac{\sum P_i}{\eta} \tag{5-19}$$

式中　η——机械效率。

四、练泥机的主要结构部件

1. 传动系统

现有的多轴式真空练泥机，传动形式基本上分为集中驱动和分别驱动两种。集中驱动是电动机通过联轴器或离合器（或带传动）经非标准的齿轮减速箱分别驱动进料绞刀轴（上轴）和出料绞刀轴（下轴）。分别驱动是上、下轴分别由两台电动机和两套传动机构驱动。

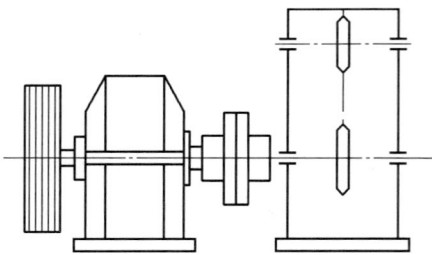

图 5-16　集中驱动的一种形式

集中驱动的优点是结构紧凑，占地面积小，缺点是需要加工的零部件数量多，装配、维修困难。当减速箱中齿轮数目多、齿轮尺寸又大时，加工和装拆更不方便。为了克服这个缺点，有些设计采用了电动机通过联轴器经标准齿轮减速箱驱动下轴，上、下轴之间再用链传动驱动上轴，如图 5-16 所示。分别驱动的优点是上、下轴能够分别启动，操作比较灵活。此外，对于大型练泥机，因为需要的功率大，分别驱动可以使用两台容量较小的电动机，给配电带来方便。分别驱动的缺点是传动装置体积庞大，机械效率较低。目前，中小型练泥机大多采用集中驱动。

练泥机通常在负载下启动，为了便于启动，在电动机与传动装置之间一般都装设离合器，待电动机启动后，再接离合器，驱动练泥机。

2. 加料槽

在加料槽内，绞刀的结构有两种不同的形式，一种是不连续螺旋绞刀，另一种是连续螺旋绞刀。不连续螺旋绞刀对泥料有较强烈的混合和捏练作用，为大多数练泥机所采用。连续螺旋绞刀只用于精练泥料的练泥机。

不连续螺旋绞刀的结构与双轴搅拌机的螺旋轴相同。为了防止泥料跟随刀片旋转，在料槽壁上装有梳状的挡泥板，如图 5-17 所示。刀片从下往上穿过挡泥板时，粘在刀片上的泥料被挡泥板挡回料槽内。绞刀的半径（即刀片旋转时扫过的圆周半径）与连续螺旋绞刀的大端半径相同，刀片最大宽度 $b_{max}=65\sim100\text{mm}$，对于大型练泥机，刀片宽度可适当增大，刀片间的距离为：

$$l=b_{max}\sin\alpha+e+(6\sim8) \tag{5-20}$$

式中　l——刀片间的距离，mm；

　　　b_{max}——刀片的最大宽度，mm；

　　　e——每片挡泥板的厚度，mm；

　　　α——刀片排列的螺旋升角，(°)。

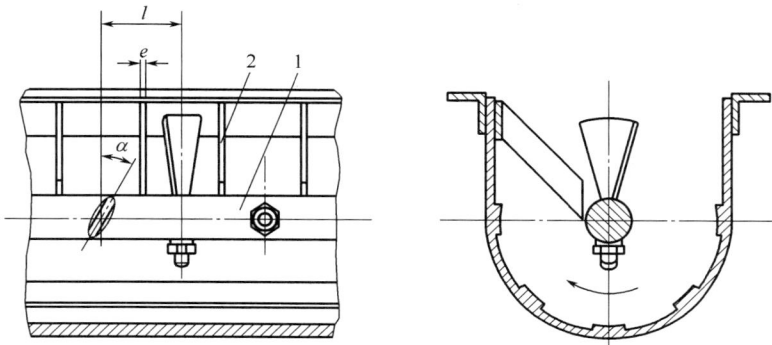

图 5-17　加料槽

1—不连续螺旋绞刀；2—梳状挡泥板

当 $\alpha=30°$时，上式成为：

$$l=\frac{1}{2}b_{max}+e+(6\sim8) \tag{5-21}$$

使用时，绞刀轴两端刀片螺旋升角调得较大（如 25°左右），中间部分刀片螺旋升角调得较小（如 15°左右），使泥料在料槽中得到较为充分的混合。为了使泥料顺利地进入连续螺旋绞刀，最后一把刀片应该是连续螺旋绞刀的延伸部分，刀片中心线与连续螺旋叶片端线的夹角为 45°，两者的轴向距离为：

$$m=0.25b_{max}+10 \tag{5-22}$$

如图 5-18 所示，m 的单位为 mm。

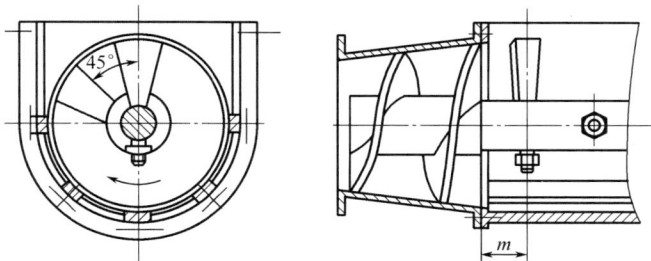

图 5-18　不连续螺旋绞刀与连续螺旋绞刀的衔接

料槽长度应根据泥料需要达到混合的均匀程度而定，一般取为 $850\sim1000\text{mm}$ 或更长。

按截面形状不同，刀片分为两种，一种为矩形截面，另一种为六边形截面，如图 5-19

所示。矩形截面的刀片容易制造，但使用中发现有刀片粘泥的现象，六边形截面的刀片制造比较麻烦，但使用的效果较好。

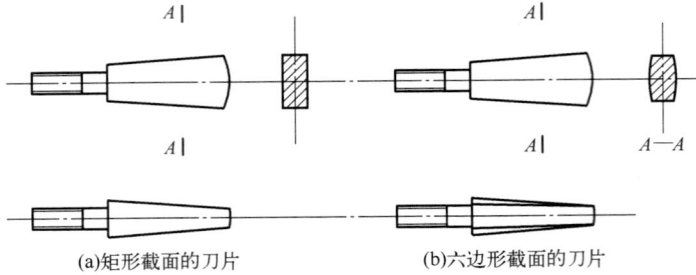

(a)矩形截面的刀片   (b)六边形截面的刀片

图 5-19   刀片

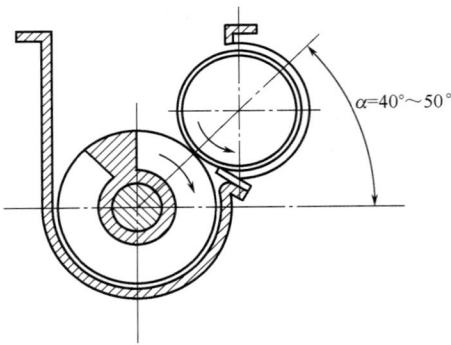

图 5-20   料槽中连续螺旋绞刀和压料滚筒

加料槽内如为连续螺旋绞刀，一般都应装设供压料用的滚筒，如图 5-20 所示。滚筒具有光滑的表面，直径为绞刀直径的 0.7～0.75 倍，滚筒与绞刀的连心线的倾斜角为 40°～50°，滚筒转速取为绞刀转速的 2.2～3 倍，长度和料槽长度相等，连续螺旋绞刀和压料滚筒的结构，对泥料没有明显的混合作用，故料槽不必太长。

3. 真空室

对于多轴式练泥机，真空室内泥料的输送装置常用的有三种不同的形式。

（1）连续螺旋绞刀和椭圆形压料滚筒（图 5-21） 采用这种结构的泥料输送装置，泥料能得到通畅的输送，真空室不易由于积存泥料而堵塞。缺点是结构复杂，维修困难。同时，在滚筒与绞刀之间、滚筒两端与真空室内壁之间都粘有不少泥料，这些泥料经干燥变硬至一定程度时会掉下来而混在其他泥料中间，影响泥料质量。

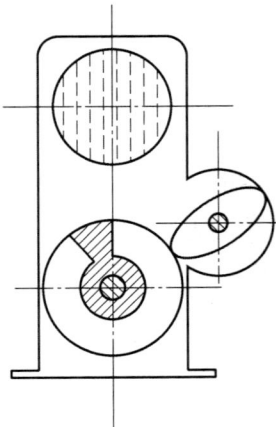

图 5-21   连续螺旋绞刀和椭圆形压料滚筒

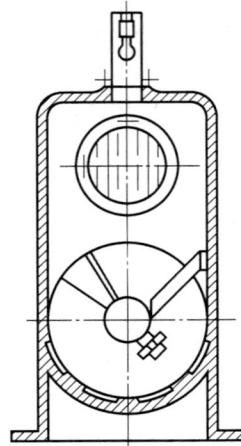

图 5-22   不连续螺旋绞刀和梳状挡泥板

（2）不连续螺旋绞刀和梳状挡泥板（图 5-22） 这种结构的真空室较大，泥料在真空室内停留的时间较长，而且在真空室内还对泥料进行搅拌。这样能比较彻底地抽走泥料中的空气，泥料的质量较好。同时，这种结构比较简单，维修也比较方便。缺点是真空室容易堵塞。

（3）连续螺旋绞刀　这种结构见于德国生产的练泥机。这种练泥机不采用筛板切割泥料，而是在真空室内装设盘状的切泥刮刀，刮刀转速较高，转向与绞刀相反。刮刀把上绞刀送来的泥料切成薄片，然后由下面的连续绞刀带走。有人认为，这种结构只适用于练制含水量低的泥料，对泥料的含水量有较高的要求，如果泥料含水量较高，仅用连续螺旋绞刀输送，真空室是很容易堵塞的。

为了把泥料中的空气尽量抽走，除了真空泵的技术性能应尽量满足使用要求，真空室和真空管路有良好的密封以外，还应把进入真空室的泥料切成薄片，使埋在泥料中的气泡破裂，才能有效地排除空气。练泥机的切泥装置有筛板和刮刀两种。筛板结构简单，装修方便，但泥料切得较粗，阻力也大；刮刀可把泥料切成薄片，阻力也小，但结构复杂，容易磨损。

真空室的密封是很重要的，密封不良的真空室，真空度将达不到要求。难以密封的部位是下轴穿入真空室的地方，图 5-23 是一种用填料函的密封装置。

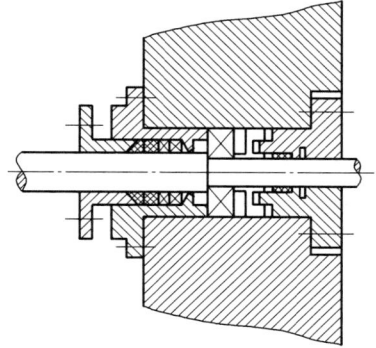

图 5-23　真空室的密封装置

4. 推进器末端的结构

从推进器进入机头的泥料，是螺旋的带状泥条。由于推进器轴毂没有伸入机头内，泥料进入机头时界面突然增大，泥料中形成了空洞，随后经过机头的挤压和在推进器叶片的带动下旋转，空洞逐渐消失，带状泥条结合成为整体的泥料。但是，泥料重新结合的地方往往不够紧密，干燥后常常出现 S 形和螺旋形的裂纹，为了解决这个问题，可采用下列几种方法。

（1）在推进器的末端加上一个流线型的圆锥体，圆锥体伸入机头内，使泥料截面作缓慢的变化。

（2）推进器的叶片稍向中心倾斜，即叶片螺旋面的母线倾角取不大的正值，使泥料的运动方向稍微向中心倾斜，以缩小泥料中的空洞。

（3）在推进器的末端装上两把刀片，用刀片搅动机头中的泥料，以消除结合不紧密而形成的裂纹。

另外，真空室真空度对泥料的质量影响很大，真空度高，泥料中空气排出得比较彻底，泥料重新结合时也就比较紧密，泥料的质量较好。

5. 机壳、机头和机嘴

通常机壳内壁都开有沿圆周等分排列的轴向凹槽或其他形状的凹槽，以阻止泥料跟随绞刀转动。有些设计采用机壳内镶衬套的结构，衬套磨损后可以修理或更换。

机头的作用是造成一定的阻力，使泥料压紧，并且通过机头可逐渐改变泥料截面的形状和尺寸，使泥料均匀地进入机嘴。机头的形状和尺寸，主要取决于泥料的性质和水分的含量，对塑性好、水分高的泥料，压力不要很大，机头可以短些；反之，对塑性差、水分低的泥料，需要较大的压力，机头应长些。

机头的形状可分为两种，一种是由圆柱形和圆锥形两部分组合的机头，如图 5-24 所示，这种机头适用于挤制直径比绞刀直径小得多的泥段。为了阻止泥料在机头内的旋转，在机头的圆柱形部分的内壁上，有些也有轴向凹槽。机头圆柱形部分的长度一般取为等于推进器的螺距，圆锥形部分的锥角取为 30°左右。另一种机头具有鼓形的结构，如图 5-25 所示，这种机头用于挤制直径大于或接近于绞刀直径的泥段。为了得到结构致密的泥料，机头的出口面积不能大于进口面积的两倍。

机嘴的构造如图 5-26 所示。机嘴的主要作用是使泥料成为具有一定截面形状和尺寸的泥段，根据实际使用情况，机嘴的尺寸为：$L=(1\sim1.5)D$，$l=L/3$，锥角 $2\alpha=40°\sim60°$。在生产中，也采用结构简单、使用方便的板式机嘴，如图 5-27 所示。板式机嘴便于更换挤制泥料的截面尺寸，根据需要可在一块厚约 25mm 的钢板上加工出各种机嘴，如图 5-28 所示。改变泥料的截面尺寸时，只要松开固定螺钉，把钢板上尺寸合适的机嘴转到机头处，然后拧紧固定螺钉，即完成更换机嘴的工作，使用比较方便。

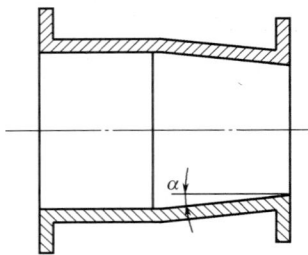

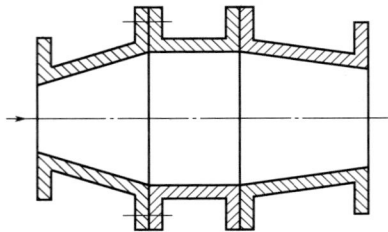

图 5-24　机头　　　　　　　图 5-25　鼓形机头　　　　　　图 5-26　机嘴

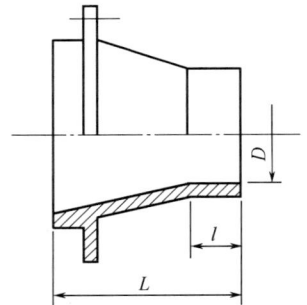

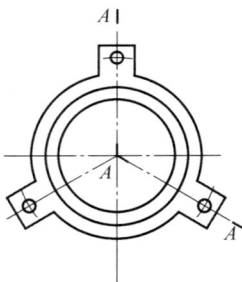

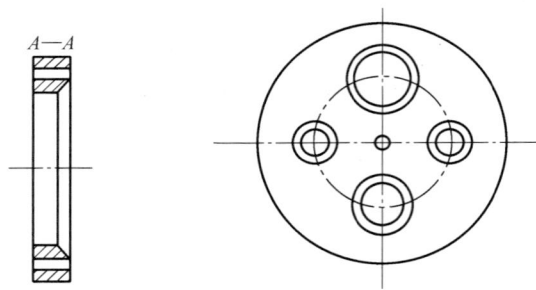

图 5-27　板式机嘴　　　　　图 5-28　具有不同尺寸出口的板式机嘴

五、泥料的真空处理装置

真空练泥机的泥料真空处理装置由真空泵、滤气器、真空管路和练泥机本身的真空室等组成，如图 5-29 所示。现分述如下。

1. 真空泵

真空泵是泥料真空处理装置中的重要设备。练泥机配用的真空泵规格主要是根据需要的抽速和极限压力来确定。真空泵的有效抽速应满足下式要求：

$$s_e=\frac{Kp_a}{p}\Big(\lambda Q+\frac{G}{\rho_a}\Big)$$ （5-23）

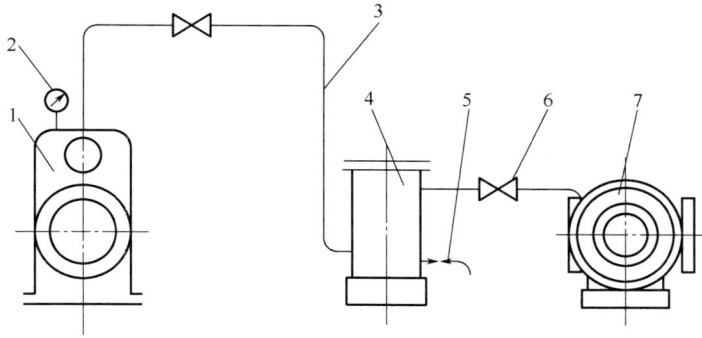

图 5-29　泥料的真空处理装置

1—真空室；2—压力表；3—真空管路；4—滤气器；5—放水阀门；6—截止阀；7—真空泵

式中　s_e——真空泵的有效抽速，m^3/h；

　　　Q——练泥机的生产能力，m^3/h；

　　　p_a——大气压力，Pa；

　　　p——真空室内空气的绝对压力，Pa；

　　　λ——泥料中空气的体积含量，可按 $\lambda = 0.09 \sim 0.1$ 计算；

　　　G——从真空装置不严密处漏入的空气量，可按每米接缝长度漏入空气量 $0.05 \sim 0.07 kg/h$ 计算；

　　　ρ_a——大气密度，kg/m^3；

　　　K——考虑泥料中汽化为水蒸气的系数，K 的最大值计算：$K = 1 + \dfrac{p_s}{p - p_s}$。

考虑到真空管路和滤气器的流体阻力，真空泵的实际抽速应为：

$$s = \frac{s_e U}{U - s_e} \tag{5-24}$$

式中　s——真空泵的实际抽速，m^3/h；

　　　U——真空管路和滤气器的流导，m^3/h。

合并以上各式可得真空室内气体的绝对压力：

$$p = K p_a \left(\lambda Q + \frac{G}{\rho_a} \right) \left(\frac{1}{s} + \frac{1}{U} \right) \tag{5-25}$$

真空室的真空度为：

$$H = p_a \left[1 - K \left(\lambda Q + \frac{G}{\rho_a} \right) \left(\frac{1}{s} + \frac{1}{U} \right) \right] \tag{5-26}$$

由上式可知，影响真空室真空度的主要因素是进入真空室的空气量（包括带入和漏入的空气量）、真空泵的实际抽速以及真空管路和滤气器的流导。

2. 滤气器

滤气器的作用是把从真空室抽出的气体进行过滤，除去夹在气体中的水滴和尘粒，以保护真空泵。过滤介质为棉毛织物和泡沫塑料。过滤介质要经常清洗和更换，以免堵塞，使阻力增大、流导减小而降低真空室的真空度。

3. 真空管路

真空管路应短而直，避免过多的转弯，以减小阻力，增大流导。管径为：

$$d = \sqrt{\frac{s}{900\pi v}} \tag{5-27}$$

式中　d——管子的内径，m；

　　　s——真空泵的实际抽速，m^3/h；

　　　v——管中气体流速，m/s，通常取为 10m/s 以下。

第六章

成形机械设备

将陶瓷坯料制成一定形状和尺寸的坯体的工艺过程称为成形。

陶瓷制品的成形方法因制品的种类、形状和尺寸、生产规模、原料的制备方法和性能以及技术水平的不同，有多种。现代陶瓷工业所使用或探讨的方法主要有注浆成形法、塑性成形法、压制成形法和特种成形法。本章主要介绍常用成形方法的机械设备。

第一节　注浆成形机械

注浆成形法在陶瓷工业生产中从传统到现代一直是坯体成形的主要方法之一。注浆成形是利用模型具有吸水能力，用泥浆浇注成形坯体的。传统的注浆成形法分为空心注浆和实心注浆。如果将制备好的泥浆注入模型中后，在靠近模壁处，泥浆中的水分被模型吸收，形成一层与模壁形状相同、含水量少的泥料层。随着时间的增长，泥料层不断增厚，当厚度达到要求时，把模型中多余的泥浆倒出，再经过一段时间的干燥，待泥料层具有适当的强度时，即可以从模型中取出成为坯体，这种注浆称为空心注浆。空心注浆只规定了坯体的外形，模型中没有限定坯体内部形状的型芯；如果泥浆注入两块模型之间，使形成的泥料层充满型腔没有多余的泥浆倒出，坯体的表面形状全部由模壁的形状所决定，这种注浆称为实心注浆。

一般来说，任何产品都可用注浆成形，不过，由于注浆成形与其他成形相比，产量低、消耗高、劳动强度大，因此，实际上注浆成形只用于不能用旋坯成形的异形产品，或者用于在目前用其他方法成形质量还有问题的产品。如日用陶瓷、美术陶瓷中的一些制品，建筑陶瓷中的卫生洁具，特种陶瓷中的异形制品等。

注浆成形过去全靠手工操作，劳动强度大，占地面积广，生产效率低，产品质量不稳定，不能适应大规模生产的需要。随着陶瓷工业的发展，出现了泥浆输送设备、泥浆真空处理设备和注浆机械，逐渐改变了全部手工操作的面貌。此外，还发展了各种形式的注浆成形生产线。

一、泥浆的真空处理设备

注浆用的泥浆中通常混入了一定数量的空气，使浇注出的制品中有一些孔洞，对于比较稠厚的泥浆，这种现象更为显著。为了得到质量良好的注浆产品，在浇注前，泥浆应经过真空处理，以除去泥浆中的空气。泥浆经真空处理后，不仅可避免产生气泡，而且泥浆的流动性也有所改善。

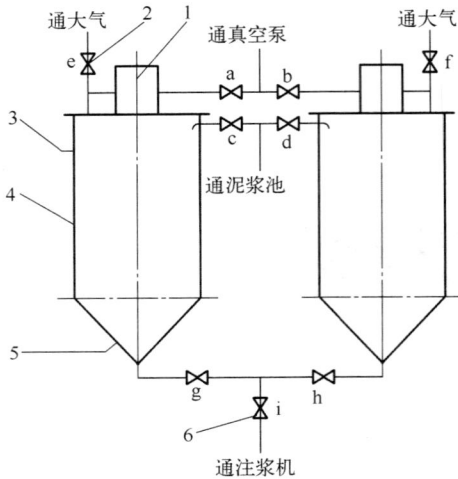

图 6-1　泥浆真空处理设备示意图

1—搅拌机；2—截止阀；3—高液面探极；
4—储浆槽；5—低液面探极；6—调节阀

泥浆的真空处理设备实际上是一只带有搅拌机的、可以密闭的储浆槽。为了能连续作业，最好是两只并联使用，通过阀门的启闭使之轮流工作，如图 6-1 所示。泥浆的真空处理过程如下：当储浆槽 4 进浆时，阀门 a、c 开启，阀门 e、g 关闭，储浆槽由真空泵抽成真空，泥浆经进浆管和阀门 c 吸入槽内，与此同时，混在泥浆中的空气也不断被真空泵抽走。当槽内浆面上升至触及液面计的高液面探极 3 时，液面计发出满料信号，由人工或通过自动控制装置关闭阀门 a、c，开启阀门 e、g。于是，空气经由阀门 e 进入储浆槽内，槽内浆面与大气相通。这样，经真空处理的泥浆即可经阀门 g 和出浆管送往注浆机使用。根据需要也可往储浆槽内通入压缩空气，使泥浆在压缩空气的压力作用下流出。随着泥浆的不断流出，浆面逐渐降低，当浆面下降到低于液面计低液面探极 5 的位置时，液面计发出无料信号，于是关闭阀门 e、g，开启阀门 a、c，储浆槽再次进浆，重复上述操作。两只储浆槽的操作过程完全相同。

储浆槽内装有搅拌机，搅拌机搅拌泥浆可促使泥浆中的空气迅速排出，并可防止泥浆中固体颗粒沉淀。

储浆槽一般用钢板制成，内壁镶以耐腐蚀的衬里。使用前要进行试压，以检查连接处的气密性。储浆槽的尺寸根据泥浆用量和真空处理过程需要的时间而定。真空度通常为 93～96kPa（700～720mmHg）。

二、离心注浆机

离心注浆机主要由主轴、压盖凸轮轴和传动装置组成，离心注浆机的机械传动示意图如图 6-2 所示。在主轴 8 的上端固定着模座 9，主轴中间装有带传动用的工作轮 6 和惰轮 7，以及制动用的带式制动器 5，通过皮带拨叉 4 的动作，可使主轴转动或制动。在压盖 10 的中间穿入泥浆管 12，管上装有截止阀 11，利用截止阀的启闭来控制泥浆的通断，压盖可沿工作台上的导槽做升降运动。凸轮轴 2 由电动机 3 经蜗轮蜗杆减速装置带动作低速旋转，凸轮轴上几个凸轮分别控制主轴的旋转运动、压盖的升降运动以及截止阀的启闭，使之按照一定的次序动作。注浆操作过程如下。

（1）在主轴停止转动的状态下，由人工把空模放入模座中。

（2）压盖下降压住模型。

（3）主轴转动，截止阀开启，泥浆注入模型内。在模型中，泥浆随同模型一道旋转。

（4）模型注满后，截止阀关闭。

（5）主轴停止旋转，压盖上升，由人工取出浇注完毕的模型。

（6）放入空模重复上述操作。离心注浆机的工作循环图如图 6-3 所示。

离心注浆机的主要工作参数是其主轴转速和需要的功率。目前的离心注浆机的主轴转速多在 200～540r/min，功率一般为 0.4kW。

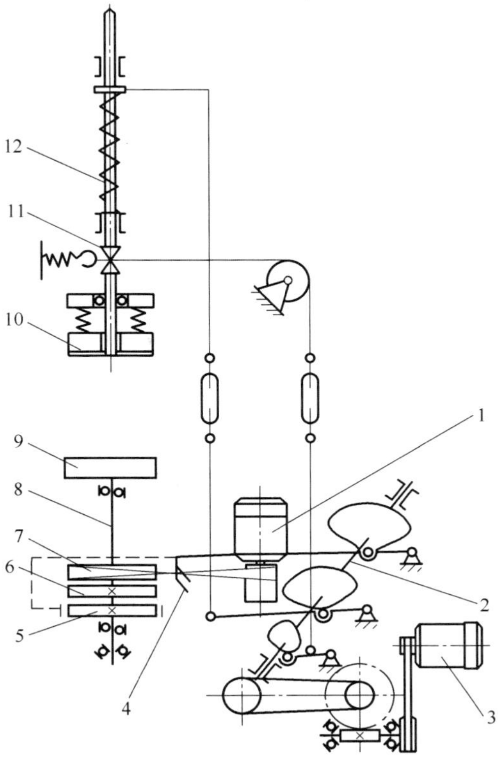

三、注浆成形生产线

为了实现工艺单机之间的技术连接，通常在各台单机之间装设必要的运输设备，加工对象以一定速度或节拍按工艺流程由运输设备依次送到各台机器上加工，以完成一定的工艺过程。这种由工艺单机和运输设备组成的生产系统称为生产线。如果生产线的全部操作（包括工艺操作和辅助操作）均在控制器的指挥下自动进行而无操作者直接参加，这种生产线称为自动生产线。如果生产线的辅助操作（如给料、卸料等操作）仍需由操作者去完成，则称为半自动生产线。

1. 注浆成形生产线的组成

由于注浆工艺以及在生产线上完成的工序不同，注浆成形生产线种类很多，下面以其中一种为例介绍注浆成形生产线的组成。

图 6-4 是用于制造壶类产品的注浆成形生产线示意图。生产线以水平放置的长圆形链式输送机以及连接在输送机上的 184 辆载模小车组成的模型运送装置作为中心，在适当位置装设了注浆器、离心注浆机、倒浆机械手、甩浆机和干燥器等设备，以完成注浆、倒浆、甩浆

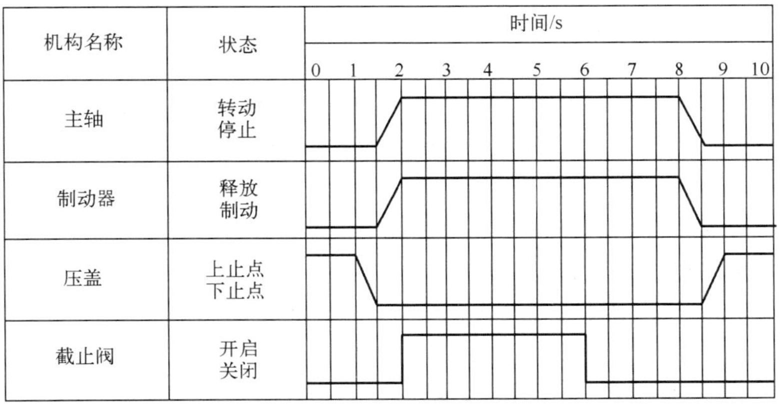

图 6-2　离心注浆机机械传动示意图

1,3—电动机；2—凸轮轴；4—皮带拨叉；5—带式制动器；6—工作轮；7—惰轮；8—主轴；9—模座；10—压盖；11—截止阀；12—泥浆管

图 6-3　离心注浆机的工作循环图

和干燥等工艺操作。

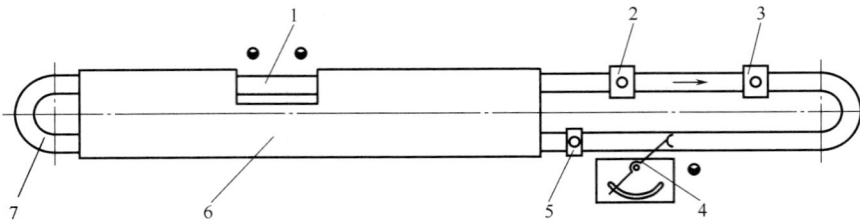

图 6-4　制造壶类产品的注浆成形生产线示意图

1—脱模工位；2—注浆工位Ⅰ；3—注浆工位Ⅱ；4—倒浆机械手；5—甩浆工位；

6—干燥室；7—链式输送机

2. 生产线的工作过程

（1）在注浆工位Ⅰ，注浆器（一个带有阀门的泥浆计量斗）往模型内注入少量泥浆。这是由于壶子底足较厚，需要先注入少量泥浆，把壶子底部浇出以防止壶底与底足连接处出现一圈凹陷的毛病。

（2）在注浆工位Ⅱ，离心注浆机主轴上升把载模小车中的模型顶起并使之落入固定于主轴端部的模座中，接着主轴旋转，与此同时往模型中注入泥浆；待泥浆注满后主轴停止转动，最后主轴下降把注满泥浆的模型放回到载模小车上。

（3）在倒浆工位，倒浆机械手夹持和取出模型，将模型中多余的泥浆倒出，然后把模型放回到载模小车上。

（4）在甩浆工位，甩浆机带动模型旋转，使模型中剩下的少量泥浆均匀摊开以得到平整光滑的坯体表面。甩浆机的构造与离心注浆机相同。

（5）甩浆后，模型进入干燥室干燥。

（6）在脱模工位，由人工将模型中的坯体取出，空模则放回到载模小车上，模型经干燥后又回到注浆工位Ⅰ再次使用。

第二节　塑性成形机械

塑性成形是利用泥料加水后具有可塑性，在外力作用下产生塑性变形而制成一定形状和大小的坯体。根据工艺不同又有多种不同的方式，其中以挤坯成形和旋坯成形最为普遍。

挤坯成形是把可塑泥料放入真空练泥机中，经练制从练泥机的机嘴挤出，得到具有一定截面形状和尺寸的泥段作为产品的一种成形方法。某些电瓷产品（如拉紧绝缘子、热电偶保护套管等）可以用挤坯法直接成形。

旋坯成形是泥料在成形工具（样板刀或滚头）和旋转着的模型之间，在成形工具的挤压下泥料均匀地布满于模型表面而成为坯体的。这种方法适用于至少有一个表面为回转面的产品的成形。旋坯法是目前日用陶瓷的主要成形方法，根据使用的成形工具不同，分为刀压成形和滚压成形两种。刀压成形的工具是样板刀，刀片的刃部按坯体成形表面的母线制作。成形时，刀片与泥料之间相对滑动，使泥料的一个表面具有一定的形状和尺寸而成为坯体。滚压成形的工具是滚头，滚头是一个回转体，滚头回转体的母线与坯体成形表面的母线相同。

成形时，滚头与泥料之间除了有相对滑动外，主要还有相对滚动。滚压成形由于坯体的质量好，操作简单，故得到广泛采用。

滚压成形的机械设备是滚压成形机。由于陶瓷产品种类繁多，形状和大小不一，因此随着产品的不同，滚压成形机有不同的结构形式，下面仅对普遍使用的半自动滚压成形机和滚压成形生产线作一介绍。

一、滚压成形机的构造和工作过程

半自动滚压成形机有两种不同的形式：一种是固定工作台式滚压成形机；另一种是回转工作台式滚压成形机。此外，在每种之中又有单头和双头之分。

图 6-5 是双头固定工作台式滚压成形机，简称双头滚压机。在机架 1 的正面固装着主轴 13 的轴承座 14，主轴的底部装有空套在轴上的带轮和摩擦离合器 15，模座 11 固定在主轴的顶部，机架顶面装有支承滚头架 5 的支座 16，滚头架与支座之间以铰链连接，使之能绕支座摆动。滚头轴 9 和轴承座 8 以及带动滚头转动的电动机 7 均装在滚头架上，滚头 10 固定在滚头轴的下端，上端有带轮。滚头轴的上下、左右和前后位置及其倾斜角度均可调节，如图 6-6 所示。松开螺钉 6，拧动手柄 7，可调节左右位置；松开圆螺母 4，转动螺杆 3，可调节上下位置；松开螺栓 8，转动螺杆 5，可调节前后位置；松开螺母 1，转动螺母 2，可调节倾斜角度。调节完毕后全部锁紧螺母或螺钉要重新拧紧。

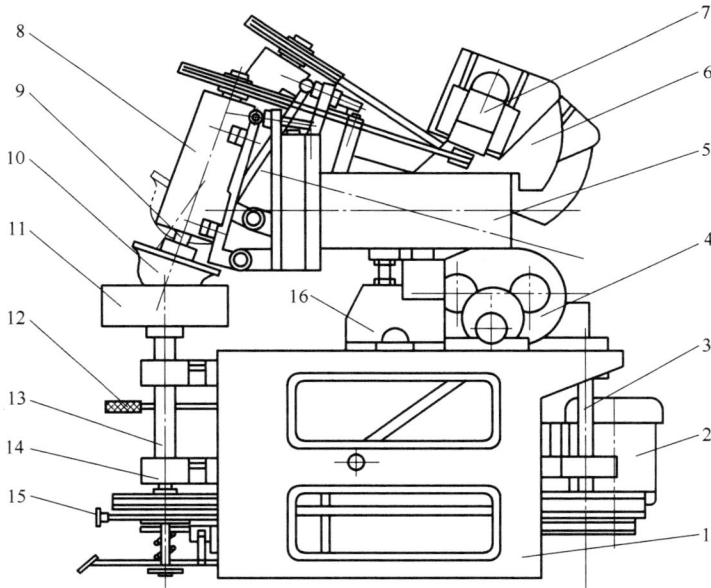

图 6-5　450 型双头滚压机示意图

1—机架；2—电动机；3—蜗杆轴；4—凸轮；5—滚头架；6—配重；7—滚头电动机；8—滚头轴承座；9—滚头轴；10—滚头；11—模座；12—手柄；13—主轴；14—主轴轴承座；15—摩擦离合器；16—支座

在机架上并排装有两套完全相同的主轴部件和滚头部件，两套装置按一定的顺序交替作业。

水平的凸轮轴也装在机架顶面。电动机经 V 带传动装置和摩擦离合器带动主轴旋转，与此同时还通过蜗轮蜗杆传动装置带动凸轮轴。在空套于蜗杆轴 3 上的三角带轮与蜗杆轴之

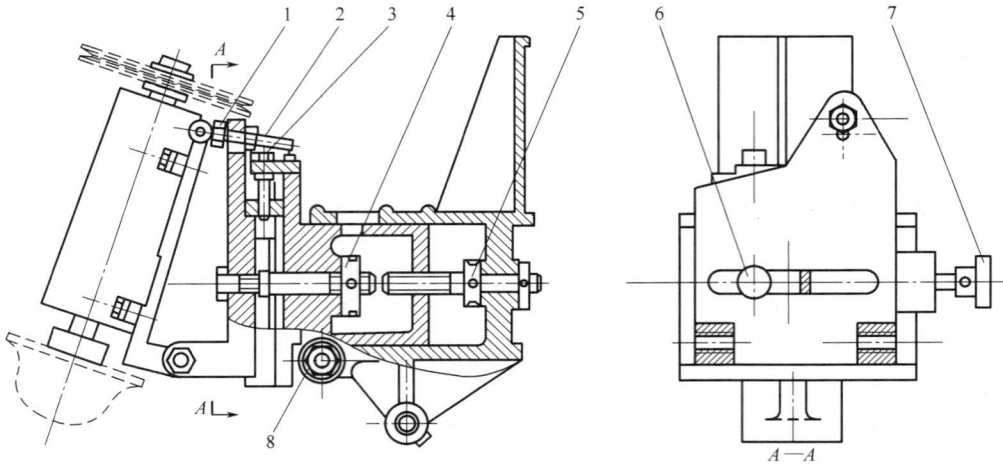

图 6-6　滚头轴位置的调节

1,2—螺母；3,5—螺杆；4—圆螺母；6—螺钉；7—压花手柄；8—螺栓

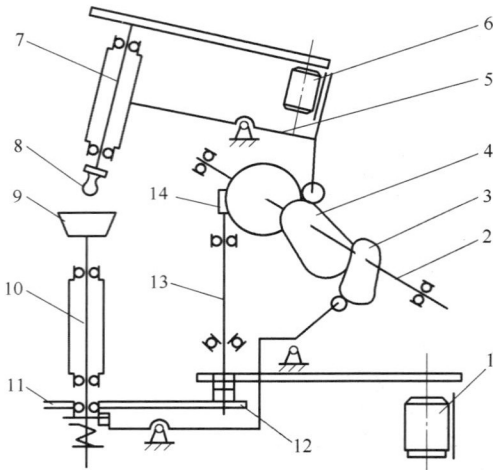

图 6-7　450 型双头滚压机传动示意图

1—主电动机；2—凸轮轴；3—主轴离合器凸轮；

4—滚头升降凸轮；5—滚头架；6—滚头电动机；

7—滚头轴；8—滚头；9—模座；10—主轴；

11—摩擦离合器；12—滚珠活动联轴器；

13—蜗杆轴；14—蜗杆

间（图 6-7 为其机械传动示意图）装有滚珠活动联轴器，联轴器由手柄 12 操纵。主轴上摩擦离合器的接合与分离以及滚头架的摆动均由凸轮轴上相应的凸轮控制，从而实现半自动操作。

根据滚压成形的工艺要求，在一个工作循环中主轴和滚头的工作状态如图 6-8 所示。从图中可以看出，滚压机的操作过程如下（以其中一套成形装置为例）。

（1）凸轮轴的转角从 0°到 100°，主轴处于静止状态，滚头在上止点位置。在这段时间内，由人工将模座中已有坯体的模型取出放回空模，并向空模投入泥料。

（2）转角从 100°到 150°，主轴上的摩擦离合器接合，主轴旋转，滚头快速下降，直至滚头与模型中泥料接触时为止。

（3）转角从 150°到 200°，主轴继续旋转，滚头慢速下降，泥料在滚头的压延作用下逐渐在模型中成为坯体，多余的泥料从边缘排出，被随同滚头一起下降的切边装置切除，直至滚头到达下止点为止。

（4）转角从 200°到 280°，主轴继续旋转，滚头保持在下止点位置。

（5）转角从 280°到 310°，主轴继续旋转，滚头慢速上升，离开坯体。

（6）转角从 310°到 360°，主轴上的摩擦离合器分离，主轴停止转动，滚头快速上升直至滚头回到上止点为止，至此滚压机完成了一个工作循环，接着重复上述周期性的动作。

滚压机上另一套成形装置的操作过程与上述过程完全相同，两套装置取放模型的时间是

机构名称		工作状态	凸轮轴转角				
			0° 　　　90°　　　180°　　　270°　　　360°				
I	滚头	上止点 下止点					
	主轴	旋转 停止					
II	滚头	上止点 下止点					
	主轴	旋转 停止					

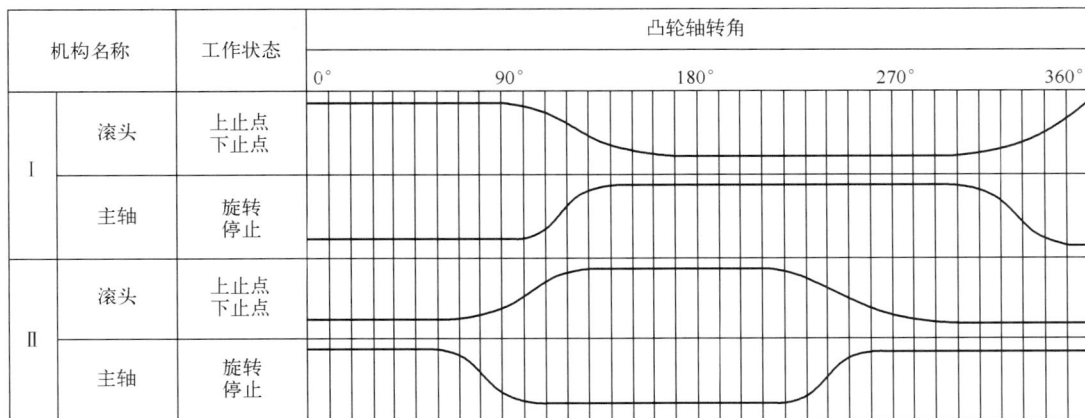

图 6-8　450 型双头滚压机的工作循环图

错开的，以便于工人操作。

利用 V 带有级变速装置，主轴和凸轮轴分别有三种不同的转速，滚头也有三种转速，可根据工艺要求选用。如装设 V 带无级变速装置则各种转速可在规定的范围内做无级调节。

在模座上修理模型或修理模座本身时，可把手柄 12 按下（图 6-5），使滚珠活动联轴器分离，滚头停止上下摆动。

单头回转工作台式滚压成形机只有一个滚头，用有 4～6 个工位的回转工作台（称为转盘）来移送模型，这种成形机通常称为转盘式成形机。图 6-9 是转盘式滚压机结构示意图，

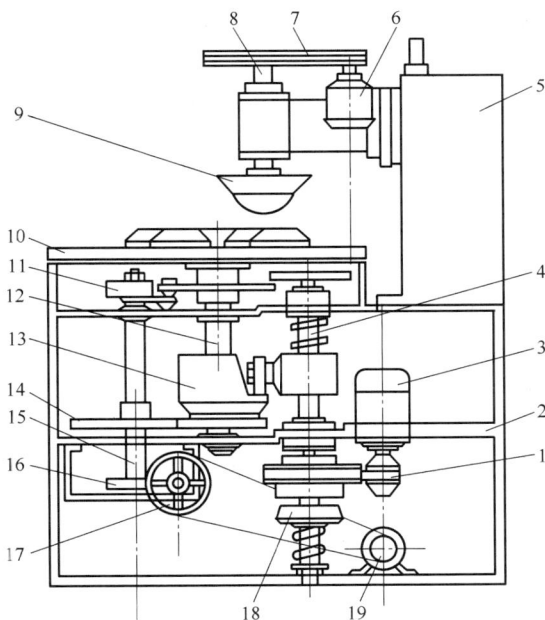

图 6-9　250 型转盘式滚压机示意图

1,7—V 带无级变速装置；2—机架；3—主轴电动机；4—主轴；5—电器箱；6—滚头电动机；
8—滚头轴；9—滚头；10—转盘；11—槽轮机构；12—心轴；13—圆柱凸轮；
14—圆柱齿轮；15—立轴；16—蜗轮蜗杆传动装置；17—V 带有级变速装置；
18—锥形摩擦离合器；19—转盘间歇旋转和主轴升降电动机

其机械传动示意图如图 6-10 所示。主轴电动机 3 经 V 带无级变速装置 1 和锥形摩擦离合器 18 使主轴 4 转动，另一台电动机 19 经 V 带和蜗轮蜗杆 16 使立轴 15 旋转，立轴通过齿轮 14 带动空套在心轴 12 上的圆柱凸轮 13，圆柱凸轮可驱使主轴做升降运动，并操纵锥形摩擦离合器的接合与分离。同时，主轴还通过槽轮机构 11 使心轴 12 上的转盘 10 做间歇运动。转盘上有六个沿圆周均匀分布的模型承座。主轴的上方为装有滚头的滚头轴，电动机 6 经 V 带无级变速装置 7 带动滚头 9 旋转，滚头的上下、左右和前后位置及其倾斜角度均可调节。

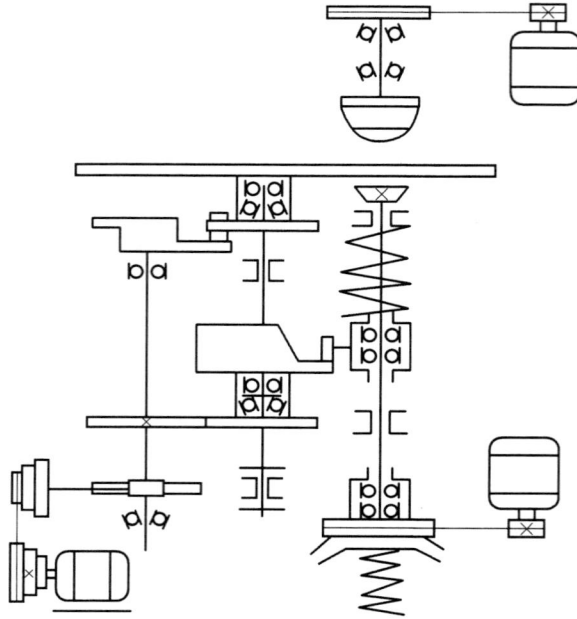

图 6-10　250 型转盘式滚压机传动示意图

　　转盘式滚压机的放模、取模以及成形操作是在不同的工位上进行的，当带有泥料的模型由回转工作台送到成形工位时，在圆柱凸轮的作用下主轴上升把工作台中的模型顶起，并使之落入主轴端部的模座中，与此同时，锥形摩擦离合器接合，主轴旋转，在主轴上升的过程中，泥料在滚头的压延作用下逐渐成为坯体，接着主轴下降，离合器分离，主轴停止转动。带有坯体的模型落回到工作台的模型承座中，然后，工作台转位，开始另一次成形操作。

　　利用 V 带无级和有级变速装置，主轴和滚头轴可无级变速，转盘轴有三种速度。

　　双头滚压机是从过去习惯使用的双刀压坯机演变过来的，它们有着相同的机械动作，工人容易掌握。双头滚压机结构简单，操作容易，造价较低，滚头的装拆和机器的维修都比较方便。同时，由于在一台机器上有两个滚头交替成形，故产量较高。这种滚压机的缺点是操作时要十分小心，如果取放模型的时间不适当，滚头下降会把操作者的手轧伤，故操作的安全性比较差。

　　转盘式滚压机由于不在成形工位取放模型，而且操作时间比较宽裕，故不会产生滚头轧手的事故，操作的安全性良好。但是这种滚压机的技术经济指标较差，而且工作台的经常转动容易引起工人的额外疲劳。

二、主要的工作参数

1. 主轴转速

关于滚压机主轴转速的计算，到目前为止还没有一个有理论根据的方法，一般是在定性地分析主轴转速对成形操作各方面影响的基础上，参照实际使用的数据予以确定。

主轴转速对成形操作的影响分述如下。

（1）滚压成形用的模型是一种多孔物体，有较强的吸水能力，在成形过程中由于模型的吸水作用，泥料的水分逐渐减少，可塑性降低，而且，模型是单面吸水，靠近模型处泥料水分最少，泥料水分很不均匀，这都会影响成形后坯体的质量。为了防止在成形过程中泥料水分失去太多，成形过程必须速度快、时间短，即要提高主轴转速。

（2）主轴转速增加，在一定的成形时间内，滚头对泥料施加的压延次数增加，坯体结构比较致密，表面更为光滑，质量较好。

（3）主轴转速增加可适当缩短成形时间，提高产量。

（4）如前所述，由于成形操作本身的需要，在每一个工作循环中，主轴要启动一次和制动一次，启动时的加速运动和制动时的减速运动都产生惯性力。在模座中，模型是利用摩擦力使之启动和制动的，随着主轴转速的增加，惯性力增大，当惯性力大于摩擦力时，模型与模座之间将产生相对运动，使接合面磨损，严重时模型从模座中甩出，使成形操作无法进行。因此，主轴转速的增加要考虑模型与模座间的摩擦力是否足以克服惯性力这个因素。

（5）模型中泥料被主轴带动旋转，要受到离心力的作用，如果离心力大于泥料与模型间的黏附力，泥料就要甩出，产生所谓"飞泥"的现象，有时局部泥料被拉断而甩出，这都使成形操作无法进行。对于阳模滚压，泥料不会因离心力作用而断裂的主轴最大转速可按下式计算：

$$n_c = \frac{0.52\sqrt{Y}}{R} \tag{6-1}$$

式中　n_c——主轴的临界转速，r/min；

　　　Y——泥料的屈服值，Pa；

　　　R——泥料半径，m。

（6）由于主轴、轴承及轴上其他零件的加工和装配误差，加之模座、模型的偏心和质量分布不均匀等原因，主轴部件的质量中心与转动中心不会重合，因此主轴旋转时会产生离心力。在作为激振力的离心力作用下，主轴部件连同有关的其他部件将产生受迫振动，受迫振动的振幅与激振力的大小成正比，也就是与转速的平方成正比。主轴转速增加，振幅增大，成形时可能在坯体表面上产生放射状的波浪纹或其他缺陷。

根据以上分析，滚压机主轴转速可按"在能够顺利成形、坯体质量良好、机器振动在允许范围的条件下，转速尽可能高些"的原则选定。通常产品直径小，主轴转速高；直径大，转速低。阴模滚压的转速比阳模滚压要高些。生产不同品种产品的滚压机，其主轴转速如下：盘类，18cm（7in）以下，500～800r/min，18cm（7in）以上，300～600r/min；碗类，500～800r/min；杯类，700～1300r/min。

2. 滚头倾角

滚头中心线与主轴中心线之间的夹角称为滚头倾角，如图 6-11 所示。如前所述，滚头的工作表面是一个回转面，其母线与坯体成形表面的母线是完全相同的。不过实际上滚头的顶点往往要超过坯体中心 0.5～3mm，其目的是使坯体中心处滚头的圆周速度不为零。滚头与坯体之间有一定大小的相对速度，坯体表面比较光滑，此外，滚头磨损后只要磨损量不是很大可以修复使用。

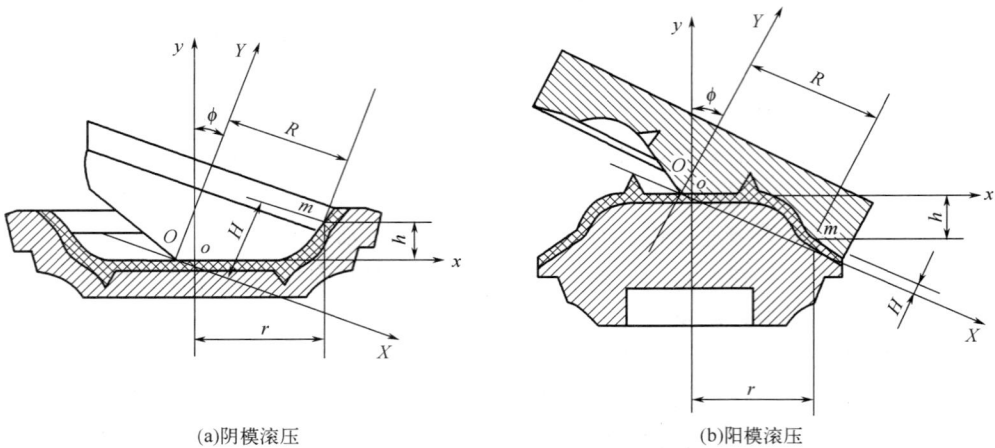

(a)阴模滚压　　　　　　　(b)阳模滚压

图 6-11　滚头倾角

滚头的尺寸除与坯体尺寸有关外，还与滚头倾角的大小有关。

滚头倾角的大小对成形操作和产品质量都有影响。在滚压成形中，泥料在滚头的压延作用下从模型底部向周边移动，最后铺满模型成为坯体。成形过程中泥料的移动通常称为排泥。泥料是在承受压延作用处滚头与模型之间的弯月形间隙中移动的，这个间隙也就称为排泥间隙。显然，排泥的动力是滚头与模型对泥料的作用力。对于相同的排泥量，排泥阻力与排泥间隙的大小有关：间隙大，阻力小；间隙小，阻力大。无论是阳模滚压还是阴模滚压，排泥间隙可用 $|R-r|$ 来表示。从上面的论述中知道，在实际使用的范围内，滚头倾角减小，则滚头半径增大，从而使排泥间隙减小，排泥阻力增大，这样一来，滚头、泥料、模型之间的作用力增大，模型容易损坏，机器载荷加重，容易引起振动。优点是泥料在较大的外力作用下，制成的坯体结构比较致密，质量较好。不过如果倾角太小，在局部地方（一般是坯体的底部）会由于排泥间隙过小，压力很大，坯体结构比其余部分更为致密，反而破坏坯体结构的均匀性，严重时甚至泥料不能排出，使成形操作无法进行。此外，滚头倾角减小，压力增大，具有多孔结构的模型与泥料之间的黏附力也随之增大，而具有光滑表面的滚头与泥料之间的黏附力却增加很小，这样，泥料不易脱离模型，滚头粘泥的可能性较小。

滚头倾角应根据泥料性质、产品的形状和尺寸确定，通常为 15°～30°。

3. 滚头转速

滚头转速 n_r 与主轴转速 n 之比称为滚头的转速比：

$$i=\frac{n_r}{n} \tag{6-2}$$

滚头速度的选择到目前为止还没有一个有理论根据的计算方法，通常是按照泥料的性质、产品的形状和大小等参照实际使用的数据确定。目前工厂中实际使用的是：阳模滚压 $i=0.6～1$；阴模滚压 $i=0.3～0.7$。

4. 生产能力和需要的功率

滚压成形机是属于间断作用型的半自动机，其生产能力取决于完成一个工作循环需要的时间。设 t 为滚压机的工作循环时间，则理论生产能力为：

$$Q_T = \frac{60}{t} \qquad (6\text{-}3)$$

由于设备的保养、调整以及故障排除等原因，滚压机实际生产能力达不到理论值。实际生产能力为：

$$Q = \varepsilon Q_T \qquad (6\text{-}4)$$

或

$$Q = \frac{60\varepsilon}{t} \qquad (6\text{-}5)$$

式中　Q——滚压机的生产能力，件/min；

　　　　ε——停顿系数，一般取 $\varepsilon = 0.8 \sim 0.9$；

　　　　t——工作循环时间，与产品的种类和泥料的性质有关，一般取 $t = 6 \sim 12s$。

式(6-5)用于计算单头滚压机的生产能力，双头滚压机的生产能力为其两倍。

滚压机需要的功率由于缺乏必要的研究，故只能采用类比法确定，根据实际使用经验，单头滚压机主轴电动机功率为 $0.6 \sim 1.1kW$，滚头电动机功率在 $0.2kW$ 左右。产品尺寸大，泥料水分少，主轴转速高，主轴功率较大；反之，功率较小。在成形过程中，实际上滚头是由主轴通过泥料驱动的，滚头功率不必过大。

三、滚压成形生产线

滚压成形生产线一般包括成形、青坯干燥、脱模、白坯干燥等几道工序。生产线主要由泥料给料机、滚压成形机、干燥机和运输设备等组成。根据成形工艺（阳模成形或阴模成形）和脱模工艺（取坯留模或取模留坯）等的不同，滚压成形生产线有多种形式，其中以采用的脱模工艺不同而差别较大。因此，一般按脱模工艺不同把生产线分为两类。

1. 采用取坯留模工艺的生产线

取坯留模的脱模工艺，既可用于阴模成形，也可用于阳模成形。脱模时，由机械手将已经离模的坯体取出送入白坯干燥机中，模型由原来的青坯干燥机送回滚压机使用。为了防止机械手抓取时坯体变形和开裂，坯体的脱模水分要比较低，对于阳模成形，甚至干燥到白坯状态才脱模。采用取坯留模的脱模工艺，生产线需要的设备比较少，结构简单，故在产品质量能够得到保证的条件下，应优先考虑采用这种脱模工艺。

图 6-12 为采用取坯留模工艺的滚压成形生产线示意图。生产线由倾斜带式输送机 2、水平带式输送机 3、真空练泥机 4、滚压成形机 1、干燥室 5、脱模机械手 6 和长圆形链式输送机 7 等组成。以链式输送机为中心，其他机械设备分别装在两旁的适当位置上，以完成泥料输送、投泥、成形、干燥和脱模等工艺操作。在输送机的长圆形链条上固定着一列载模器，随着链条的间歇运动，载模器把模型从一个工位带到另一个工位。生产线的工作过程如下。

（1）在投泥工位，泥料由倾斜带式输送机和水平带式输送机喂入真空练泥机内，泥料经练泥机加工后从机嘴挤出。在机嘴前面有限位开关，以控制每次挤出的泥料量。当挤出的泥料触及限位开关时，练泥机的电源被切断，练泥机停机等待。接着空模进入投泥工位，切割器动作，泥料被切下而落入模型内，从而完成投泥操作，然后练泥机重新启动挤出泥料为下一次投泥操作做好准备。

（2）在成形工位，当带有泥料的模型送到该工位时，滚压机主轴上升把载模器中的模型顶起并使之落入主轴端部的模座中，接着主轴旋转、滚头下降，进行成形操作。成形后，主

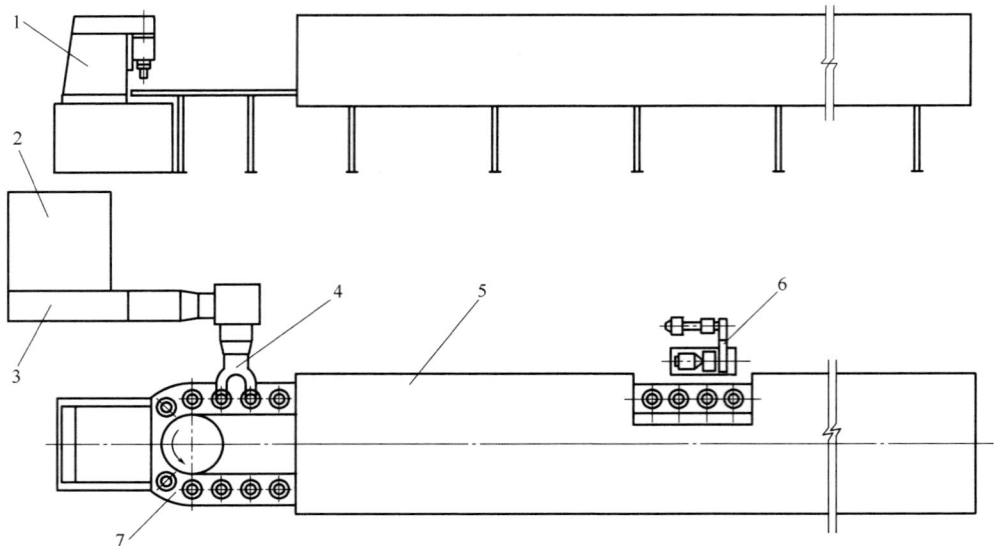

图 6-12　采用取坯留模脱模工艺的滚压成形生产线示意图

1—滚压成形机；2—倾斜带式输送机；3—水平带式输送机；4—真空练泥机；

5—干燥室；6—脱模机械手；7—长圆形链式输送机

轴下降把带有坯体的模型放回到载模器上。

（3）带有坯体的模型进入干燥室，在间歇运送的过程中进行青坯干燥。

（4）在脱模工位，坯体已与模壁分离，脱模机械手将坯体取出并送入白坯干燥机或修坯机中做进一步加工，留在载模器上的模型则被送回投泥工位重复上述操作。

2. 采用取模留坯工艺的生产线

取模留坯的脱模工艺只适用于阴模成形。成形后，模型翻转放入干燥机中，坯体干燥到一定程度后，在重力作用下自动脱离模型，然后模型由机械手取出并用运输设备送回滚压机继续使用，坯体则留在干燥机内进行白坯干燥。脱模时，坯体无须用机械手运送，避免了机械手抓取坯体而引起的变形和开裂等缺陷，这是取模留坯工艺的突出优点。缺点是需要的设备较多，结构比较复杂。

图 6-13 为采用取模留坯脱模工艺的滚压成形生产线示意图。生产线由真空练泥机 1、长圆形链式输送机 5、滚压成形机 2、翻模机械手 6、链式干燥机 3、脱模机械手 4 以及回模机械手 7 等组成。在长圆形链式输送机的链条上固装着按等距离排列的一系列载模器，输送机做间歇运动，从而把载模器的模型从一个工位依次送到各个工位。链式干燥机有两条相互平行的链条，在链条之间悬挂着一个一个的吊篮，坯体连同模型一起放在吊篮上，由做间歇运动的链条带入干燥室内进行干燥。

在生产线的投泥工位和成形工位，工作情况与采用取坯留模工艺的生产线完全相同，当四个带有坯体的模型由输送机送到干燥机的入口处时，翻模机械手动作把输送机上四个模型抓取并翻转 180° 送入干燥机内。在脱模工位，脱模机械手把模型移到干燥机链条返回段的吊篮上，往投泥工位输送，坯体则留在原来吊篮上继续干燥，直到干燥机出口，由人工把坯体取出送去做进一步加工。在回模工位，回模机械手把干燥机中的空模再次翻转 180° 并放回到输送机的载模器上，然后由输送机送到投泥工位继续使用。

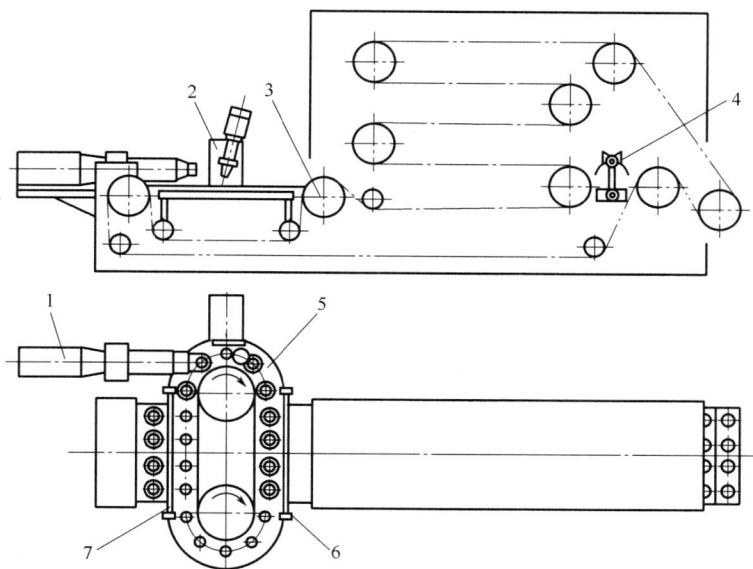

图 6-13　采用取模留坯脱模工艺的滚压成形生产线示意图
1—真空练泥机；2—滚压成形机；3—链式干燥机；4—脱模机械手；
5—长圆形链式输送机；6—翻模机械手；7—回模机械手

第三节　压制成形机械

一、压力成形机的压制方式

将陶瓷原料制作成颗粒状粉料，作为成形坯料填入模型内，施予压力而得到具有一定强度和形状的坯体的过程，称为粉料压力成形。用于完成此种成形的装备称为粉料压力成形机。压制成形有以下两种不同的方式。

1. 干压成形

干压成形是将粉状坯料放在钢质模型中，用较高的压力制成坯体。粉料的含水量为 6%～8%，压制压力为 15～50MPa，粉料的压缩率为 50%～60%。

干压成形是建筑陶瓷中形状比较简单的产品（面砖、地砖等）的主要成形方法。

干压成形要注意以下事项。

（1）干压成形是用模型压制的。成形时将粉料填满模腔，在模板（模芯）的压力作用下粉料受到压缩，空气排出，最后压成密实的坯体。为了能制成质量合格的产品，模板与模壁间的间隙应适当。间隙过大，坯体四周受到的压力小，结构疏松，强度较低，容易损坏而造成"毛边"；间隙过小，排气困难，空气不能充分排出，容易"分层"。

（2）要有适当的成形压力。成形压力用于克服颗粒间相互挤压压实的阻力、粉料与模壁之间的摩擦力和颗粒的变形，一般是比较大的。但是成形压力也不是越大越好，各种坯体由于其组分和含水率等的不同，都有其相应的极限压力，超过这个压力坯体将会开裂。

（3）由于粉料与模壁之间的摩擦力作用，使成形坯体中各处的压力不同，结果坯体的致密程度不均匀，烧成收缩不一致，容易造成产品变形和开裂。双向加压可以减少坯体中压力分布的不均匀性，不过，墙地砖坯体较薄，一般都采用单向加压。

（4）要有适当的加压速度和保压时间，使粉料中的空气能充分排出，防止坯体分层。为了充分排气，一般采用从慢到快、先轻后重的多次加压并有一定的保压时间，让空气分几次排出。

（5）坯体质量与粉料含水率的均匀程度、粉料的颗粒级配和流动性有关。用喷雾干燥制备的粉料颗粒形状接近于球形，含水率均匀，粒度分布较窄，流动性好，能满足干压成形的要求。

2. 等静压成形

等静压成形是将粉状物料装入一个有弹性的模型内，然后将模型密封并放到流体介质中（常用的流体介质为水或油）。当在流体介质上施加一定的压力时，这个压力将均匀地作用于模型的各个面上，粉料在压力作用下被压实成为坯体。

图 6-14 是等静压成形盘类制品原理图。模型主要由硬模、软模、模座组成。硬模是钢质的金属凸模，可垂直升降，提升起来时，粉料定量喂入软模上面的模腔内，并使粉料分布均匀；硬模下降就位后，与软模形成同坯体外形相近的模腔。软模支承在模座上，软模背面与模座之间的密封空间是容积可变的高压油室。工作时，油室通入高压油，迫使软模对粉料施加均匀的压力把粉料压成坯体。这种方法为干法等静压成形，适用于扁平制品的成形。

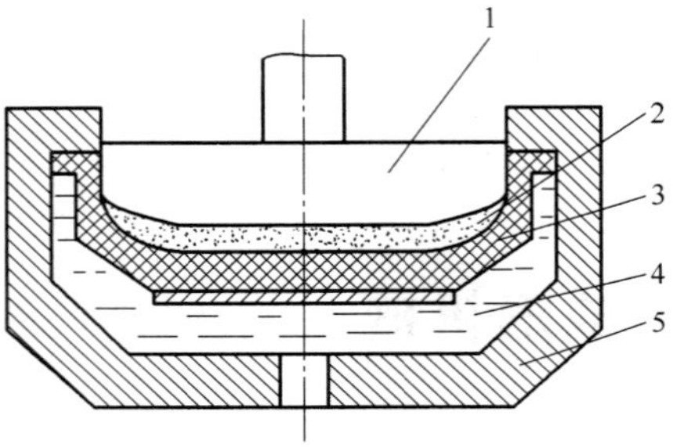

图 6-14　干法等静压成形盘类坯体原理图
1—硬模；2—型腔；3—软模；
4—工作油液；5—模座

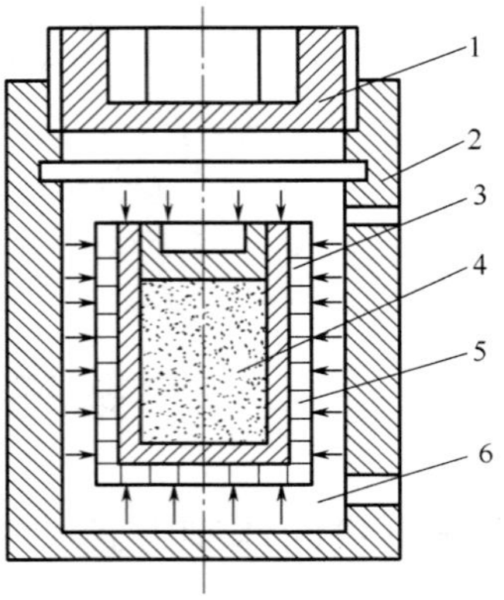

图 6-15　湿法等静压成形坯体原理图
1—模座盖；2—模座；3—软模；
4—型腔（填粉料）；5—框架；6—油液

图 6-15 是将填满粉料的软模置于高压容器中，容器通入高压液体，软模受到各方均匀的压力作用，将粉料压实成形为坯体的示意图。加压完毕，要缓慢卸压，从容器中取出模型，再从软模内取出坯体。这种成形方法为湿法等静压成形，主要适用于外形复杂或尺寸较大制品的成形，如陶瓷柱塞体、陶瓷辊棒均可采用这种方法成形。

等静压成形具有以下一些主要特点。

（1）压力是均等地同时作用于各个面上，粉料颗粒沿各个方向作均匀的移动。这样，颗粒移动时用于克服摩擦力而消耗的能量减小，压力作用更为有效。因此，在相同的压力作用下可以得到结构比较致密、强度比较高的坯体。据资料介绍，等静压成形的坯体强度比使用钢模的干压成形的坯体强度有时可高 $10\sim15$ 倍，等静压成形坯体的密度达到 $2.2\mathrm{g/cm^3}$ 或更高，而湿法成形坯体的密度很少超过 $2\mathrm{g/cm^3}$。

（2）由于压力是均等地同时作用于各个面上，不会受到模壁摩擦力的影响，粉料各部分的压力基本上是相等的，坯体结构比较均匀。虽然等静压成形还未能做到坯体不同部位的致密度完全一致，但是致密度的差别并不大。专门的试验表明，等静压成形直径为 $200\mathrm{mm}$ 的圆柱体，其径向密度差仅为 2% 左右。与其他成形方法相比，这一点是很突出的。

（3）等静压成形粉料的含水量只有 2% 左右，成形后坯体不必干燥即可进行修坯和施釉等工艺操作，可省去结构庞大、经营费用高的干燥器。

（4）由于坯体结构致密、均匀，所以烧成收缩小，收缩也比较均匀。据资料介绍，等静压成形坯体的烧成收缩比其他成形方法有时要小一半以上。这样，就减少了烧成时产品变形和开裂的现象。

在陶瓷工业生产中依据其用途、压力成形特点、模具等的不同，压力成形机有多种。本部分讨论典型的压力成形机。

二、全自动液压压砖机

全自动液压压砖机（以下简称压砖机）是陶瓷墙、地砖压制成形的关键设备，是集机、液、电为一体的现代高技术设备。到目前为止，我国已引进了国外各种结构形式、各种规格的压砖机，通过对国外压砖机的消化吸收，我国在压砖机设计、制造技术方面有了显著进步和提高，目前已能制造出 400~1600t 各种结构形式的压砖机，更大吨位的压砖机正在开发之中。

压砖机采用液压传动有以下优点。

（1）液体的压力和工作活塞（柱塞）的尺寸可在较大范围内选择，压砖机容易获得大的压制力，以满足压制大规格制品的要求。

（2）采用液压传动可以方便地实现对压制压力、压制速度和保压时间等参数的调节和控制，并可保持稳定，能很好地满足成形工艺的要求。

（3）对砖坯施加的是静压力，工作平稳，有利于压制成形。

（4）容易实现自动化操作。

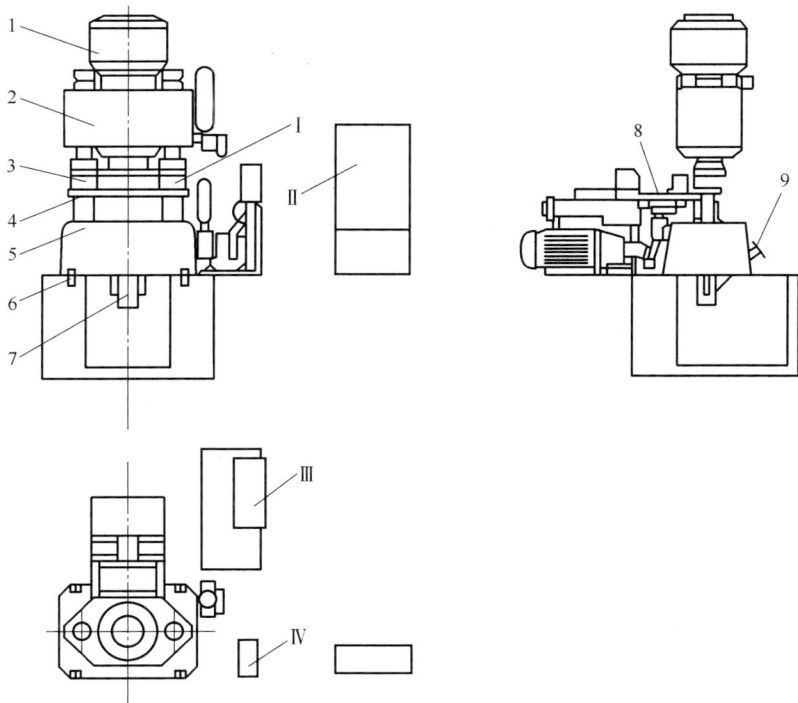

图 6-16　全自动液压压砖机

Ⅰ—主机；Ⅱ—电气柜；Ⅲ—液压站；Ⅳ—控制器

1—充液箱；2—上横梁；3—活动横梁；4—立柱；5—下横梁（底座）；

6—基础；7—顶模装置；8—加料装置；9—调节手轮

目前压砖机总的特点是压制力大，主机结构刚度大，压制制度（压力、速度、时间）灵活可调，具有参数数字显示、过程监控、故障跟踪显示、程序存储等完善的控制功能，自动化程度高，生产效率高，节能，而且压砖机的动作比普通压力机更能符合陶瓷墙、地砖压制成形工艺的要求。

1. 压砖机的构造和工作原理

以国产 YP600 型压砖机为例。该压砖机分为主机Ⅰ、电气柜Ⅱ、液压站Ⅲ和控制器Ⅳ四大部分。主机由压机本体、顶模装置、安全装置、加料以及排气装置等组成，如图 6-16 所示。

采用组合式机架的压机本体由底座 7，活动横梁（简称动梁）5，上横梁 4，立柱 6，螺母 3，上、下法兰 11 和 8，油缸 9，主活塞 10 等组成，如图 6-17 所示。机架由上横梁、下横梁（又称底座）、动梁和两根圆柱形立柱用螺母连接而成，故称其为三梁二柱结构。机架承受压制时的全部载荷。主油缸安装在上横梁内，动梁在上、下横梁之间与主活塞连接，在主活塞的驱动下由两侧立柱导向上升下降，以完成坯体的压制。

顶模装置用两根连接螺杆 2 紧固在底座下面，利用两根穿过底座的拉杆 16 和顶套 15 与下模板连接，如图 6-18 所示。拉杆顶套和连接杆 14 装配成顶杆 1，其长度可用调整垫片 5 调整。顶杆穿过固定在底座上的导套 17，与下模板的连接板固接。顶杆的下端装有复位弹

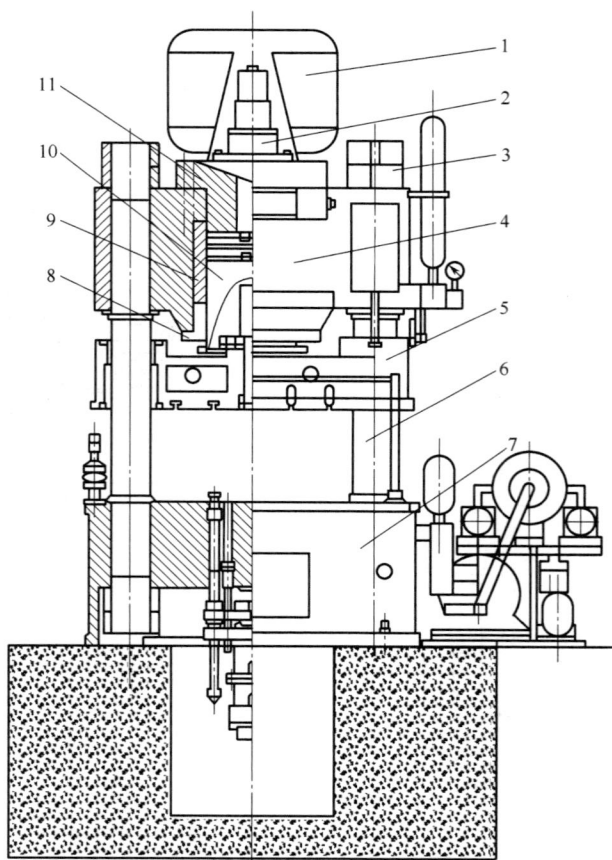

图 6-17 压机本体

1—充液箱；2—充液阀；3—螺母；4—上横梁；5—动梁；6—立柱；
7—底座；8—下法兰；9—油缸；10—主活塞；11—上法兰

簧 10，使顶模装置能迅速复位。当上、下油缸 8、9 的下侧进油时，上、下柱塞 13、12 同时伸出，通过顶模横梁（简称顶梁）7 和顶杆顶起下模板，将模腔中坯体顶出。接着送坯加料装置动作，把坯体推走，同时将粉料送至模型上面。然后上油缸回油，在复位弹簧作用下，上柱塞缩回，下模板下降，粉料落入模腔。随着加料装置返回原位的同时，将模腔中粉料刮平，粉料填满模腔，加料的深度就是下模板第一次下降后模腔中空腔的深度。最后下油缸回油，下柱塞缩回，下模板第二次下降，模腔中空出一段高度等于下柱塞行程的空腔，这

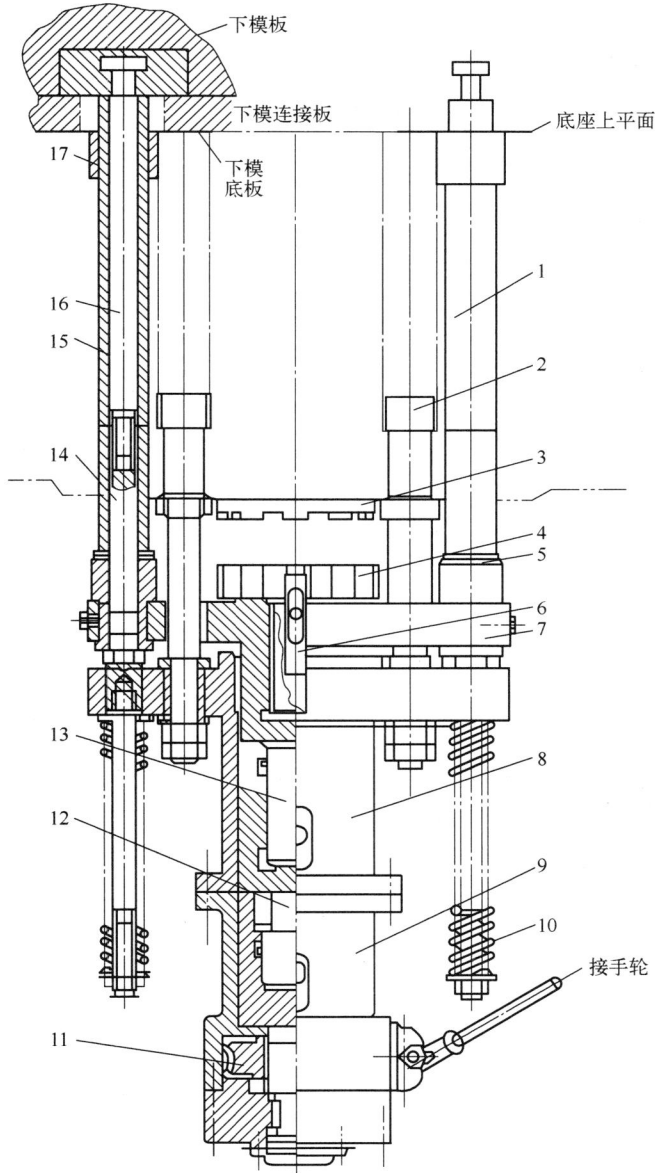

图 6-18　顶模装置
1—顶杆；2—连接螺杆；3—齿盘；4—齿轴；5—调整垫片；6—防松装置；
7—顶模横梁；8—上油缸；9—下油缸；10—复位弹簧；11—蜗杆副；
12—下柱塞；13—上柱塞；14—连接杆；15—顶套；16—拉杆；17—导套

段空腔可以防止上模板下降压制时粉料外溢和溅出。

顶模装置的下部装有蜗杆副11，蜗轮中间是螺孔并装有调节螺杆，蜗杆用万向联轴器与操纵杆相连，操纵杆从压力机底座斜向伸出，末端装有手轮。转动手轮，可使蜗轮中调节螺杆上升、下降，从而调节柱塞的行程。顶模横梁上面装有齿轴4，与齿轴可以相啮合的齿盘3固装在底座下面相对应的部位。齿轴与齿盘不啮合时，下模板顶出高度较小，能正常把坯体顶出模腔；当齿轴与齿盘啮合时下模板顶出高度较大，下模板伸出模腔，以便擦拭和更换。

主油缸装在上横梁内。为了获得巨大的压制压力，通常油压很高，一般在 30MPa 左右，高的可达 35MPa 或更高，因此，油缸应有足够的强度以防破裂。

主油缸的密封包括活塞的密封和活塞杆的密封。密封装置的形式很多。密封件主要为各种形式的橡胶密封圈和金属活塞环。对密封装置的要求是工作可靠，阻力小，寿命长，结构简单，加工容易。液压压砖机一般采用不同种类的密封件组成复合密封，如活塞环与橡胶密封圈的组合，Y 形与 O 形橡胶密封圈的组合等。

加料装置安装在压机的后部，与底座固连在一起，主要由加料小车、均匀给料器以及各自的驱动设备组成，如图 6-19 所示。加料装置具有送坯和加料双重功能。均匀给料器的加料管用软管与粉料料仓的出口相连。通过机械无级变速器，链轮、链条带动加料管在料斗上往复运动，把粉料均匀地加入料斗。料斗侧壁上装有料位传感器，用于料位的显示和控制，在料斗下面为加料小车，料斗出口正对着小车中带有横挡的装料腔，小车前进时一方面将模腔中顶出的坯体推走，另一方面料斗中的粉料由小车的装料腔送至模型上面加料，此时小车上的面板将料斗出口封闭。加料后，小车退回，料斗出口开启并又正对着装料腔。装料腔内

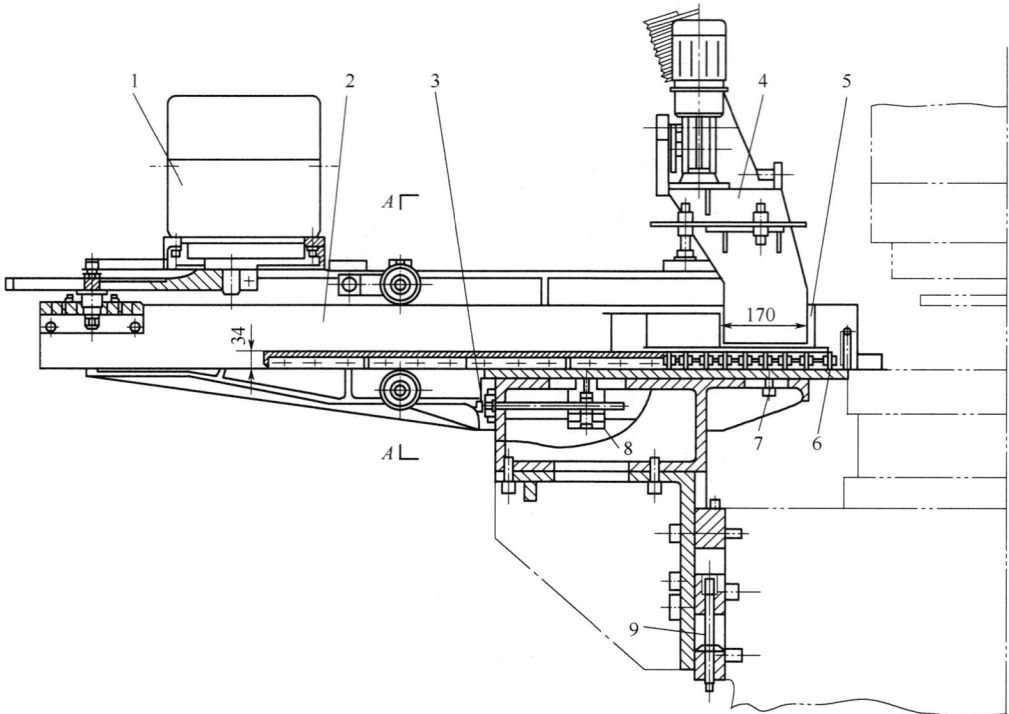

图 6-19　加料装置

1—液压电动机；2—加料小车；3—调节螺杆；4—均匀给料器；5—料框；6—底板；

7—螺钉；8—压盖；9—升降螺杆

装横挡可以使加料更加均匀。小车底面与模框顶面应在同一水平面内，这样坯体才能顺利推出，加料才会均匀，粉料不会漏出。

排气装置的作用是在压机对粉料两次加压之间使动梁稍许抬起，以便排除粉料中的空气。为此可在压机底座上装设弹性支座或排气油缸。图 6-20 为采用橡胶弹簧的弹性支座。承座 3 固装在底座上面，支座高度可通过推杆 8 与螺杆 2 的螺旋调节，调节后用螺母 7 锁紧。用螺母 6 可调节橡胶弹簧的预压力。橡胶弹簧的预压力大小和排气效果有关。

动梁下降对粉料加压的同时压缩弹性支座，压制后，主油缸活塞上腔卸压，动梁在支座弹性力作用下被抬起，从而实现粉料排气。

当操作者擦拭和更换模具时，为防止动梁突然落下造成事故，压机设有安全装置，安全装置为用横杆操纵的两个顶柱。将横杆抬起，顶柱即可托住动梁。此外，在控制电路中还设有联锁环节。横杆抬起，触发一个接近开关，通过电气联锁，阻止动梁落下。

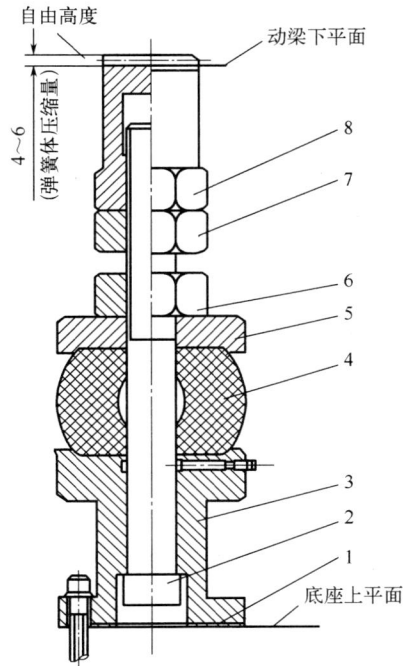

图 6-20　弹性支座
1—纸垫；2—螺杆；3—承座；4—橡胶弹簧；5—压盖；6,7—螺母；8—推杆

2. 压砖机的主要工作参数

压砖机的主要工作参数如下。

（1）公称压力　压机的公称压力由下式计算：

$$F = \frac{\pi}{4} D^2 p \times 10^3 \tag{6-6}$$

式中　F——公称压力，kN；

D——主活塞（柱塞）直径，m；

p——主油缸最大工作压力，MPa。

目前压机的系统油压大多数为 15～17MPa，增压后为 29～34MPa。压机公称压力的变化基本上是靠改变主活塞（柱塞）直径实现的。

（2）顶模力　顶模力是指用于将坯体从模腔中顶出时克服坯体与模壁间的摩擦力，用下式计算：

$$F_k = \mu \sigma S \times 10^3 \tag{6-7}$$
$$S = Lh$$

式中　F_k——顶模力，kN；

σ——坯体与模壁间单位面积上的正应力，MPa；

S——坯体与模壁接触的面积，m²；

L——坯体周长，m；

h——坯体厚度，m；

μ——坯体与模壁间的摩擦因数。

不同公司生产的压机，配置的最大顶模力各不相同，不过一般来说，压机的公称压力大，最大顶模力也大。墙、地砖的厚度比较薄，脱模时实际需要的顶模力比最大顶模力小，压机的脱模能力是有富余的。

（3）立柱间距　立柱间距是指压机机架两侧立柱的净跨距，与需要安装的模具尺寸有关，也就是与压机的公称压力有关。立柱间距一般比模具的最大长度大 10～20mm。

（4）压制次数　压制次数是指压机每分钟工作循环次数。分为空载次数和负载次数。国外压机说明书中标明的压制次数是空载次数，负载次数一般不低于空载次数的 75％。国产压机说明书中标明的压制次数为负载次数。压制次数是表征压机生产能力的特征参数。

（5）最大行程　活动横梁上、下极限位置（死点）的距离称为最大行程。最大行程由压制时粉料的压缩量以及模具装卸方便的要求确定。目前压机的最大行程一般为 140～200mm。工作时在保证压机正常操作的条件下，可把行程调小以提高压制次数。设计时，取小的行程，可降低压机整机高度。

（6）最大填料深度　墙、地砖压机设计的最大填料深度一般为 25～60mm。填料深度与产品的厚度有关。

三、瓷盘等静压成形机

图 6-21 为单头卧式瓷盘等静压成形机，主要由机架 1、成形装置 2、加料装置 5、液压

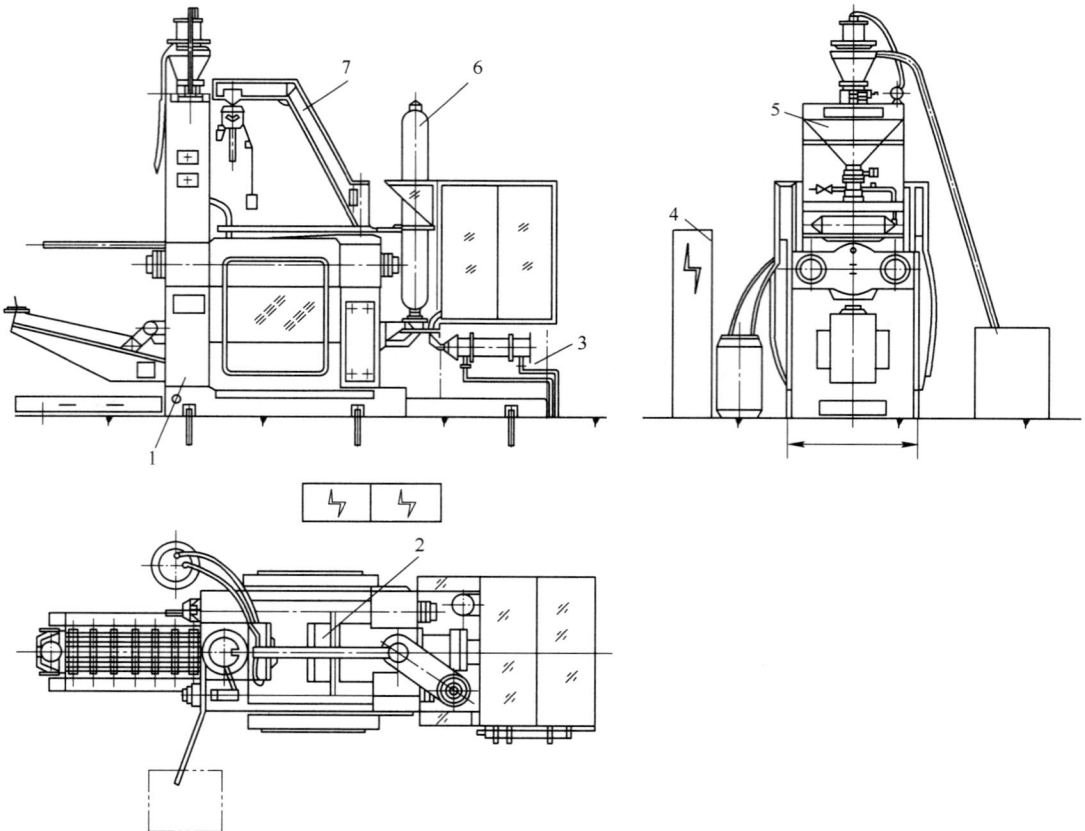

图 6-21　卧式瓷盘等静压成形机

1—机架；2—成形装置；3—液压站；4—电气柜；5—加料装置；6—蓄能器；7—起重臂

站 3 和电气柜 4 组成。机架为组合式结构（图
6-22），前横梁 1、后横梁 3 和两根圆柱形拉杆
2 用锁紧螺母连接成一个框架，承受成形时的
全部载荷。框架由支架 6 固定在底座 5 上。

成形装置主要由硬模、软模、模座以及合
模油缸、活塞或柱塞组成。硬模固定在前横梁
一侧，合模油缸装在后横梁内，软模、模座与
柱塞或活塞杆连接在一起，在合模活塞或柱塞
的驱动和拉杆导向下，完成合模、压制和开模
操作。

合模装置有两种。一种采用单一的双作用
活塞，无论合模与开模，无论需要的驱动力大
小、速度快慢，都由同一活塞完成。这种合模
装置结构简单，零件少，但液压系统需要的流
量大（图 6-23）。

另一种为小活塞和大柱塞的组合结构，开
模时，速度要快，以减少辅助操作时间，用活
塞驱动；合模、压制时，需要大的闭合力，用

图 6-22　机架
1—前横梁；2—拉杆；3—后横梁；
4—锁紧螺母；5—底座；6—支架

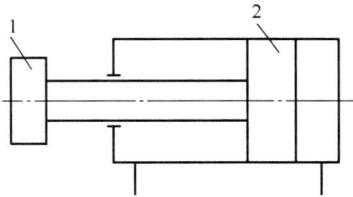

柱塞驱动。这种合模装置，液压系统能以较小的流量实现快速开模和合模，得到广泛的应用
（图 6-24）。

加料装置主要由料仓、料斗、加料器和真空吸尘器组成。加料器安装在前横梁的上面。
加料器出口闸门的启闭由活塞缸控制。加料时，活塞将闸板拉开，粉料由压缩空气强制加入
模腔。加满后，活塞将闸门关闭，多余粉料由真空吸尘器抽走。

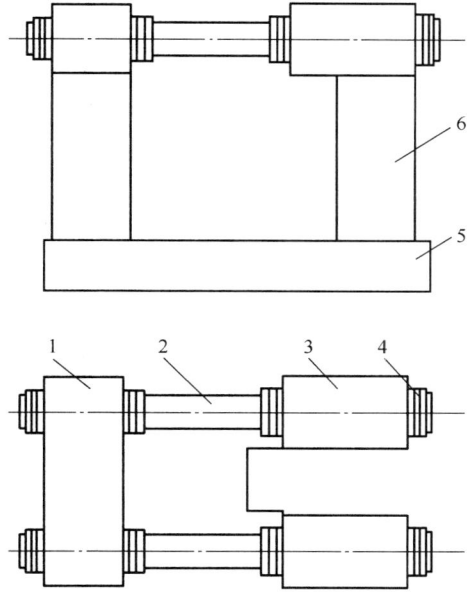

图 6-23　采用单一双作用活塞的合模装置
1—模座；2—活塞

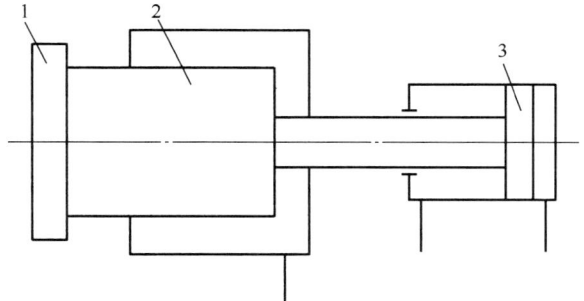

图 6-24　采用活塞与柱塞组合的合模装置
1—模座；2—柱塞；3—活塞

成形过程如图 6-25 所示。硬模 1 成形坯体的显见面——正面，表面包有一层坚硬、黏
附力小、有弹性的聚氟贴胶层，以保证坯体顺利脱模。软模 5 成形坯体的非显见面——背
面，软模固定在模座 6 上。硬模与模座闭合后，硬模与软模之间形成一个与坯体形状相似、
厚度约大一倍的模腔。接着用压缩空气将粉料从加料口强制压入模腔内。粉料加满后，关闭
加料口，从模座的进油口通入大约为 32MPa 的压力油，将软膜顶起，使模腔中粉料均匀受
压，成为坯体。最后合模装置动作，将模座拉开，坯体脱模，完成一次工作循环。

111

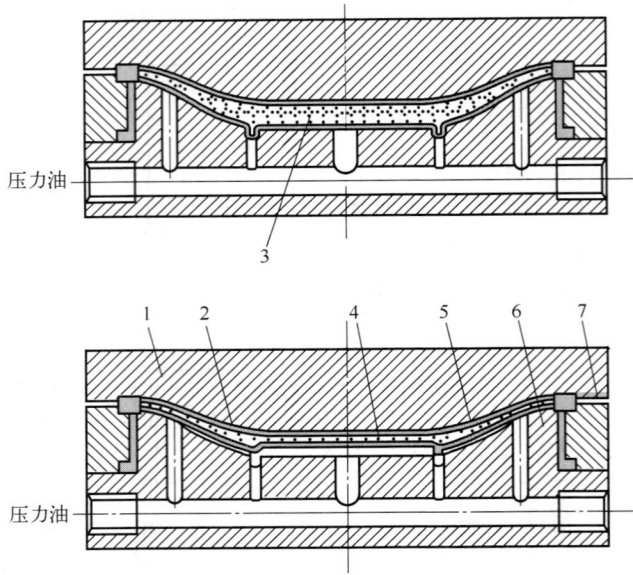

图 6-25　等静压成形

1—硬模；2—贴胶层；3—粉料；4—坯体；5—软模；6—模座；7—压环

　　软模是等静压成形的关键而特殊的构件，要有足够的强度和韧性，并要耐磨和耐油，且能承受 32MPa 的压力频繁作用，因此制造软模的材料是一种特殊的工程塑料。

第七章

窑车隧道窑

　　窑炉有间歇式和连续式之分。隧道窑是现代化的连续式烧成的热工设备，广泛用于陶瓷产品的焙烧生产，在磨料等冶金行业中也有应用。

　　隧道窑与间歇式窑相比较，具有一系列的优点。生产连续化，周期短，产量大，质量高；利用逆流原理工作，因此热利用率高，燃料经济，因为热量的保持和余热的利用都很良好，所以节省燃料；烧成时间缩短；节省劳力，不但烧成时操作简便，而且装窑和出窑的操作都在窑外进行，也很便利，改善了操作人员的劳动条件，减轻了劳动强度；提高质量，预热带、烧成带、冷却带三部分的温度常常保持一定的范围，容易掌握其烧成规律，因此质量也较好，破损率少。窑和窑具都耐久，因为窑内不受急冷急热的影响，所以窑体使用寿命长，一般5～7年才修理一次。

　　但是，隧道窑建造所需材料和设备较多，一次投资较大。因是连续烧成窑，所以烧成制度不宜随意变动，一般只适用大批量的生产和对烧成制度要求基本相同的制品，灵活性较差。

　　隧道窑有多种类型，按不同的方法分类见表7-1。

表7-1　隧道窑的分类

分类根据	窑名
按热源分	火焰隧道窑、电热隧道窑
按火焰是否进入隧道分	明焰隧道窑、隔焰隧道窑、半隔焰隧道窑
按窑内运输设备分	车式隧道窑、推板隧道窑、辊底隧道窑、输送带隧道窑、步进式隧道窑、气垫隧道窑
按通道多少分	单通道隧道窑、多通道隧道窑
按烧成温度分	低温隧道窑(1000～1350℃)、普通隧道窑(1350～1550℃)、高温隧道窑(1550～1750℃)、超高温隧道窑(1750～1950℃)
按烧成品种分	耐火材料隧道窑、陶瓷隧道窑、红砖隧道窑

　　本章着重介绍火焰加热的明焰式窑车隧道窑，其他形式的隧道窑在后续相应章节中进行介绍。

第一节　烧成制度

一、烧成过程

在隧道窑中烧成普通黏土质陶瓷制品可分成下列几个过程来考虑。

（1）在预热带 20～200℃阶段，排除残余水分。在此阶段如果制品入窑水分过高，则不宜升温过快，以免引起制品不均匀收缩，产生变形和开裂。若制品入窑水分控制在临界水分（约 1%）以下，则可快速升温而不使制品开裂。快速烧成的窑，要求更严，入窑水分应小于 0.5%。在隧道窑进口温度超过 300℃的情况下，残余水分在几分钟内可以排除完毕，制品并不变形和开裂，此时窑的预热带可以大大缩短。

（2）在 200～500℃阶段，排除结构水。结构水指黏土矿物中的结晶水和层间水。其中高岭土 $Al_2O_3 \cdot 2SiO_2 \cdot 2H_2O$ 中结晶水的分解属于一级化学反应，温度每提高 100℃，其分解速度就可以加快一倍，分解速度很快，制品不致开裂。现在快速烧成窑脱水温度提高到700℃，只要几分钟就可以达到完全脱水的程度。所以这一阶段属安全阶段。

（3）在 500～600℃阶段，石英晶型转化，由 β-SiO_2 转化为 α-SiO_2 体积膨胀 0.82%，如果控制不当，这是一个危险阶段。但这个反应本身是很快的，只要几分钟就可以完成。目前生产中出现石英晶型转化而使制品开裂的现象，原因是窑内温度不均匀，使制品各部分膨胀不均匀而引起。掌握这一阶段的关键是窑内温度均匀，使整个制品能均匀膨胀，即使快也是安全的。

（4）在 600～1050℃阶段，属氧化阶段。从窑炉结构来说，自 900℃左右的氧化炉起已进入烧成带。在这一阶段要把制品中的硫化铁氧化变成氧化铁，并放出二氧化硫；碳酸盐分解，放出二氧化碳；有机物中的碳氧化，生成二氧化碳。这些反应都要在釉面玻化以前完成，以便生成的气体排除干净。否则，在釉面玻化时如果还在进行这些反应，气体排不出，就会使制品起泡，称为坯泡。若硫化铁没有完全氧化的话，则在以后的阶段，又会引起制品坯体起黑点和青边。这一阶段是很重要的，要保证一定的时间、一定的温度和足够的氧化气氛，才可避免坯泡的产生。但氧化阶段的温度也不能过高，如果制品超过玻化温度才进入还原阶段，则制品发黄。

（5）1050～1200℃是制品进入烧成带的还原阶段，燃烧产物中含有 2%～4%的一氧化碳，能将制品中的氧化铁 Fe_2O_3（褐黄色）还原成氧化亚铁 FeO（青色），使坯体白里泛青。

有的原料含铁量较少，含钛量较高，则不宜在还原气氛，而应在氧化气氛中烧成。

（6）1200～1300℃为烧结阶段。坯体中出现了玻璃相，达到密实化而烧结。制品通过烧成带的时间长短取决于氧化、还原和烧结速度的快慢。这些反应都和制品内部的气相、液相和固相扩散有关，而扩散速度则与坯体厚度的平方成反比，所以烧成时间与制品厚度的平方成正比。

（7）1300～700℃属冷却带的急冷阶段。此时产品还处于塑性阶段，可以急冷而不开裂（但是也要均匀急冷，否则还是会开裂的）。急冷宜采用急冷气幕，即直接吹风急冷。直接吹风急冷还有阻挡烟气倒流，防止产品熏烟的作用。

有些产品不宜直接吹风急冷，也可采用间接急冷。

（8）700～400℃为缓冷阶段。产品中的石英晶型转化，有体积收缩。必须注意保持窑内温度均匀，使产品冷却均匀，才不会开裂。

（9）在400～80℃阶段，可以直接鼓风冷却，但温度低而快不了。

从上述各阶段的分析可以看出，只要窑内温度均匀，各个阶段都可以快。但氧化、还原和烧结却要按照反应所需时间来控制。总的说来，普通陶瓷制品可以在1～2h内烧成，甚至可以再缩短这个时间。要注意这是就单个产品的物化性质而言，在制定合理的烧成制度时，还要考虑窑炉的结构，究竟升温和降温速度为多少，才能使窑内温度（指上下及两侧温度）均匀，以保证整个横截面上的制品烧熟。

其他陶瓷制品的烧成工艺过程，可参考有关工艺书籍。

二、烧成制度的确定原则

根据制品的烧成工艺过程，可制定一个合理的烧成制度，以便设计和操作有所遵循，使工艺要求得以满足。

烧成制度包括温度制度、气氛制度和压力制度。温度制度是指的热电偶测得的窑内温度曲线。在低温阶段，接近气体温度；在高温阶段，接近制品温度。气氛制度是指窑内含游离氧或一氧化碳的情况。

制品的烧成制度实际上是到同类工厂调查，收集数据，或根据开发性试验，取得数据来制定的。不同的制品有不同的烧成制度，同一制品在不同的窑内也有不同的烧成制度。应在制品和窑炉允许的条件下，制定合理的烧成制度。

从理论上说，温度制度的制定，可用有限差法或有限元法，用计算机数值求解，求出烧成各阶段制品内部的温度场、最大温差和温度梯度。然后根据制品内部允许的最大温差来制定最合理（最快）的升、降温曲线。

（1）在各阶段应有一定的升（降）温速度，不得超过。根据上面的分析，陶瓷制品在烧成过程中产生废品的原因是制品内部温度分布不均匀，其膨胀和收缩程度不同，产生应力使制品变形或开裂。而内部温度不均匀又和升（降）温速度有关，升（降）温速度越快，制品内部温度越不均匀。要使制品内部温度均匀，各阶段应该有一定的升温或降温速度，不得超过，以免内外温差过大形成破坏应力。同时还要考虑在该阶段中所进行的物理—化学变化所必需的时间。

（2）在适宜的温度下应有一定的保温时间，以使制品内外温度趋于一致，皆达到烧成温度，保证整个制品内外烧结。

（3）在氧化和还原阶段应保持一定的气氛制度，以保证制品中的物理—化学过程的进行。

（4）全窑应有一个合理的压力制度，以确保温度制度和气氛制度的实现。同一种制品可在较高的温度下和较短的时间内烧成，也可以在较低的温度下（当然要在允许的温度内，不能无限降低温度）和较长的时间内烧成。在设计新窑和制定烧成制度时要按工艺条件考虑。如能低温快速烧成，当然是最好的设计。

三、烧成制度举例

现以焙烧日用陶瓷和建筑卫生陶瓷为例，列举其烧成制度曲线，如图7-1所示。烧成制度曲线包括沿窑长的温度曲线、气氛曲线和压力曲线。

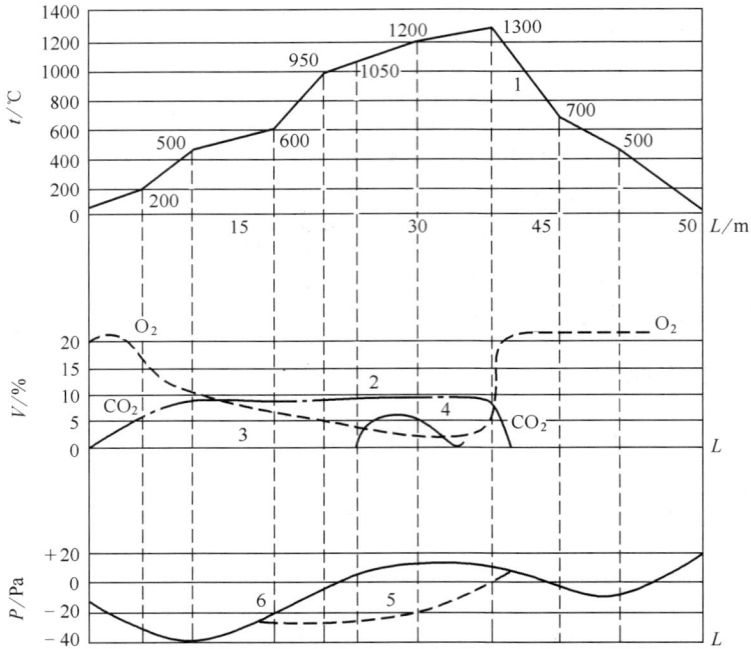

图 7-1　隧道窑烧成制度曲线

1—烧成温度曲线；2—窑内 CO_2 曲线；3—窑内 O_2 曲线，在 1050～1250℃ 范围内，上部
为烧氧化气氛曲线，下部为烧还原气氛曲线；4—烧还原气氛时，在 1050～1250℃ 范围内
的 CO 曲线；5—煤烧隧道窑内压力曲线；6—煤烧或煤气烧隧道窑内压力曲线

L—窑长；t—温度；V—气体含量；P—窑内静压

温度曲线是指安置在窑顶的多支热电偶测出的温度。900℃ 以前为预热带，900℃ 至最高温度为烧成带，最高温度以后为冷却带。

气氛曲线有 O_2、CO 及 CO_2 百分含量变化。烧氧化气氛的窑，自预热带进车端至烧成带气体中的氧自 21% 逐渐降至 1%～2%。烧还原气氛的窑，在 1050℃ 以后到 1200℃，几乎不存在游离氧，而有 2%～4% 的 CO。过后，又接近中性气氛，气体中的 CO 及游离氧均甚微，随着氧的减少，烟气中的 CO_2 逐渐增多。在冷却带为空气，其氧含量为 21%。

压力曲线表明预热带为负压，而以主烟道入口处（400℃ 附近）负压最大。除烧煤的自然抽风隧道窑外，烧成带均为正压。冷却带急冷鼓风及窑尾直接鼓风处为正压，抽热风处为负压。

第二节　窑用耐火材料和隔热材料

砌窑要用耐火材料和隔热材料。耐火材料必须具有一定的强度和耐火性能，以便保证窑炉达到要求的温度而不倒塌。隔热材料的作用是减少窑炉墙壁的积热和散热，节约能源。随着新型高温窑炉的出现，现在有了不少新型耐火材料和隔热材料，而且在试制高强、高温隔热材料，将来利用一种材料就可以砌筑理想的窑炉。

一、耐火材料的主要性能

耐火材料的好坏，应从它的耐火度、荷重软化点、热稳定性和抗化学腐蚀性、高温体积稳定性等几方面进行考量判定。

（1）耐火度　指材料在高温下抵抗熔化的性能。耐火度的测定是将试样制成一个上底每边为 2mm，下底每边为 8mm，高 30mm，截面呈等边三角形的三角锥。把三角锥试样和用来比较的标准锥放在一起加热，当试样因受热和其本身所受重力的影响，顶部弯曲接触底平面时的温度，就是这个试样的耐火度。要注意耐火材料不能使用到耐火度的温度。

（2）荷重软化点　是指耐火砖在一定压强下（9.96×10^5 Pa）加热，发生一定变形（压缩 4% 和压缩 40%）和坍塌时的温度。分为开始软化温度、变形 4% 温度、变形 20%~40% 温度。

（3）热稳定性（又称耐急冷急热性、或温度急变抵抗性）　烧窑时要把窑墙由常温加热至高温，冷窑时又要将窑墙由高温冷却至常温，即使是连续性的隧道窑，开窑点火是把窑墙由常温加热至高温，停窑冷修是把窑墙由高温冷却至常温，一热一冷，由于耐火砖内部晶形转变产生体积变化或热胀冷缩等原因，使耐火砖开裂、剥落而不能使用。热稳定性的测定是将耐火砖加热至 850℃，然后放于 20℃ 流动的冷水中，再加热至 850℃，又放在冷水中，待砖块因破裂、掉落而失去原质量的 20% 时，所经受的冷热交换次数就是热稳定性。耐急冷急热次数多的砖好用。

（4）抗化学腐蚀性　是指耐火砖和熔渣、煤渣接触时，抵抗侵蚀的能力。

（5）高温体积稳定性　是指材料在高温下长期使用时，体积发生不可逆变化（收缩或膨胀）的性能，通常以残余收缩或膨胀来表示。

耐火材料性能好坏的决定因素主要是化学成分，其次是生产时的工艺过程。在生产耐火砖时，作为骨架的瘠性物料颗粒配比、成形压力和烧成好坏三个因素占重要地位。要求有高熔点的化学成分，瘠性材料颗粒配比要求大、中、小颗粒配合成最紧密的堆积，成形压力要求高，烧成时希望烧熟而不过烧。

二、砌窑用的耐火材料

（1）黏土质耐火砖（简称黏土砖）　含 Al_2O_3 30%~46%，SiO_2 50%~65%，碱金属与碱土金属氧化物 5%~7%。它是采用含 Al_2O_3 不小于 30% 的耐火黏土作原料，一部分须预先烧成熟料，研碎作瘠性材料，其余一部分不预烧的软质黏土作黏结剂，便于成形，成形后在 1300~1400℃ 烧成。黏土砖属于弱酸性耐火材料，热稳定性较好，荷重软化开始温度在 1250~1300℃ 以上，软化开始和终了温度间隔很大。黏土砖在工业上使用甚广，广泛用于砌筑陶瓷工业窑炉，使用温度在 1300℃ 以下。

（2）半硅砖　含 Al_2O_3 小于 30%，SiO_2 大于 65%。是采用天然的含石英杂质的黏土或高岭土，如沙质石英岩、酸性黏土、泡沙石等作为原料。也可用石英或砂粒作瘠性材料掺在耐火黏土中来制造半硅砖。半硅砖属半酸性耐火材料，其荷重软化开始温度比黏土砖稍高，耐急冷急热性比硅砖好，但热稳定性比黏土砖稍差。砌筑一般窑时可以采用。

（3）高铝砖　含 Al_2O_3 46% 以上。以天然高岭石和含水铝氧石（波美石、水铝石）为主要矿物组成的高铝矾土为原料，在 1450~1500℃ 烧成。高铝砖的耐火度及荷重软化点比黏土砖的高，开始软化温度在 1420~1500℃ 以上，抗化学腐蚀性也较好，但其热稳定性较低。

使用温度，根据含 Al_2O_3 的多少在 1400～1600℃。另外，以硅线石矿物为主制成的高铝质硅线石砖，是筑窑的好材料。

（4）硅砖　含 SiO_2 93％以上。以石英岩为原料，加入铁磷、石灰乳作矿化剂，以亚硫酸纸浆废液等作黏结剂，在 1350～1430℃ 烧成。属酸性耐火材料，荷重软化开始温度高，一般在 1620℃ 以上。热稳定性差，不适宜于砌筑间歇性的窑炉。

（5）镁砖　含 MgO 80％～85％，是碱性耐火材料。镁砖分为烧结镁砖和不烧镁砖。烧结镁砖是用煅烧良好、组织均匀的烧结镁石作原料，用亚硫酸纸浆废液作黏合剂，加压成形后，在 1600～1700℃ 烧成。镁砖耐火度甚高，一般超过 2000℃，荷重软化点低，1500℃ 就开始软化，热稳定性不好。不烧镁砖是将烧结镁砂加卤水（含水氯化镁）捣打而成。

（6）镁硅砖　是以方镁石（MgO）为主要矿物组成，以镁橄榄石（$2MgO \cdot SiO_2$）作为基质结合的一种镁质耐火材料。用高镁硅石或在镁橄榄石原料中加入烧结镁砂制成。制造工艺和理化性能与镁砖相同，其烧成温度在 1620～1650℃，荷重软化开始温度约在 1550℃ 以上。

（7）镁铝砖　含 MgO＞80％，Al_2O_3 5％～10％，用含钙少的烧结镁砂加入约 8％的工业 Al_2O_3 粉，共同研磨，以亚硫酸纸浆废液作黏合剂，高压成形后，在 1580℃ 烧成。其耐火度高达 2130℃，荷重软化点和热稳定性都比镁砖好。各种镁砖使用温度在 1700～1900℃。

（8）刚玉砖　以电熔刚玉砂或工业氧化铝为原料，加入 1％以下的氧化铁，在 1600～1800℃ 烧结而成。含 Al_2O_3 99％以上，体积密度达 3.8g/cm³。使用温度在 1800℃ 以下。

（9）碳化硅耐火制品　用黏土作结合剂的碳化硅制品，其组成变化甚大。根据使用要求，黏土结合剂用量在 5％～20％，可以外加高铝矾土、工业氧化铝或熔融石英，与碳化硅一起配料烧结而成。制品中含 SiC 35％～87％，SiO_2 10％～50％，Al_2O_3 3％～30％。其荷重软化温度为 1400～1520℃。

用电炉在 2300℃ 熔融制得的再结晶碳化硅制品，含 SiC 达 99％，体积密度为 2.55g/cm³，在 1730℃ 没有变形。

碳化硅耐火制品具有高的热导率，随着 SiC 含量的增加，自 20kJ/(m·h·℃) 增至 100kJ/(m·h·℃)。它有高的荷重软化温度 1400～1700℃、高的温度急变抵抗性，加热至使用温度，吹风急冷，反复可在 50～150 次；并有高的抗渣性和耐磨性。是很好的匣钵、棚板材料和隔焰板（马弗板）材料。不过在 900～1100℃ 容易氧化，应在表面涂抹一层抗氧化材料。

（10）含锆耐火材料　锆英石砖含 ZrO_2 35％～65％，SiO_2 32％～55％，Al_2O_3 0～8％。荷重软化温度为 1400～1650℃。

锆氧砖含 ZrO_2 93.5％，耐火度在 1850℃ 以上，体积密度为 4.40g/cm³。

（11）其他高温耐火材料　可参考表 7-2。

表 7-2　高温耐火材料

名称	理论密度/(g/cm³)	晶系	熔点/℃
氮化硅 Si_3N_4	3.44	斜方	1900
氮化硼 BN	2.27	六方	3000
碳化硼 B_4C	2.52	菱形	2470
氧化铝 Al_2O_3	3.97	六方	2050
氧化铍 BeO	3.02	六方	2530
氧化镁 MgO	3.60	等轴	2800

三、砌窑用的耐火混凝土

砌筑窑炉时，也可以不用耐火砖，而直接采用耐火混凝土，制成需要的窑炉内衬和窑顶。耐火混凝土有矾土水泥耐火混凝土、磷酸盐耐火混凝土和镁质耐火混凝土。

矾土水泥耐火混凝土是以高铝矾土熟料作为骨料，掺一部分高铝矾土熟料粉，用矾土水泥作胶结剂，加适当的水，倒入模板中捣制，脱模后，以水、空气养护而成。使用温度在1300～1400℃。

磷酸盐耐火混凝土是用高铝矾土熟料或锆英石（ZrO_2 大于 64%，SiO_2 小于 32%）作为骨料，掺一部分黏土作料土，用工业磷酸（浓度 80%～85%）和磷酸铝溶液（用浓度为40%的工业磷酸和工业 Al_2O_3 按质量比 7∶1 调制而成磷酸铝溶液）作为胶结剂，倒入模板捣制而成，一般要经过 300～500℃ 以上的热处理才硬化固结，使用温度在 1400～1600℃。以电熔刚玉为骨料，以磷酸为胶结剂的磷酸盐耐火混凝土，使用温度可达 1800℃。

镁质耐火混凝土就是不烧镁砖。

四、砌窑用的隔热材料

砌筑窑炉时往往要用到轻质隔热材料。一般轻质隔热砖是在制造耐火砖时加入特殊发泡物质，生成一种多气孔的轻质耐火材料。特殊发泡物质分为三类：在制砖时加入可燃烧炭末、锯木屑等，使制品烧成后有一定的气孔；在制砖时加入松香等泡沫剂，并以机械方法使之起泡，烧成后获得多孔制品；在制砖时加入白云石或方镁石和石膏，并加入硫酸，使其发生化学反应生成气泡，经过烧成后获得多孔制品。

轻质耐火砖机械强度低，耐磨性和热稳定性差，不能直接用于和火焰接触的部位。轻质耐火砖有轻质硅砖、轻质耐火黏土砖、轻质高铝砖。

现在，国内外均已生产出高级耐火隔热材料，如高铝空心球砖和硅酸铝耐火纤维。

高铝空心球砖是将工业氧化铝或焦宝石、铝矾土等耐火材料，在电弧炉熔融（2000℃）后，用压缩空气喷吹而成直径不同的空心高铝球。然后经颗粒配比，并加入适量的硫酸铝水溶液作黏结剂，成形后在 1500～1750℃ 温度下烧结而成。这种砖的高温绝热性好，收缩性小，机械强度大，耐磨性好，抗腐蚀性强。

硅酸铝耐火纤维（陶瓷棉）是一种新型耐火隔热材料，它是用焦宝石、铝矾土等耐火材料，在电弧炉中熔融（2000℃），然后用高压空气喷吹而成棉花状的纤维。可作为散装填充材料，也可加黏结剂做成毡、纸、板、圈和绳使用。它具有高耐火度、低热导率、低蓄热量、轻质、吸声、耐热冲击、耐腐蚀等性能。采用这种材料砌窑，与普通耐火砖相比，可减少窑型厚度 1/3～1/2，减少窑体质量，节约砌筑钢材 20%～30%，节约燃料消耗20%～30%。

陶瓷棉的热导率在 900～1000℃ 时为 $\lambda = 0.14～0.33W/(m \cdot ℃)$。

最大密度为 $\rho = 100～350kg/m^3$。在 900℃ 时开始再结晶，收缩 1.6%～3%。在 1100℃时收缩 2%～4.2%。

制成棉毡、棉板，其体积密度为 60～130kg/m³。其热导率为 0.11～0.22W/(m · ℃)，可直接作窑内衬及窑车表衬，用这种材料砌的窑炉称为轻型窑炉，是发展的方向。

此外尚有其他纤维，可作耐火隔热材料用，见表 7-3。

表 7-3　耐火隔热纤维

名称	直径/μm	使用温度/℃	名称	直径/μm	使用温度/℃
玻璃纤维	10	700～850	ZrO_2 纤维		2630
石英纤维	35	1600	C 纤维	8～10	3650
Al_2O_3 纤维		2040	SiC 纤维	>6	2960

第三节　工作系统及结构

　　隧道窑工作系统又称工作流程，是指窑内气体输送系统，即气体流向及其有关设备，例如排烟系统、气体搅动系统、冷却系统等。最简单的隧道窑只有一个系统。一般隧道窑的预热带和烧成带工作系统与冷却带工作系统是分开的。随着工作系统的不同，窑的结构也有所不同。

一、工作系统及分带

　　隧道窑与铁路山洞的隧道相似，故名。目前用得多的是单通道、明火焰、窑车隧道窑。隧道内有轨道，彼此相连的装有坯体的窑车，由于推车机的推动，在隧道内迎着气流连续地或间歇地移动。不论窑的结构简单还是复杂，任何隧道都可划分为三带：预热带、烧成带、冷却带。这里的预热、烧成和冷却是指制品而不是气体，因为气体的加热和冷却恰恰相反。对于三带的具体划分各有不同，有以砌筑体分，有以温度分。但多数以燃烧室的设置来分，设有燃烧室的部分为烧成带，前后各为预热带及冷却带。要注意 900℃ 以下设有高速调温烧嘴的地段仍为预热带。干燥至一定水分的坯体入窑，首先经过预热带，受来自烧成带的燃烧产物（烟气）预热，然后进入烧成带，燃料燃烧的火焰及生成的燃烧产物加热坯体，使其达到一定的温度而烧成。燃烧产物自预热带的排烟口、支烟道、主烟道经烟囱排出窑外。烧成的产品最后进入冷却带，将热量传给入窑的冷空气，产品本身冷却后出窑。被加热的空气一部分作为助燃空气，送去烧成带，另一部分抽出去作坯体干燥或气幕用。隧道窑最简单的工作系统如图 7-2 所示。

　　这是一个烧煤的自然抽风的隧道窑工作系统。没有鼓风机和抽风机，只依靠烟囱把冷空气自炉栅下吸入作为一次空气，将煤燃烧后，燃烧产物被吸入烧成带，再流至预热带，经排烟口由烟囱排出窑外。同时利用烟囱把冷空气自冷却带吸入，将产品冷却，空气本身得到预热，然后也进入烧成带作二次空气用，并成为烟气由排烟口排走。这种窑结构简单，但缺点显著，全窑处于负压下操作，预热带负压更大，易从外界漏入大量冷空气，使窑内温度分布不均匀，产生气体分层，上下温差很大。而且大量温度不高的空气自冷却带流进烧成带，使烧成温度降低，不易维持还原气氛，产品有时烧不熟，有时发黄。这种简易系统目前很少采用。现在烧煤的隧道窑在冷却带有急冷阻挡气幕，窑尾直接鼓风冷却，并由冷却带抽取热空气送去干燥坯体，和烧油时相同。参考烧油的工作系统。

　　一般烧油或煤气的隧道窑，其工作系统如图 7-3 所示。

　　这个工作系统是将油或煤气自烧成带的燃烧室喷入，烧成带呈微正压。烟气在预热带用排烟机抽走。预热带有窑头封闭气幕、搅拌气幕，使窑内上下温差减小。冷却带有急冷送

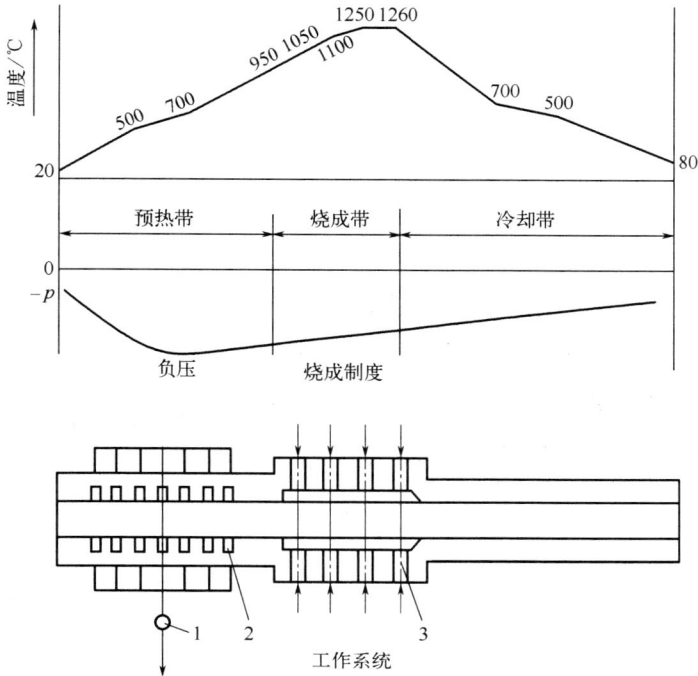

图 7-2 隧道窑最简单的工作系统

1—烟囱；2—排烟孔；3—烧煤燃烧室

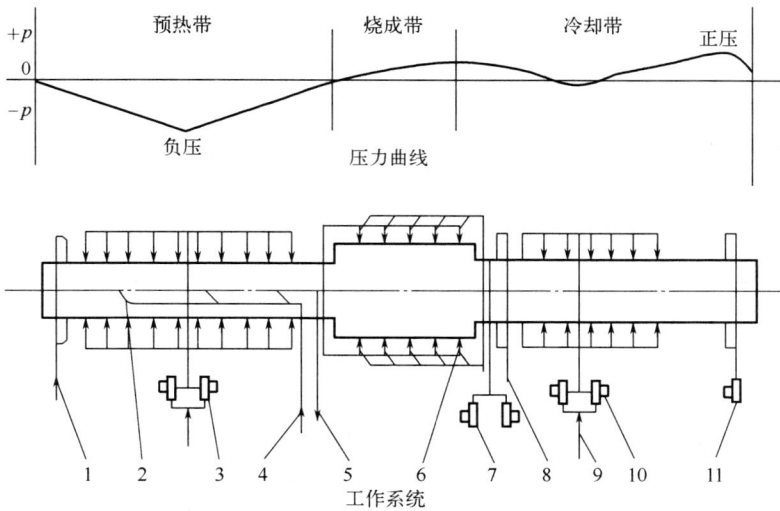

图 7-3 一般隧道窑的工作系统

1—封闭气幕送风；2—搅拌气幕；3—排烟机；4—搅拌气幕送风；5—重油或煤气；6—烧嘴；
7—雾化或助燃风机；8—急冷送风；9—热风送干燥；10—热风机；11—冷风机

风、窑尾送风和抽热风设备。冷却带工作系统较完善，急冷风和窑尾直接鼓入的风都由鼓风机抽走，达到平衡，自成一个系统，即少或无冷风进入烧成带，容易提高燃烧温度和维持还原气氛。急冷风又有阻挡烧成带烟气倒流的作用，可以防止产品熏烟。冷却带在微正压下操作，预热带负压不大，漏进窑内的冷空气较少，温度较均匀，为优质、高产、低热耗创造条件。焙烧日用陶瓷的隧道窑，要烧还原气氛，在烧成带的氧化炉和还原炉之间还有氧化气氛幕。

以上两种工作系统，都是明焰隧道窑，火焰直接进入隧道和制品接触或和匣钵接触。至于隔焰隧道窑的工作系统，可见图7-4。

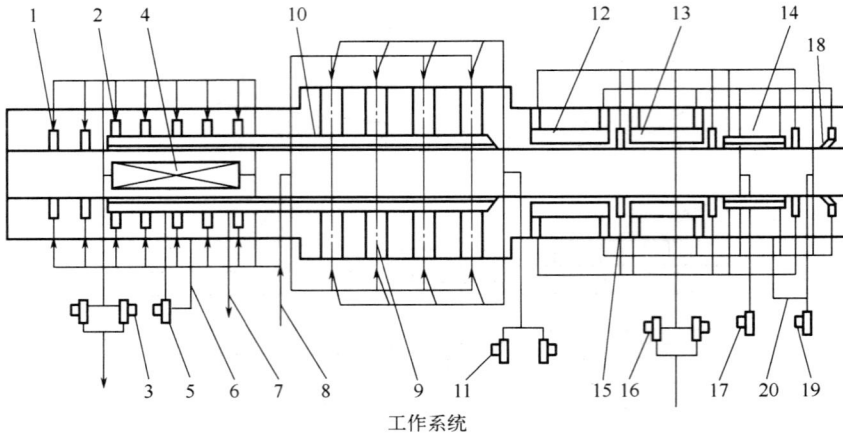

图 7-4　隔焰隧道窑工作系统

1—排湿孔；2—烟气排出孔；3—排烟机；4—换热器；5—换热器送风机；6—车下风抽出；
7—换热后的热风送干燥；8—重油；9—燃烧室；10—隔焰道；11—雾化风机；12—间接急冷；
13—间接冷却；14—金属管冷却；15—热风抽出；16—热风机；17—冷风机；18—直接冷风送入；
19—冷风机；20—车下冷风送入

这个工作系统的特点是燃料喷入隔焰道中燃烧，烟气不进入隧道而自烧成带的隔焰道流至预热带的隔焰道，经排烟口进入窑顶换热器，降低温度后，经排烟机、烟囱排走。将车下抽出的温度不高的空气送进换热器，升高温度后送干燥或助燃用。冷却带基本上采取间接冷却，只窑尾鼓入直接冷风，将产品冷却后，同时和间接风一起被抽风机抽走作干燥用。

隧道窑的特点是它能利用烟气来预热坯体，使废气排出温度只在200℃左右。又能利用产品冷却放出之热来加热空气，使出窑产品温度仅80℃左右。且为连续性窑，窑墙、窑顶温度不变，不积热，所以它的热耗很低。

二、结构

概括地说，隧道窑包括四个部分：窑体；窑内输送设备；燃烧设备；通风设备。

窑体由窑墙、窑顶和窑车衬砖围成码烧坯体的空间，也就是隧道。在这里燃料燃烧的产物将热传给坯体，使其燃烧成产品。所以隧道主要是传热和坯体进行物化反应的场地。目前陶瓷工业隧道窑一般长度在15～100m，内宽和内高（自车台面起到拱顶）都在2m以下。

燃烧设备包括燃烧室（又称火箱）和烧嘴，燃料在这里进行燃烧，燃烧产物进入隧道，将热送给制品。

通风设备包括排烟系统、气幕和气体的循环装置以及冷却系统。它们由排烟机、烟囱、鼓风机及各种烟道、管道组成，其作用是使窑内气流按一定方向流动，排除烟气，供给空气，抽出热空气等，并维持窑内一定的温度、气氛和压力制度。

窑内输送设备，目前用得最多的为窑车。现代小型隧道窑还有推板、输送带、辊底、步进梁等窑内输送设备。轻型窑车隧道窑和辊底隧道窑（即辊道窑）是发展的方向。

此外尚有检查坑道、托车、推车机和钢架结构等。

隧道窑的窑体砌筑在坚固的钢筋混凝土窑基上，窑车及车上装载的制品、窑具等所受的重力由这个基础来承受，基础应长期保持轨道严格水平和窑体位置正确。

隧道窑是连续性窑，它的停窑大修常常是由于材料的损坏，因此，必须很好地选择窑体的砌筑材料，一般窑墙、窑顶的内衬用耐火材料，外壁用建筑红砖，中间则砌轻质隔热材料。在窑墙、窑顶上每隔 4～10m 的距离留一热胀缝，热胀缝的宽度为 2～4cm，胀缝应呈"互"字形布置，以增加窑体稳定性。在温度曲线的转折点以及需要的地方，设有测温测压孔及看火孔，窑墙的车下部位也应设测温测压孔，以便控制。现在轻型窑墙顶内衬很薄的耐火材料，外衬耐火隔热陶瓷棉毡，最外为钢壳。

为使窑车的上部隧道与窑车下部坑道分开，保持密闭，常采用砂封的办法。砂封是由窑车两侧的裙板、窑墙内侧的砂封槽、砂子和加砂孔构成。

（一）窑体

窑体是由窑墙、窑顶所组成的。

1. 窑墙

窑墙的作用包括：（1）与窑顶一起，将隧道与外界分隔，在隧道内燃烧产物与坯体进行热交换，因此，窑墙必须经受高温的作用；（2）窑墙要支撑窑顶，要承受一定的重量；（3）窑墙内壁温度约等于制品的温度，而外壁接触大气，其温度较内壁低，因此有热量自内壁通过窑墙向外壁散失。所以窑墙应具备下列三个条件：能耐高温、具有一定的强度、能保温，使向外界散失的热量少。

最理想的情况是采用一种能耐高温，具有高强度而绝热性好的轻质耐火材料来砌筑窑墙，则窑体薄而轻，易于建造，占用场地小，散失热量又少。例如，用陶瓷棉或高铝质空心球所制成的砌块，是很好的砌窑材料。

要耐高温，内壁必须用耐火材料砌筑。所用材料的种类则由制品焙烧的温度决定。一般 1300℃ 以下用耐火黏土砖；1300～1400℃ 用高铝砖；1400～1500℃ 用硅砖；1500～1600℃ 用镁铝砖；1800℃ 以下用刚玉砖。耐火材料砌筑厚度，老式窑在 230～460mm，现代轻型窑在 113～230mm。

为具有一定的机械强度，又节省材料，现代窑外壁为钢壳结构。为减少窑墙散热，同时避免窑墙太厚、占地太多，现代轻型窑中间填耐火陶瓷棉毡，厚度约 50mm。

2. 窑顶

窑顶的作用与窑墙相似，但窑顶支撑在窑墙上，且在较为恶劣的条件下操作。因此，除了必须耐高温、积散热量少及具有一定的机械强度外，窑顶还必须具备：（1）结构好，不漏气，坚固耐用；（2）质量小，减轻窑墙负荷；（3）横推力小，少用钢材；（4）尽量减少窑内气体分层。

一般的窑炉都采用拱形的顶，拱顶严密，砖形简单，坚固耐用，节约钢材。隧道窑的横剖面图见图 7-5。拱顶详细结构见图 7-6。

拱顶是用楔形砖夹直形砖砌成，通过拱脚砖支撑在两侧窑墙上，产生一个横推力，这个力靠拱脚梁传给立柱。拱脚梁是在拱脚处沿窑长方向水平安置的槽钢、角钢或钢筋混凝土横梁。立柱是紧靠窑墙两侧直立的工字钢、槽钢或钢筋混凝土柱，立柱下端埋在基础内或用拉杆拉紧。立柱上端用拉杆拉紧，拉杆上有松紧螺母。开窑点火时，温度上升，拱顶有所膨胀，应逐渐调节放松，不使拱顶压坏。

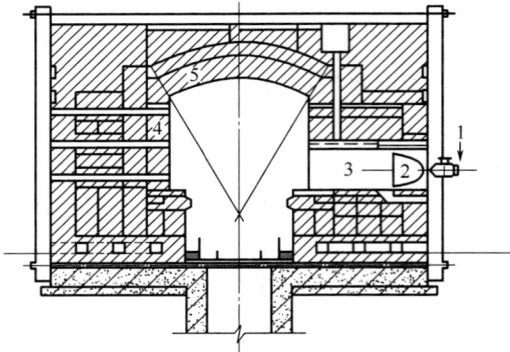

图 7-5　隧道窑横剖面图
1—烧嘴；2—烧嘴砖；3—燃烧室；
4—窑墙；5—拱顶

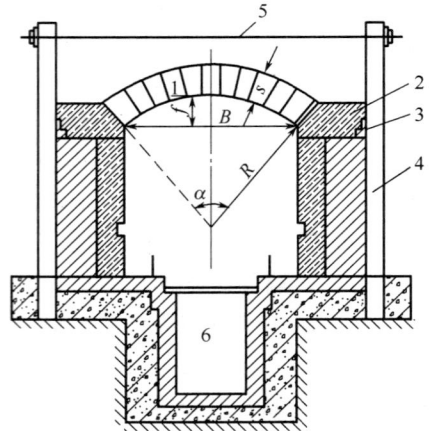

图 7-6　隧道窑拱顶结构示意图
1—拱顶；2—拱脚；3—拱脚架；4—立柱；
5—拉杆；6—检查坑道
R—拱半径；B—跨度；α—拱心角；
s—拱厚；f—拱高

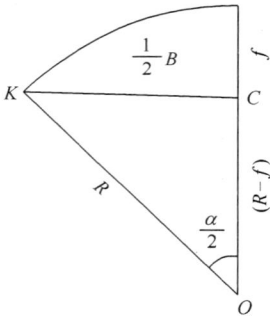

图 7-7　拱半径计算三角形

常用拱高 f 与跨度 B（窑内宽）的关系来说明拱的情况：半圆拱，$f=\dfrac{1}{2}B$；标准拱，$f=\left(\dfrac{1}{7}\sim\dfrac{1}{3}\right)B$；倾斜拱，$f=\left(\dfrac{1}{10}\sim\dfrac{1}{8}\right)B$；平拱，$f=0$。

当我们要选用拱顶楔形砖来砌窑，或计算窑顶散热面积，或计算拱顶横推力，以便设计钢架结构时，都必须先知道拱半径 R 和拱心角 α。R 和 α 的计算可根据拱高 f 及跨度 B，用三角形法则来推导，见图 7-7。

在三角形 $\triangle OKC$ 中有：

$$R^2=(R-f)^2+\left(\frac{B}{2}\right)^2 \tag{7-1}$$

$$R^2=R^2-2Rf+f^2+\left(\frac{B}{2}\right)^2$$

$$R=\frac{1}{2f}\left[f^2+\left(\frac{B}{2}\right)^2\right] \tag{7-2}$$

$$\sin\frac{\alpha}{2}=\frac{\dfrac{B}{2}}{R}=\frac{fB}{f^2+\left(\dfrac{B}{2}\right)^2} \tag{7-3}$$

如果拱心角 α 为 $60°$，由上式可算出：$f=0.134B$；如果拱心角 α 为 $90°$，由上式可算出：$f=0.2071B$。

在生产实际中为了直接从手册中选用标准楔形砖及拱脚砖，避免烦琐计算和重新设计异形砖，一般多采取 60°拱或 90°拱。

跨度 B 及拱高 f 是预先设计好的，利用式(7-2)、式(7-3) 则可求出拱半径 R 及拱心角 α。当窑的具体尺寸 B、f、R、α 都确定后，可进行窑顶所需材料及楔形砖尺寸计算，如图 7-8 所示。

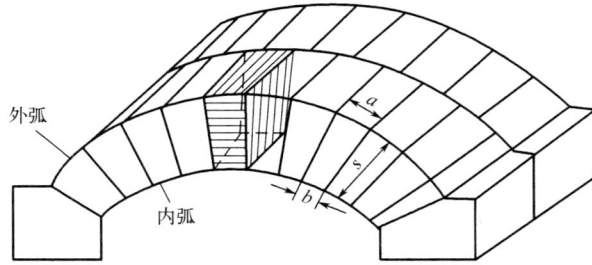

图 7-8 用楔形砖砌拱顶

若砌一圈拱顶用 n 块单一楔形砖，每块砖的内宽（下宽）为 b，外宽（上宽）为 a，灰缝为 c，拱厚为 s，则外弧长为：

$$n(a+c)=2\pi(R+s)\frac{\alpha}{360}$$

内弧长为：

$$n(b+c)=2\pi R \frac{\alpha}{360}$$

两式相除，得：

$$\frac{n(a+c)}{n(b+c)}=\frac{2\pi(R+s)\frac{\alpha}{360}}{2\pi R \frac{\alpha}{360}}$$

即

$$\frac{a+c}{b+c}=\frac{R+s}{R} \tag{7-4}$$

在式(7-4) 中，s 是已知的，灰缝 c 是根据要求定出的，R 已由式(7-2) 求出，则 a、b 与 R、s 的关系可求。可据此选用标准楔形砖，或自行设计楔形砖。

又由外弧长公式可求出每圈用砖块数：

$$n=\frac{2\pi(R+s)\alpha}{360(a+c)}=\frac{\pi(R+s)\alpha}{180(a+c)} \tag{7-5}$$

当用单一楔形砖不能满足要求，而需夹用直形砖时，则楔形砖块数 n_1 和直形砖块数 n_2 可按式(7-6)、式(7-7) 计算：

$$n_1=\frac{\pi\alpha s}{180(a-b)} \tag{7-6}$$

$$n_2=\frac{\pi\alpha(R+s)}{180(a+c)}-n_1 \tag{7-7}$$

直形砖的尺寸和楔形砖的大头尺寸相适应。

拱顶作用于窑墙的力为 S，见图 7-9，是沿拱的切线方向作用于拱脚砖上。S 分解为两个

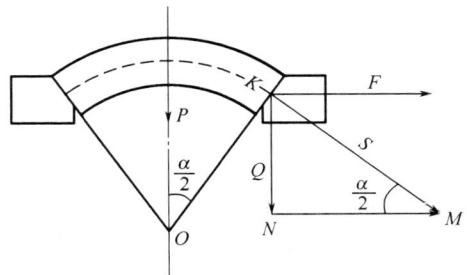

图 7-9 拱顶横推力图

力，即垂直力 Q 及水平力 F。垂直力 Q 为拱顶自身所受重力 P 的一半，即 $Q=P/2$，水平力 F 即为横推力，这个横推力的大小可从三角形 $\triangle KNM$ 中求得：

$$\cot\frac{\alpha}{2}=\frac{F}{Q}$$

即
$$F=Q\cot\frac{\alpha}{2}=\frac{P}{2}\cot\frac{\alpha}{2} \tag{7-8}$$

当跨度一定时，拱越高，拱心角越大，横推力 F 越小。半圆拱（图 7-10）的拱心角 $\alpha=180°$，$\cot\frac{\alpha}{2}=\cot90°=0$，即横推力等于零。

有时为了使拱顶结构更加坚固，避免拱顶下落，做成双心拱，拱顶由两个半弧构成，见图 7-11。左方拱弧的圆心移至拱心垂直线之右，右方拱弧的圆心移至拱心垂直线之左。拱越平，横推力越大，加固窑所需的钢材越多，且拱顶不稳固，容易下落。

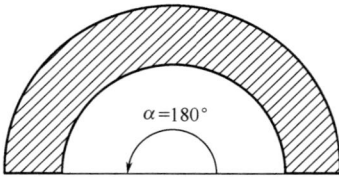

图 7-10　半圆拱

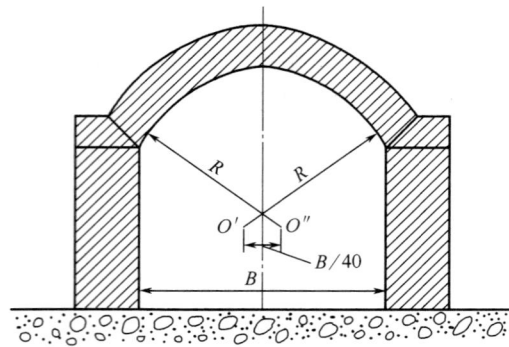

图 7-11　双心拱

所以，从节约钢材和拱顶稳固的角度来看，拱越高越好，最好是半圆拱或双心拱，但是由于隧道窑内气体为平流，热气体要向上流动，造成窑上部和下部温度不均匀，这是隧道窑最根本的缺陷。若拱越高，拱顶部分装坯越不易紧密，拱顶与坯垛之间的空隙也越大，此处气体流动的阻力越小，越易造成气体分层，使上部温度高，下部温度低，所以就窑内温度的均匀性而言，又希望拱高越小越好，最好是平拱，但平拱耗用钢材多，砖形复杂，且拱顶不严密。因此，要根据具体情况选用合适的拱高，既能满足工艺要求，也不浪费钢材。

窑顶所用材料与窑墙相同，内衬耐火砖，中间隔热砖，所不同的是，由于在顶部，对机械强度的要求不高，且要减轻重量，所以在隔热材料之上，常用一些粉状或粒状的材料填平上部，如硅藻土、粒状高炉矿渣、废碎耐火砖等，而为了外表的整齐和便于人行走，上面平铺一层红砖。

3. 检查坑道

为了便于清扫落下的碎屑和砂粒，冷却窑车，检查窑车，以及在发生倒垛事故时便于拖出窑车进行事故处理，在窑车轨道下，常设置人可行走的通道，即检查坑道。为使人能够行走并便于操作，检查坑道必须有足够的宽度和深度，宽度根据窑的内宽来决定，一般在 1m 左右，深度一般在 1.8m 左右。烧固体燃料的隧道窑设置了检查坑道，对于清扫灰渣有利。烧液体燃料和气体燃料的隧道窑，有了检查坑道，对于检查窑车、处理事故也比较方便，且可将检查坑道封闭，在坑道内抽风和鼓风，维持坑道内与窑内同样的压力制度。这样，预热带没有或较少冷空气自车下吸进窑内，减小了上下温差；烧成带、冷却带也较少热气体向车下及坑道散失，又减少了热量损失，保护了窑车，这是设置检查坑道的优点。但有了检查坑道，必得大大加深地基的深度，既受地下水位的限制，又增加了基建费用，这是设置检查坑道的缺点。所以有的隧道窑不要检查坑道（或只在烧成带设置很短的一段检查坑道），在烧成带前后开设事故处理口，以处理事故。清扫砂粒的问题，则以加深砂封槽和合理安排加砂管与砂封槽，避免砂子外溢来解决。为了冷却窑车，则可在窑车下强制鼓风，且可设多个冷风鼓入口，大大提高了冷却效果。若不用鼓风机，也可在窑墙下部车轮处开洞，使窑车下部金属部分与大气相通，自然冷却。更有将整个窑体架空在钢架上，下部自然冷却或强制通风的，冷却效果更好。

4. 窑门

预热带的窑门可保证窑内操作稳定，防止冷空气漏入以减少气体分层，减小上下温差。冷却带窑门可防止从冷却带出口端漏出大量空气，使产品能得到合理的冷却。在隧道窑进口与出口端装设的金属窑门应该启闭迅速，关闭时气密性要好。最简单常用的窑门是升降式，为了避免在进车时窑内和外界相通，应在进车端设置内外两道窑门，进车时开启外窑门，关闭内窑门，当窑车进入后，关闭外窑门，开启内窑门，如图7-12所示。

使用这种双重窑门需要注意，当内窑门提升时，窑内与窑车下面坑道相通而坑道又往往与外界相通，或在坑道里鼓入冷风冷却车架，这些冷风漏进窑内对预热带仍有干扰。

因此，最好在隧道窑进车端采用金属卷帘式窑门。这种窑门由多块金属片组成，可以卷曲。进车后，提起内帘门，放下外帘门，将它的下缘接在第一辆窑车上，窑车前进时，外帘门与窑车一同前进，因而窑内不仅与窑外隔绝，而且与车下坑道隔绝。当第一辆车前进一个车位后松开连接装置，使外卷帘门返回，并放下内卷帘门，让新的一辆窑车送入，如图7-13所示。至于出车端窑门，打开时影响较小，故只设一道窑门。

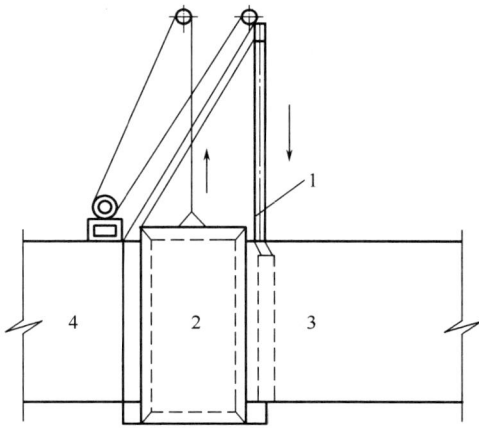

图 7-12　预热带二重门示意图

1—第二重门；2—第一重门；3—窑体；4—油压机

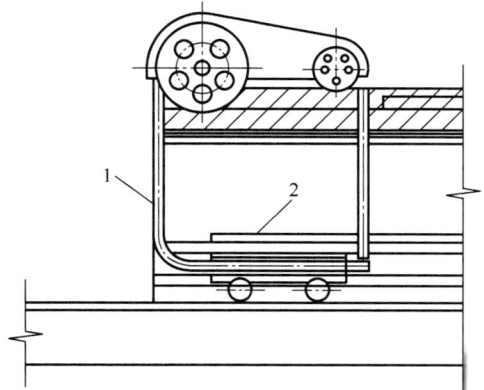

图 7-13　预热带卷帘门示意图

1—卷帘门；2—窑车

（二）窑车、砂封及推车机

窑车是隧道窑的重要组成部分，窑车在窑内承受推车机的水平推力及车上制品和匣钵所受的重力，同时经受高温。因此，窑车应具有足够的机械强度，耐热性好，以及反复加热和冷却而不变形。窑车底架可用钢材铆接而成，但不宜焊接，因为焊接的窑车在加热时容易变形。窑车也可用铸铁制成，铸铁耐热性好，但较笨重。窑车轴承最好用宽间距的特制滚柱轴承，或加大游隙的标准轴承，以免热胀卡住。润滑则应适用于高温，最好用石墨或二硫化钼与机油调制的混合物，在加大游隙的轴承中也可使用纯石墨粉。当车下温度低时，也可以用标准轴承以及钙基润滑脂和机械油，但需经常添油，较为麻烦。

一般窑车上表面为厚约 300mm 的耐火砖，下垫薄层轻质隔热材料。现在轻型窑车最下层为厚约 200mm 的耐火砖，上盖约 30mm 厚的耐火陶瓷棉毡，棉毡之间有耐火支柱。这种轻型窑车通过减薄车上耐火材料厚度，既减轻了窑车质量，又减少了窑车积散热量，节约了燃料，提高了隧道内下部的温度，减小窑内上下温差，为快速烧窑创造了条件。

窑车两侧装有钢质裙板，窑车在窑内移动时，裙板插入窑内两侧墙上砂封槽中。砂封槽多用钢板或角钢制作，也可用耐火砖或耐火混凝土，但都必须留有膨胀余地以免高温变形，影响窑车行进。砂封槽中盛有砂子，直径 1～3mm。这样就构成了砂封，隔断了窑车上下空间，不使冷空气漏入窑内，热气体也不会漏出窑外。由于砂子被裙板带动自冷却带末端流出窑外，所以应由两侧窑墙上的加砂管定时补充砂子。加砂管一般设 2～3 对，分布于预热带及烧成带前或冷却带前。在冷却带末端设一对混砂管。为了防止高温部分热量直接辐射给窑车金属部分，并使漏气阻力增加，在窑墙与窑车衬砖之间以及两车衬砖之间做成曲折封闭（图 7-14 和图 7-15）。

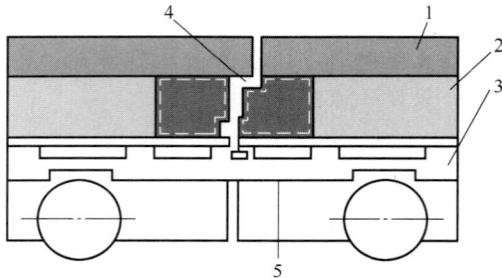

图 7-14　窑车与窑车间的曲折封闭
1—耐火砖；2—轻质砖；3—车架；4—曲折封闭；
5—保温铺层

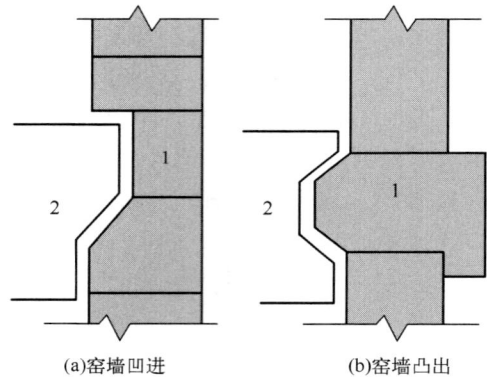

(a)窑墙凹进　　　　(b)窑墙凸出

图 7-15　窑墙与窑车间的曲折封闭
1—窑墙；2—窑车

因为窑车与窑车之间要承受推力，所以两车衬砖之间不能接触，只能靠两车金属车架凹凸接触，并在凹槽中填以石棉绳，以防上下漏气。为了使窑车在窑内移动，在隧道窑进车端装有推车机，推车机应使窑车推动平稳均匀，以免料垛倒塌。窑车运动可以是间歇的或连续的，间歇推车时窑车的运动时间仅数分钟，窑车以最大允许速度推进窑内，其余时间窑车处于停止状态。连续推车时窑车在窑内缓慢地向前移动，仅当进车和出车时，才有几分钟的停车时间。陶瓷工业隧道窑使用的推车机多为油压推车机，油压推车机由油泵和推进器（工作油缸）两部分组成。

间歇推车，每车温度急剧改变，产品温度不是均匀上升，影响质量，而且推车快，不平稳，容易造成倒塌事故。连续推车，产品温度均匀上升，推车慢，平稳，不容易出事故。

选择间歇推车还是连续推车，需根据码垛情况而定。如果预热带采用高速调温烧嘴，料垛间留有对准喷嘴的气体循环空隙，则必须间歇推车。在不妨碍气体循环和不阻挡燃烧产物喷入料垛内部的情况下，例如，对准制品下部通道或窑车上的气体通道喷入，则以连续推车为好。

（三）燃烧设备

隧道窑可以使用气体燃料、液体燃料或固体燃料，随着环境质量要求的提高，目前多以天然气为燃料。

燃烧设备主要有燃烧室和烧嘴两部分，还有其他附属设备，常用的燃烧装置将在本章第七节介绍。

烧嘴将燃料喷入燃烧室，可以使大部分燃料在燃烧室燃烧，再将燃烧产物喷入窑内去加热坯体。也可以将燃料直接喷入窑内燃烧，使窑内温度均匀，热效率高。但必须在料垛间留有足够的燃烧空间，烧重油的话，必须雾化得好才能直接喷入窑内。

燃烧室的布置和窑内的温度均匀性有关，隧道窑燃烧室的分布有集中或分散、相对或相错、一排或二排等不同类型。

1. 集中还是分散

一般隧道窑自 900～950℃ 开始一直到最高烧成温度处布置燃烧室和烧嘴（预热带分布的高速调温烧嘴不在这个范围）。分布有燃烧室的一带称为烧成带。陶瓷工业隧道窑的烧成带长度，根据坯体入窑水分、物化性能、尺寸规格以及窑的结构等有所不同，一般占全窑长度的 15%～30%。燃烧室布置，自低温起，先稀后密。全窑每小时要烧多少燃料是根据热平衡或实际生产燃耗指标算出的，这些燃料必须在烧成带烧完。究竟要用多少对燃烧室来烧这些燃料，是一个值得讨论的问题。可以用 1～2 对燃烧室，即集中布置燃烧室，也可以用近 10 对或更多的燃烧室，即分散布置燃烧室。集中布置易于操作和自动调节，但燃烧室的大小或烧嘴能力都有一定限制，燃烧室过大不易操作，烧嘴数量过少也难以保证窑内温度的均匀性。尤其对于烧还原气氛的隧道窑，氧化燃烧室、强还原燃烧室以及弱还原或中性气氛燃烧室必须分布足够多，才能保证温度制度和气氛制度。

一般小断面的短隧道窑，1～2 对燃烧室即足够。大断面长隧道窑有 5～8 对燃烧室。烧还原气氛的窑，前 1～2 对为氧化燃烧室，后 5～6 对为还原燃烧室，氧化燃烧室和还原燃烧室应有一定的距离以便引入氧化气氛。烧成带的长度确定后，燃烧室的对数也确定了，则燃烧室之间的距离也相应可知。至于每个燃烧室的大小，可以根据每小时的燃料消耗量和空间热强度（烧煤时还有炉栅热强度）来计算。

2. 相对还是相错

燃烧室一般都是两侧相对布置，这样砌筑简单，易于安置钢架结构。但是相对布置，对着喷火口两侧料垛温度较高，在烧成带长度上出现温差。当烧嘴喷出的火焰长而速度高，如果相对布置，势必产生火焰猛烈冲击的不良影响。所以又有相错的布置，即两侧燃烧室不全相对而略有错开。这样，窑内气体产生循环，可使温度进一步均匀。尤其应用高速烧嘴，更应相错布置。但要注意相错的间距以半个车位到一个车位为宜，同时对准烧嘴的料垛应留适当的气体循环通道，或将喷火口对准装载制品的下部或垫砖通道。

3. 一排还是二排

一般燃烧室都是一排布置在近车台面处，喷火口对准窑车衬砖中的气体通道，或窑车面上垫砖通道及料垛下部，以提高隧道下部温度。喷火口最高可达侧墙的约 70%。

烧煤气的隧道窑，烧嘴布置较多，喷火口较矮。当料垛较密，或用棚板装车，上下气体流通困难，为了避免下部温度高于上部，往往分上下两层布置烧嘴。以上是指侧烧式烧嘴布置情况，如果窑的断面较大，也可以采用顶烧式烧嘴，窑顶和侧墙都不设燃烧室，煤气或油直接自窑顶数排烧嘴喷进窑内料垛空隙中燃烧。

（四）排烟系统

排烟系统包括烟气由窑内向窑外排出所经过的排烟口、支烟道、主烟道、排烟机及烟囱等。隧道窑预热带设置分散的排烟口，分散排烟的目的是易于控制各点的烟气流量，保证按烧成曲线进行焙烧，同时迫使烟气多次向下流动，减少气体分层现象。分布排烟口的地段约占预热带全长的70%，往往自进窑第二车位起，每车布置一对排烟口。从理论上说，应该按烧成曲线在不同距离的温度转折点上设排烟口，但随着焙烧制品的变动，烧成曲线也有所变动，根据理论布置有困难。排烟口设置得多些，容易进行调节。排烟口之下为支烟道和主烟道，支烟道起连接排烟口和主烟道的作用，主烟道则负责汇集各支烟道来的烟气送进烟囱。排烟口和垂直支烟道见图7-16。

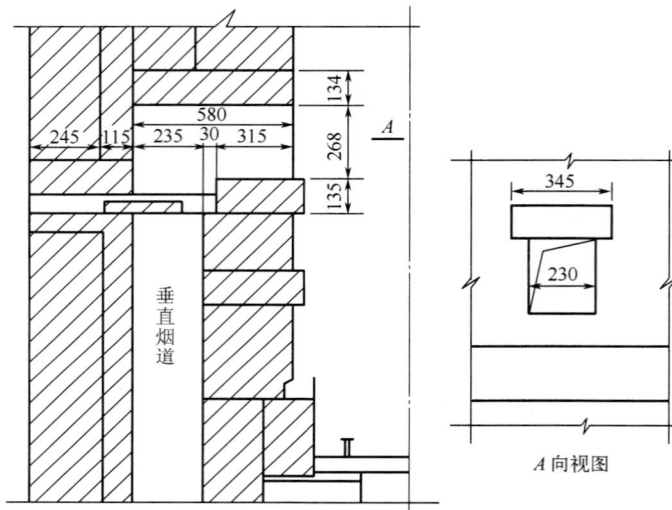

图 7-16　排烟口和垂直支烟道

主烟道的布置有两种：一是一侧主烟道穿过窑底与另一侧主烟道会合然后进烟囱，如图7-17（a）所示，此时烟囱在窑的一侧；二是两侧主烟道平行至窑头会合再进烟囱，如图7-17（b）所示，此时烟囱在窑头。前者结构复杂，主烟道基础深，不宜在地下水位高的地方砌筑，且阻力较大，使烟囱高度增加。后者主烟道平行砌筑，结构简单且阻力较小，因而烟囱也不必很高。

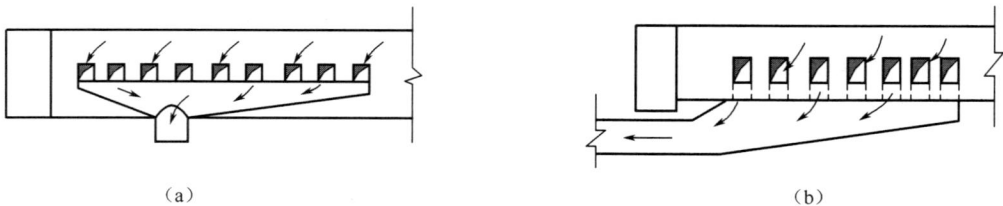

（a）　　　　　　　　　　　　　　　　　（b）

图 7-17　主烟道布置

排烟口、支烟道及主烟道的设计应尽量减少阻力损失，烟气进入烟道即能顺利地排走，所以烟道应避免急剧弯曲。排烟系统的断面积在砌筑条件允许下大些好，但也不能太大，以免浪费。主烟道以能顺利进行清扫灰渣为宜。排烟口、支烟道及主烟道多是砌在窑体内或基础内和地面下的砖砌管道。在小型隧道窑中，也可用金属管引出窑外。原则上排烟口的总面积应等于支烟道的总截面积，等于主烟道的截面积，等于烟囱出口截面积。实际上由于砌筑条件的限制，往往有很大出入。设计时考虑在排烟口和支烟道中的气体流速为 $1.0\sim2.0$ m/s，在主烟道中和烟囱出口为 $2.0\sim4.0$ m/s。如果采取高速调温烧嘴，则流速有所增加。烟气的流量根据燃料消耗数据可以算出，选定流速，用流速除流量，即可求出各处的截面积。主烟道不宜过长，过长则散热损失大，烟气温度降落大，本身阻力也大，使烟囱抽力减小。在不影响操作的条件下，越短越好。但有的窑因为烟囱建得过高，致使抽力过大，不得不将烟道延长，才好控制，这种设计是不好的。

排烟系统的最后设置为排烟机和烟囱，或没有排烟机而只用烟囱。一个火焰窑炉要把烟气排除出去都要有一个烟囱。在自然抽风的窑炉，没有排烟机，其烟囱的作用是，一方面有一定的高度造成足够的抽力来克服窑内的阻力，同时又把烟气送到较高的空间以避免污染住宅区。在机械通风的窑炉，窑内阻力虽有抽风机克服，但考虑卫生条件烟气也不能排放到低空住宅区，所以还需要烟囱。烟囱至少要高于周围 100m 范围内的最高屋顶 3m。如果采取烟气收尘措施，烟囱可以低些，一般隧道窑烟囱在 45m 以下。国外有些地区为了避免烟气污染，烟囱有高达 300m 以上的。烟囱下部高温段内衬黏土耐火砖，外砌红砖。烟囱上部低温段可以全用红砖砌筑。75m 以上烟囱外壳要用钢筋混凝土构筑，特高烟囱宜采用轻质高强度材料砌筑。

对于一座窑总是要建烟囱的，如果窑不太长，阻力小，排烟温度又高，一般不设排烟机，只用烟囱排烟。其优点是不受停电影响，日常运行费用少。其缺点是易受天气变化、外界空气密度变化的影响，使烟囱抽力出现波动，造成窑内压力不稳定，且烟囱基建费用昂贵。所以当窑内阻力大、烟气温度不很高的情况，则以采用排烟机为好，然后配以一个合乎卫生条件的小型烟囱。目前生产的排烟机，使用温度以不超过 300℃ 为宜，如超过此温度时，则需掺冷空气后使用。

烟囱或排烟机所要克服的窑内阻力，应该自窑内零压面算起，涵盖经料垛、排烟口、支烟道、主烟道至烟囱底的全部阻力。在隧道窑中，当冷却带鼓风维持正压、烧成带近于零压时，则自烧成带算起，经预热带至烟囱止。当冷却带无鼓风机呈负压时，则应从冷却带开始，经烧成带、预热带至烟囱止。

如果采用排烟机，后面的烟囱又不足以克服其本身的阻力，则排烟机还要考虑克服这个阻力。

有时可以两窑共用一个烟囱，此时烟气流量是两窑之和，而阻力却是一个窑的阻力。且需在烟囱底内部砌一道不高的隔墙，以免两股烟气相撞产生涡流，增加阻力。

（五）气幕、搅动循环装置

隧道窑预热带处于负压，易漏入冷风，冷风密度大，沉在下部，迫使热气体向上，产生气体分层现象，上下温差最大可达 $300\sim400$℃。这样就必须延长预热时间，等待下部制品预热好，反应完全，因此降低了窑的产量，增加了燃料消耗。为了克服预热带气体分层现象，采取了不同的措施，气幕或循环装置就属于这个范围。

气幕是指在隧道窑横截面上，自窑顶及两侧窑墙上喷射多股气流进入窑内，形成一片气体帘幕。随其在窑上作用和要求的不同，气幕的形式和数量也不同。在窑头有封闭气幕，在预热带有循环搅动气幕。此外，在烧成带还有氧化气氛幕，在冷却带有急冷阻挡气幕。

1. 封闭气幕

封闭气幕位于预热带窑头，将气体以一定的速度自窑顶及两侧墙喷入，成为一道气帘，由于气体的动压转换为静压，使窑头形成 $1\sim2Pa$ 的正压，而避免了冷空气漏入窑内。

气幕一般是抽车下热风，或冷却带抽来的热空气。其送入方式为在窑墙、窑顶上开孔，将气体以与窑内气流垂直的方向送入。这种送入方式，封闭的效果较好，但料垛间需有一定的间隙，故多用于间歇推车。

在连续推车时，在窑顶做成向出车方向的 $45°$ 缝隙，喷出气流，阻止热烟气外逸。又在两侧窑墙上做成向进车方向的 $45°$ 缝隙，喷出气流，阻止外界冷空气入窑。

2. 搅动气幕

为减少预热带气体分层，常在该带设置 $2\sim3$ 道搅动气幕。将一定量的热气体以较大的流速和一定的角度自窑顶一排小孔喷出，迫使窑内热气体向下运动，产生搅动，使窑内温度均匀。气流喷出角度可以 $90°$ 垂直向下，或以 $120°\sim180°$ 角逆烟气流动方向喷出。

作为搅动气幕的热气体温度应尽量与该断面处温度相近，否则易使窑内局部温度下降造成制品炸裂。作为搅动气幕的热气来源可以是烟道内的烟气、烧成带窑顶二层拱内的热空气或冷却带抽来的热空气。喷出速度应在 $10m/s$ 以上才起作用。若搅动气幕的温度太低，流速太小，作用不够理想，可用高速调温烧嘴来代替搅动气幕。高速调温烧嘴喷出的气体，温度可以调节到该处所需的温度，且喷出速度大，超过 $100m/s$，使窑内气流达到激烈的搅动，上下温度均匀，达到快速烧成。

3. 循环气幕

循环气幕是利用轴流风机或喷射泵使室内烟气循环流动，以达到均匀窑温的目的。轴流风机装在窑顶洞穴中（图7-18），叶片不超出拱顶面，机轴后面有夹道通向侧墙车台面处的吸气口，将同一截面上的烟气抽吸并自窑顶吹向下部。但目前因材料限制，只能用于低温部分。

采用喷射泵时，用压缩空气自喷口高压喷出（图7-19），在该处造成负压，将同一截面上的烟气抽出后又送入，形成烟气循环，减小上下温差。

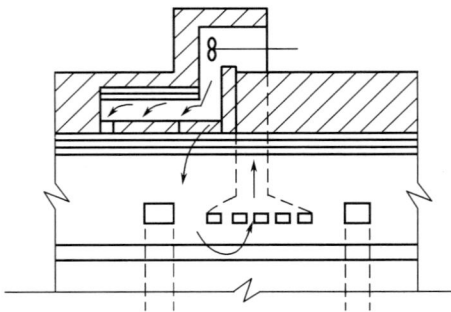

图7-18 轴流风机循环　　　　图7-19 喷射泵气体循环

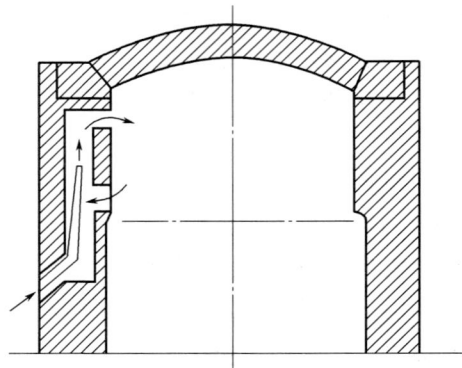

4. 气氛幕

在烧还原气氛时，为使坯体在 $900℃$ 前充分氧化，还原带前必须要有氧化带，因此在气氛改变的地方，即 960～1050℃ 处，需设置气氛幕——氧化气氛幕。即在该处由窑顶及两侧窑墙喷入热空气，使与烧成带含一氧化碳的烟气相遇而燃烧成为氧化气氛。气幕的气体量要足够，使氧化燃烧室的空气过剩系数在 1.5～2.0 之间，空气不能过多，以免该处温度过低，氧化反应不完全，引起坯泡。作为氧化气氛幕的空气温度也不能过低，一般是从冷却带内或窑顶二层拱内间接冷却壁中抽出的热空气，再经烧成带二层拱进一步加热提高温度。要求整个断面气氛均匀，较好地起到分隔气氛的作用，窑顶和两侧窑墙都设有喷气孔，上部密些，下部稀些，均以 90°角喷出。

5. 急冷阻挡气幕

为了缩短烧成时间，提高制品质量，坯体在冷却带 700℃ 以前应急冷。在冷却带始端设置急冷气幕是急冷的最优方法。

急冷气幕可用冷空气或温度较低的热空气自侧墙和窑顶喷入。急冷气幕不但起急冷作用，同时亦为阻挡气幕，防止烧成带烟气倒流至冷却带，避免产品熏烟。急冷气幕的喷入应对准料垛间隙，入窑后能迅速循环，起到均匀急冷作用。喷入的冷空气应在不远的热风抽出口抽出，所以必须调节好急冷气幕和热空气抽出量，务使达到平衡，否则会影响窑的正常操作，并降低产品质量。其结构形式同气氛幕。

（六）冷却系统

烧好的产品进入冷却带，将热传给入窑的冷空气及窑墙、窑顶，而产品本身被冷却后出窑。最简单的冷却方法是自然冷却，但效果不好，应该采取强制冷却。强制冷却的方法应该是直接鼓风入窑冷却产品，某些不宜直接风冷的产品也可间接冷却，还可以直接冷却和间接冷却相结合。直接冷却方法是自最高温度至 700℃ 一段鼓风入窑内使产品急冷，同时在冷却带末端也鼓入冷风使产品强制冷却。鼓入的空气为燃烧所需空气量的 3～7 倍，必须在烧成带之前抽出这些热空气，务使鼓入和抽出达到平衡，不使冷空气流入烧成带，保证烧成带能烧到高温并维持还原气氛，也不使烧成带烟气倒流入冷却带使产品熏烟。抽热风口的位置视冷却曲线而定，一般从 700℃ 至 400℃ 每车位一对，设在车台面处，也可设上下两排抽风口。

抽出的热风主要送去干燥室作湿坯干燥之用，也可供各气幕之用。有时还将抽出的热风送去烧成带作一次或二次风燃烧之用，这种冷却系统示意图见图 7-20。

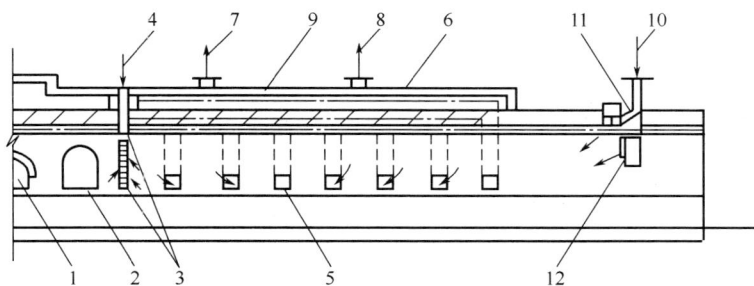

图 7-20　直接冷却的冷却带结构

1—燃烧室；2—事故检查孔；3—急冷气幕孔；4—急冷气幕送风；5—热风抽出孔；6—热风道；

7—抽送去助燃；8—抽送去干燥；9—热风道分隔闸板；10—冷风送入；11—冷风喷头；12—冷风入口

在烧煤气或重油时，可以利用烧嘴高速喷出的燃烧产物或雾化气流作为喷射介质，使烧嘴附近造成负压，自两侧窑墙夹道（热空气道）抽吸冷却带的热空气作二次空气，以提高烧成温度。若烧嘴喷出速度不很高时，则另外采用喷射泵，将冷却带热空气引射至各烧嘴处作二次空气，如图 7-21 所示。

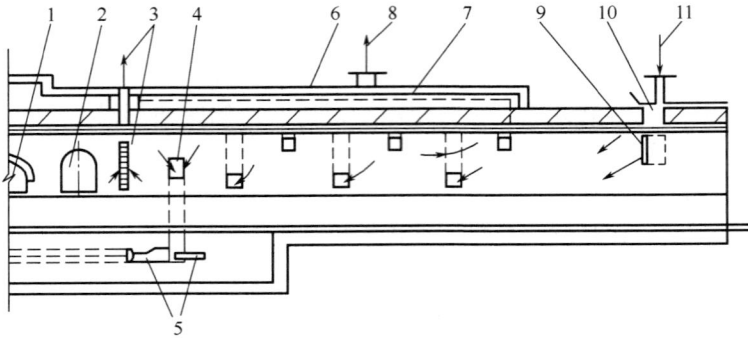

图 7-21　设有引射装置的冷却带结构

1—燃烧室；2—事故检查孔；3—急冷气幕孔；4—助燃用热风抽出孔；5—引射装置；6—热风抽出孔；7—热风道；8—抽送去干燥；9—冷风入口；10—冷风喷头；11—冷风送入

直接急冷气幕的鼓入，以集中在一两处，自窑顶及侧墙喷入为好。这种冷却方法，在装有匣钵或棚板装车而顶部和两侧设有挡板时，效果很好。在明焰露装时，要将冷风喷向垫砖或窑车的气体通道，避免冷风不均匀地冲击产品。或将冷风经过夹壁后再向窑内喷出，也就是间接急冷和直接急冷相结合。

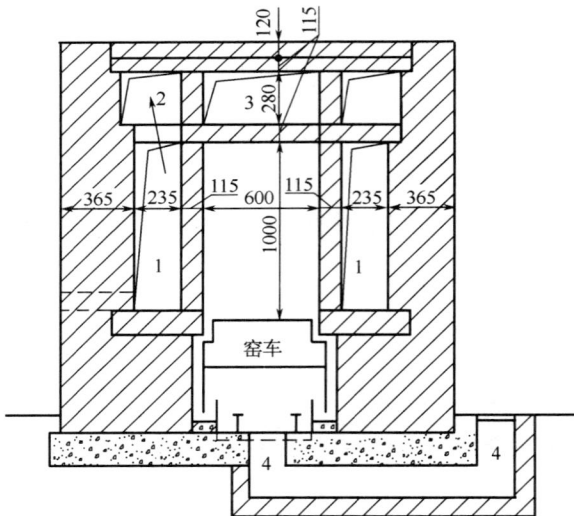

图 7-22　间接冷却壁和顶的结构

1—侧壁间接冷却道；2—热风道；3—窑顶间接冷却道；4—车下自然冷却通风孔道

窑尾直接冷风的鼓入主要以窑顶鼓入为主，两侧鼓入为辅。冷风送入要做成与隧道中心线成比较大的角度，例如 $30°\sim60°$ 角。在冷风送入的前端要有一个空间，以免冷风受到窑拱或产品阻挡而向出车端外逸。

也可以采用间接冷却方法，将冷空气鼓入两侧窑墙空隙夹壁及窑顶双层拱内，并抽出这些热空气作气幕、二次风及干燥之用，如图 7-22 所示。应该用导热性好的碳化硅薄壁作内壁和内拱，提高冷却效果。

间接冷却方法还有窑墙、窑顶蓄热式格子盒冷却，金属管水冷却和空气冷却，金属夹套冷却等。

（七）钢架结构

隧道窑用钢架结构是为了克服拱顶的横推力，因此钢架结构的计算与横推力有关。横推力的计算公式式(9-9)前面已经讲过。在计算前必须算出拱半径 R、拱心角 α，确定拱顶各层材料的厚度 s 及其密度 ρ，确定沿窑长度立柱之间的距离 l、上下拉杆中心线间的距离 h 以及上拉杆至拱脚中心线的距离 d，如图 7-23 所示。

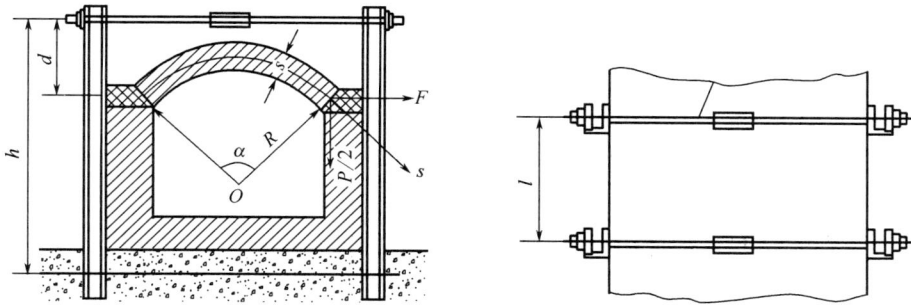

图 7-23　钢架计算示意图

第四节　工作原理

隧道窑的工作原理包括三个部分：燃料燃烧、气体力学和传热。本节只讨论和隧道窑有关的气体流动和传热问题。

一、隧道窑内的气体流动

（一）各种压头对气体流动的影响

由柏努利方程式可知，影响窑内气体流动的因素有几何压头、静压头、动压头和阻力损失压头。这些压头的意义是窑内 $1m^3$ 热气体比窑外 $1m^3$ 空气多具有的能量，是相对能量。窑内热气体的能量和窑外冷空气的能量不同，必然引起窑内气体的流动，气体流动的方向和窑内外能量之差有关，就是和压头有关，所以各种压头会给予窑内气体一定的流动方向。把压头的概念应用于窑炉，解决生产上的问题，有明确的概念。所以压头不用能量单位，而用压强单位，压强是有方向的。现在分别讨论各种压头对窑内气体流动的影响。

1. 几何压头

$$h_g = H(\rho_a - \rho)g \tag{7-9}$$

式中　h_g——几何压头，Pa；

　　　H——窑内高度（自车台面起），m；

　　　ρ_a——外界空气密度，kg/m^3；

　　　ρ——窑内热气体的密度，kg/m^3；

　　　g——重力加速度，$9.81m/s^2$。

因为隧道窑是和外界相通的，窑内热气体的密度总是小于外界冷空气的密度，而且窑内有一个高度，所以窑内一定有几何压头存在。几何压头使窑内热气体由下向上流动，气体温度越高，几何压头越大，向上流动的趋势也越大。隧道窑烧成带温度高于预热带及冷却带，所以有热气体自烧成带上部流向预热带及冷却带，同时有较低温度的气体自该两带下部回流至烧成带，形成两个循环，见图 7-24。

以上两个气体循环是只就隧道窑三个带的几何压头而言。但由于排烟机或烟囱的作用，隧道窑内气体主要的流向是由冷却带到烧成带，再到预热带。在预热带上部，主流和循环气流方向相同，而下部相反，所以从预热带垂直断面看，总的流速是上部大而下部小。冷却带

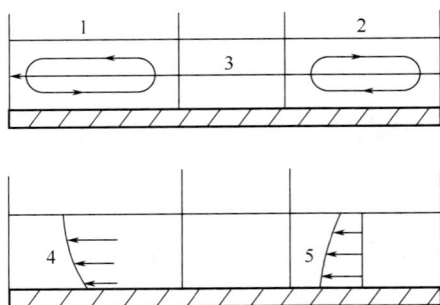

图 7-24 隧道窑内的气体流速分布
1—预热带气体循环；2—冷却带气体循环；
3—气体主流；4—预热带垂直断面的流速分布；
5—冷却带垂直断面的流速分布

则相反，总的流速是上部小而下部大。所以冷却带应从上部鼓入冷风，迫使冷空气多向上部流动。而预热带热烟气，则应从下部抽出，迫使烟气往下流。这样，就可以使隧道内上下气流均匀、温度均匀。

只凭窑内各带温度不同造成的上下气体循环，对操作的影响并不严重，不是隧道窑内的主要问题。实际上在烧成带有一部分燃烧正在进行，燃烧本身有扰动作用，尤其是将煤气或重油喷入窑内燃烧，扰动作用更加激烈，所以烧成带上下温差是不大的。在冷却带有急冷风及窑尾直接冷风的喷入以及抽热风，该带另有几个气体循环，形成强烈的扰动，上下温差也不严重。

最严重的是预热带，因为该带处于负压下操作，从窑的不严密处，如窑门、窑车接头处、砂封板不密处等漏入大量冷风，冷风密度大，沉在隧道下部，迫使密度较小的热烟气向上流动。另外料垛上部和拱顶空隙较大，阻力小，使大部分热气体由上部流过，因而大大促进了该带几何压头的作用，使气体分层十分严重，上下温差最大可达 300～400℃，大大延长了预热时间。

还有一个原因是窑车衬砖吸收了大量的热，使预热带下部烟气温度降低很多，进一步扩大了上下温差。

预热带存在气体分层现象是目前最主要的问题，如果能克服气体分层现象，则可以大大缩短预热带长度，缩短烧成时间，达到快速烧成。

克服预热带气体分层现象，减小上下温差的方法有如下几个方面。

（1）从窑的结构上

① 预热带采用平顶或降低窑顶（相对于烧成带来说）。

② 预热带两侧窑墙上部向内倾斜。

以上两项作用是减少上部空隙，增加上部气流阻力，减少上部热气流。

③ 适当缩短窑长，减少窑的阻力，减少预热带负压，减少冷风漏入量。不要以为窑越长越好，过长则窑内阻力大，预热带负压大，漏入冷风多，上下温差大，延长了烧成时间，多消耗了燃料，每小时产量也不见得会提高。适当的短窑是最经济、最好的窑。

④ 适当降低窑的高度，减小几何压头的影响。所以现在有的窑砌成矮而宽的扁窑。

⑤ 烟气排出口开在下部近车台面处，迫使烟气多次向下流动。

⑥ 设立封闭气幕，减少由窑门漏入冷风。

⑦ 设立搅动气幕，使上部热气体向下流动。

⑧ 设立循环气流装置，使上下温度均匀。

⑨ 采取提高窑内气体流速的措施，增加动压的作用，削弱几何压头的作用。使气流最后的方向趋向于动压的方向。

（2）从窑车结构上

① 减轻窑车重量，采用高强、高温轻质隔热材料，例如陶瓷棉砌筑窑车，减少窑车吸热。

② 车上砌有气体通道，使一部分热气体能从这些通道流过，提高隧道下部温度。

③ 严密窑车接头，砂封板和窑墙曲折封闭，减少漏风量。

（3）从码坯方法上

① 料垛码得上密下稀，增加上部阻力，减少下部阻力，使热气体多向下流。

② 适当稀码料垛，减少窑内阻力，减少预热带负压，减少冷风漏入量。所以稀码可以快速烧窑。

（4）装设高速调温烧嘴 这种烧嘴布置在预热带长度上很多温度点处，能调节二次空气量，使燃烧产物达到适于该点的温度，自车台面处高速喷入窑内，大大提高下部温度。由于喷入速度高，引起窑内气体激烈循环扰动，使料垛上下、左右、前后和内外温度均匀，并提高对流传热系数，可以达到快速烧窑的目的。

2. 静压头

$$h_i = P - P_a \qquad (7\text{-}10)$$

式中 h_i——静压头，Pa；

P——窑内压强（绝对压强），Pa；

P_a——窑外空气压强（绝对压强），Pa。

隧道窑要通入空气和排除烟气，有鼓风、抽风、排烟等设备，使窑内气体的压强和外界空气的压强不同，给窑内造成各种静压头。静压头所引起的气流方向是由压强高的地方流向压强低的地方。窑内凡有鼓风处，必呈正压，凡有抽风处，必呈负压。由正压至负压必经一个零压处。注意零压处是指该处窑内绝对压强等于窑外空气的绝对压强，不是说零压处就没有气体流动。一般隧道窑从长度方向看，预热带和烧成带形成一个独立工作系统，烧成带由于煤气或重油的喷入，造成微正压；预热带由于烟囱或排烟机抽走烟气而呈负压。冷却带急冷气幕喷入处和窑尾直接风鼓入处为正压，抽热风处为负压。该带气体的流向是由急冷处和窑尾流向抽热风处。

3. 动压头

$$h_k = \frac{w^2}{2}\rho \qquad (7\text{-}11)$$

式中 h_k——动压头，Pa；

w——窑内气体流速，m/s，

ρ——窑内气体的密度，kg/m^3。

动压头给予气体流动的方向，就是气体喷出的方向，是流速的方向。隧道窑的各种气幕和循环装置就是利用动压头喷出的不同方向和强大的动能来削弱几何压头的作用，达到窑内上下温度均匀的目的。所以机械强制通风的窑炉，要求保持较高的气体流速，大于 1m/s，此时窑内的几何压头影响就可以不考虑。现在快速烧成的窑炉，窑内气体流速远远超过这个范围，所以气流的方向主要取决于动压的影响。

同时增加流速即增加动压头，还可以提高对流传热系数，缩短烧成时间。使用高速调温烧嘴就能达到这两个目的。但增加流速，增加动压头，却增加了窑内的阻力。

4. 阻力损失压头

阻力损失指窑外管道系统的阻力损失和窑内的阻力损失。阻力损失压头包括摩擦阻力和局部阻力，以及料垛阻力。

窑外管路的阻力，关系到风机压强和功率或烟囱高度的设计。所以，应合理设计管道的长度、直径和布置方式，力求降低窑外阻力损失，达到最经济的风机和烟囱设计。

窑内的阻力损失，主要与窑的长度、截面积、料垛码法、烧嘴、鼓风、抽风和排烟口的布置，以及窑的产量和燃料消耗量等因素有关。阻力损失是靠消耗静压头来弥补的，如果窑内阻力损失大，则用于克服阻力的静压降也大，也就是窑内的正压和负压都大。如果正压过大，则漏出热气过多，燃料损耗大，操作条件不好。如果负压大，漏入冷空气必多，气体分层严重，上下温差大，延长了烧成时间，多消耗了燃料。所以设计窑炉和码装料垛应力求降低阻力。

摩擦阻力的表达形式为：

$$h_\mathrm{f} = \xi \frac{w^2}{2} \rho \frac{l}{d} \tag{7-12}$$

式中　h_f——摩擦阻力，Pa；

　　　ξ——摩擦阻力系数，为 0.03～0.05；

　　　w——气体流速，m/s；

　　　ρ——气体的密度，kg/m^3；

　　　l——气体通道长度，m；

　　　d——气体通道的当量直径，m。

分析式(7-12)可以看出，窑内的气体摩擦阻力和窑的长度成正比，窑越长，阻力越大。窑内的气体摩擦阻力又和气体通道的当量直径成反比，通道尺寸越大，阻力越小。通道是指料垛间的气体通道和料垛与窑墙、窑顶之间的空隙，所以适当稀码料垛，扩大料垛内部通道，可以减少阻力。但必须注意，应尽量减少料垛与窑墙、窑顶间的空隙，以免该处阻力过小，而使过多的热气体流过这些空隙，造成料垛内外温度不均匀。

阻力又和动压成正比，即和流速的平方成正比，流速对阻力的影响极大。

如果窑的长度和截面相同，小时产量相同，气体流量相同，但改进码坯方法，维持各条通道的当量直径不变，而将气体通道总面积扩大1倍（如将横码改为顺码，增加通道条数），则流速减至原来的1/2，阻力减至原来的1/4。如此，则窑内负压可以大大减小，漏入的冷风量也大大减小，上下温度均匀，可以快速烧窑，窑的产量可以提高。

如果码坯方法不变，气体通道总截面积不变，窑的截面也不变，但增加窑长。又假定窑的产量和窑长成正比，则每小时的气体流量和窑长成正比，流速也和窑长成正比，摩擦阻力则和窑长的3次方成正比。如此，窑的负压也和窑长的3次方成正比，其漏的冷风量大大增加，气体分层严重，上下温差扩大，延长了烧成时间，降低了窑的产量。实际上，窑的产量并不会随窑长的增加而提高。

设计和操作隧道窑总是希望降低窑内阻力，其措施有：适当缩短窑长；合理稀码料垛，扩大气体通道尺寸及总面积，减小气体流速。另外，严密窑车接头和砂封，减少冷风漏入，降低出窑废气温度，用轻质隔热材料砌窑，减少热损失，减少单位产品热耗，减少窑内气体流量，也能降低窑内阻力。但绝不能只从降低阻力一方面来考虑，更不能因为降低流速和流量使窑炉减产。另一方面，如果采用高速调温烧嘴，加速了气体循环，有利于上下温度均匀，又加强了对流传热，可以快速烧窑。

局部阻力的表达形式为：

$$h_\mathrm{s} = \zeta \frac{w^2}{2} \rho \tag{7-13}$$

式中　h_s——局部阻力，Pa；

　　　ζ——局部阻力系数；

　　　w——气体流速，m/s；

　　　ρ——气体的密度，kg/m³。

　　一般情况下的局部阻力系数，可以在数据手册中查到。但陶瓷工业窑炉，气体通道布置复杂，没有现成系数可查。料垛阻力可以看作一个局部阻力，设计时采用大致估算数据，认为每 1m 窑长的料垛阻力为 1Pa，但准确计算料垛阻力却十分困难。为了准确计算复杂的气体通道阻力或料垛阻力，必须用相似原则在模型试验中来测定。

（二）料垛码法对流速和流量的影响

　　取 1m 窑长内的料垛来考虑，从整体看，这 1m 长的料垛阻力可以作为一个局部阻力，在设计中可以选用一个经验数据，也可以用模型试验较精确地测定其阻力。但仔细分析料垛内部情况，就可以发现料垛与两侧窑墙和窑顶的空隙甚大，这些空隙称为料垛外部空隙。料垛内部的空隙（气体通道）较小，而且这些内部气体通道大小也不相同。在这些空隙和大小通道中的气体流速和流量十分不同，如果码坯不恰当，几乎有 70% 以上的气体由料垛外部空隙流过，结果造成料垛外围温度过高，而内部温度不足。

　　在隧道窑中，大部分气流由窑墙和窑顶的大空隙中流过，小部分气流由料垛内部通道流过，这往往造成料垛内外温度不均匀。如果料垛内部码得太密，周围和窑墙顶距离太大，往往造成周边过烧而内部生烧。要使料垛温度均匀，必须合理码垛，使通道分布均匀合理、气流分布合理。适当稀码，使大量气流通过，易于升温或降温，可以快速烧窑就是这个道理。

　　码垛必须上密下稀，增加上部阻力，避免上部过多气流通过，削弱几何压头影响，减少气体分层现象。料垛中平行于窑长方向的通道是必需的，以便足够的热气体流过，供给足够的热量，将制品烧熟。同时为了确保气体能在窑内循环，并使温度均匀，还要适当地留一定的垂直于窑长方向的水平通道，尤其是采用高速烧嘴时，这种循环通道更不可少。

　　上述分析针对的是一般矩形料垛通道。对于圆柱料垛，其气体通道形状不同，不能完全搬用上述公式。但圆柱料垛适当稀码，其空隙距离大，气流速度也大，有利于快速烧窑。

二、隧道窑内的传热

　　传热的方式有传导传热（又称导热）、对流传热和辐射传热。导热又分稳定导热和不稳定导热，对流传热又分湍流对流传热和层流对流传热，辐射传热又分固体辐射传热和气体辐射传热。这几种传热都和隧道窑的传热有关，情况是复杂的。但在某一地带、某一范围、某一条件下，总有一种传热起主要作用。

　　窑炉是个热工设备，在预热带和烧成带要将制品加热烧熟。在火焰窑炉中，燃烧产物或烟气将热以对流及辐射的方式传给制品。因为辐射传热与热力学温度的 4 次方成正比，随着温度升高，辐射传热增加极快，所以相对而言，在 800℃ 以上的高温阶段以辐射传热为主，在 800℃ 以下的低温阶段以对流传热为主。隧道窑内的气体是处于湍流状态，湍流对流传热随着流速的增加而增加，如果窑内采取气体循环，特别是采用高速调温烧嘴时，大大提高了窑内气体流速，提高了对流传热的分量，即使在高温阶段，对流传热也要和辐射传热同等看待。隔焰窑则靠发热元件辐射传热加热制品。

　　在冷却带，产品一方面是以辐射方式把热传给窑炉墙壁和拱顶，另一方面靠空气对流自产品表面带走热量。

制品在加热时,表面获得热量后,以不稳定导热方式将热传向内部。产品冷却时则相反。

隧道窑的窑墙、窑顶温度不随时间变化,墙、顶内表面获得热量后,则以稳定的导热方式传至外表面。其内表面的得热方式和制品得热相同,而外表面的散热方式则是该外表面向周围外界的辐射和外界空气的层流对流将外表面的热量带走。

至于预热带和烧成带制品和窑墙之间是否彼此传热的问题,是值得探讨的。热量是由温度高处流向温度低处,温差是传热的推动力,两个温度相等的物体,彼此虽有相互辐射传热,但彼此辐射的热量相同,最终可以认为没有传热。目前隧道窑的计算都认为预热带和烧成带的窑墙、窑顶内表面温度等于制品温度,制品和窑墙、窑顶之间没有传热现象。当然,这是就目前窑墙、窑顶的结构,砌筑材料和厚薄,料垛码法,传热方法等考虑的,是一个简化的计算。为什么能把墙、顶内表面温度看作和制品温度相等呢?因为目前窑墙、窑顶散热大,同时窑内码满料垛,料垛外部空隙比中空窑小很多,气体辐射层厚度小,辐射给窑墙、窑顶的热量不多。结果是气体对流和辐射给窑墙、窑顶的热量约等于墙、顶向外散失的热量。这种情况和制品得热相似,可以认为墙、顶和制品的温度相同。如果采用高温、高强的隔热材料,例如陶瓷棉或高铝空心球砖等砌筑墙、顶,取消匣钵,扩大气体通道,接近中空窑,并采取高速烧嘴增加对流传热,则气体传给墙、顶的热量多,墙、顶向外散失的热量少,此时,其内表面温度必然高于制品温度,而有热量自墙、顶辐射给制品。在辊道窑单片焙烧坯件时,实际是中空窑。

第五节　操作控制

隧道窑的操作控制包括温度控制、气氛控制和压力控制三个部分。压力制度是温度制度和气氛制度的保证。

一、各带温度的控制

根据制品的原料性质、制品的形状和大小以及入窑水分等工艺要求,制定一条合理的烧成温度曲线,烧窑时就按照这条曲线来保证一定的升温、保温和冷却制度。隧道窑三带要求的温度制度是不同的,其操作控制分述如下。

1. 预热带的温度控制

预热带的温度控制是保证制品自入窑起到第一对燃烧室止,能按升温曲线均匀地加热。在一般情况下,借助几支关键性热电偶控制窑头、预热带中部约500℃以及末端约900℃的温度稳定。如窑头温度过高,易使入窑水分高的坯体炸裂。但快速烧成的窑炉,限制入窑坯体水分低于0.5%,则窑头温度可以高达300~400℃而不出废品。500℃左右是石英晶形转化温度,有体积变化,应维持温度稳定。预热带不仅要控制热电偶指示的窑顶温度,还要控制近车台面的温度,使上下温差减小。预热带温度的控制手段主要是通过调节排烟总闸、排烟支闸以及各种气幕来实现。总闸开度大,则预热带负压大,易漏入冷空气,加剧气体分层,增大上下温差。总闸开度小,则抽力不足,排烟量减少,不易升温。合理控制总闸是极其重要的。排烟支闸的作用是分配各段的烟气,以满足各点的温度要求。如果预热带末端支闸开度大,则大量热烟气过早地排出,热量利用率低,窑头温度低。如末端支闸不开,则大量热烟气涌向窑头，使窑头温度过高。窑头支闸开度不能过大，以免该处负压过大，从窑门吸入过多冷空气。如果汇总烟道在窑侧时，则近总烟道的排烟支闸也不宜开得太大，以免把热烟气集中在该处，使该处温度过高，引起坯体炸裂。

要减小预热带的上下温差，可以采用封闭气幕和扰动气幕，前者作用大而后者作用小。原因是扰动气幕温度过低，喷速又小，也只是起着窑顶降温作用，而失去扰动作用。采用气体循环或高速调温烧嘴对减小上下温差具有显著效果。

要减小预热带上下温差，窑车接头处要严密不漏气，砂封板接头要靠紧，砂封板要埋入砂下 3~4cm，使其有足够的深度，减少漏气。同时，要采用二重门或卷帘门。

合理的码坯，能减小上下温差，料垛必须码得上密下稀，料垛与窑顶和窑墙之间距离不能太大，料垛内部应留有足够的气体通道，增加上部气体阻力，减少上部和周边气流，使气流在料垛中分布均匀，尤其下部要留出适当的气体通道。达到上下、内外温度均匀。

2. 烧成带的温度控制

烧成带的温度控制是控制实际燃烧温度和最高温度点。实际火焰温度应高于制品烧成温度 50~100℃。火焰温度的控制是调节单位时间内的燃料消耗量和空气配比。单位时间燃烧的燃料多而空气配比又恰当，则火焰温度高。烧煤的窑在炉栅下鼓风，可以增加烧煤量，提高窑内温度。烧油的窑控制喷油量和空气配比，就可以控制温度。烧煤气和烧油相似，更容易控制。因为燃烧在窑内进行，所以烧成带温度较均匀，上下温差不大，一般不超过 50℃。但也要注意，如果用煤烧窑，烧氧化气氛，全部煤都在燃烧室燃烧完全，靠燃烧产物入窑降温传热给制品，那样的烧成带，温差还是很大的。所以即使烧氧化气氛，也应该在燃烧室产生适当的半煤气进窑内去燃烧，使窑内温度均匀。烧煤气的无焰烧嘴，也只有采用高速喷出，才能使烧成带温度均匀。烧油的窑，油温、油压和雾化风压的稳定性至关重要。

最高温度点的控制是很重要的，一般控制在最末一二对烧嘴之间。最高温度点前移使保温时间过长不好，易使制品过烧变形，不移则保温不足，形成欠烧。烧还原气氛的窑，其烧成带还要控制气氛转化温度，一般由氧化气氛转化为还原气氛的温度在 1050℃ 左右。也有些原料需要将转化温度提前，这要通过工艺试验决定。

烧成带温度的观测可使用热电偶或光学高温计、辐射高温计等仪表来进行。考虑到热效应的影响，也可采用测温锥。

3. 冷却带的温度控制

产品在 700℃ 以前可以急冷，靠急冷阻挡气幕喷入的冷空气将产品急冷。大件未装匣钵的产品，为了避免冷风喷入不均匀引起产品炸裂，可抽 200℃ 以下（由冷却带夹墙、夹顶抽）的热空气作急冷之用（也可采用间接冷却）。窑尾则直接鼓入冷风，使产品由 400℃ 冷却至 80℃ 左右出窑。自 700℃ 至 400℃ 一段为缓冷阶段，靠分布在该段的热风抽出口将产品冷却。要注意，高温急冷风的位置和风量应根据产品性质、装车情况和推车速度来决定。

二、烧成带的气氛控制

烧氧化气氛的窑，气氛容易控制，控制空气过剩系数大于1，而不要太大，以节约燃料，提高温度。烧还原气氛的窑，在烧成带前一小段要控制氧化气氛，后一大段控制还原气氛，用氧化气氛幕来分隔这两段。烧成带如果采用五对燃烧室，则有一对为氧化炉，后四对为还原炉。在还原炉中前三对为重还原，气氛中含一氧化碳在 2%~4%，最后一对燃烧室为轻还原炉，接近中性气氛。七对燃烧室时，则前两对为氧化炉，后五对为还原炉，其中四对为重还原炉，最后一对为轻还原炉。氧化炉距第一对还原炉较远，以便引入氧化气氛幕，气氛幕应抽冷却带的热空气，避免过多地降低窑内温度。氧化炉既要有充分的空气以烧尽残余的一氧化碳，还要维持一定的温度（自 900℃ 至 1050℃）。氧化炉的作用是使进入还原期前将坯体中的有机物完全烧尽，硫化物、碳酸盐等充分分解，以免后期产生坯泡。

烧煤的燃烧室，氧化炉的煤层较薄，阻力较小，有较多空气进入煤层燃烧，产生完全燃烧的氧化气氛。而还原炉的煤层较厚，阻力较大，进入煤层的空气较少，产生不完全燃烧的半煤气，半煤气中含较多的一氧化碳，进窑与二次空气燃烧，因为供给的空气始终是不足的，最后燃烧产物中仍含 2%～4% 的一氧化碳。至于燃油或烧煤气的窑，则控制喷油量和空气配比或煤气、空气配比，即可控制气氛。氧化气氛时空气过量，还原气氛时空气略显不足。根据火焰的颜色也可以判断：氧化气氛时，火焰清晰明亮，可以一望到底，清楚地看到料垛；还原气氛时，火焰混浊，不容易看清料垛。

气氛的控制和温度的控制密切相关。例如烧氧化气氛时，由于原来空气过多，如果维持燃料不变而减少过多空气，则火焰温度提高，当减少空气至空气过剩系数接近于1时，此时温度最高。再继续减少空气，使空气不足，则温度又降低而进入不完全燃烧的还原气氛。相反，当烧还原气氛时，由于原来空气不足，如果维持燃料不变而增加空气时，由于燃烧更趋完全，火焰温度升高。继续增加空气至理论需要量（空气过剩系数接近于1）时，燃烧温度最高。如再增加空气，则温度降低而变为完全燃烧又有过多空气的氧化气氛。所以，从温度的变化也可以判断气氛的变化。

三、各带的压力控制

经过前面讨论工作系统和静压头对气流的影响，对隧道窑内的压力情况有所了解。现在扼要分析压力控制问题。

压力制度是保证温度制度和气氛制度实现的条件。窑内最紧要的是控制烧成带两端的压力稳定。如果窑内负压大，漏入的冷空气必然多，一方面温度低，气体分层严重，上下温差大，另一方面烧成带难以维持还原气氛。所以负压大的窑就是操作得不好的窑。如果窑内正压过大，则大量热气体向外界冒出，损失热量，恶化劳动条件。冒入车下坑道还会烧毁窑车，造成事故。最理想的操作是维持零压。但要隧道窑全窑维持零压是办不到的，只能在关键性的烧成带维持零压附近，因为预热带要抽走烟气，必然处于负压，而冷却带要进入冷空气冷却产品，必然处于正压。由正压到负压要经过零压，由冷却带到预热带要经过烧成带，所以烧成带处于零压附近操作。烧成带也不是全带处于零压，而只有一个零压面。控制烧成带零压面的位置十分重要，烧煤气、烧油或炉栅下鼓风烧煤的窑，零压面一般控制在烧成带和预热带的交界面附近，使烧成带全带处于微正压，容易烧还原气氛。对于炉栅下不鼓风而只靠烟囱抽风烧煤的窑，则零压面控制在烧成带 1、2 对或 2、3 对燃烧室之间，有的窑甚至在烧成带末，使烧成带处于微负压下操作，以便由炉栅下吸入相应的空气来进行燃烧。如烧成带负压过大，则难以维持还原气氛，因为烧成带会漏入冷空气。尤其是预热带负压大，漏入冷风多，上下温差大。

冷却带急冷和直接风冷鼓入的风必须和抽出的热风相平衡，也就是说鼓入的冷风量应等于抽出的热风量，才不致有冷风流入烧成带，使烧成带能控制最高烧成温度和还原气氛。如果急冷处正压过大，大大超过烧成带最末一对燃烧室处的正压，说明急冷鼓入的冷风过多而未抽走，大量温度不高的空气进入烧成带，可能引起保温不足，产品生烧，或还原气氛不足，二次发黄。如果急冷处正压不足而呈现负压，通常是由于热风抽出过多或急冷鼓风太少，则烧成带有烟气倒流至冷却带，使产品熏烟而成为废品。

急冷气幕要自窑顶及两侧窑墙同时喷入，以全面封锁而阻挡烟气。但有的窑设计在同一排气幕上，一侧喷冷风，另一侧抽热风，次一排也是如此，只是喷冷风和抽热风的方向对调。这种设计很难控制，如果调节不当，不是鼓风过多，就是抽风过多，要么烧成带温度升不上去或烧不了还原气氛，要么烟气倒流，使产品熏烟，不少工厂出现过这种难以控制的现象。

除了控制隧道内的压力制度外，还要控制车下检查坑道的压力，最好检查坑道的压力与窑内压力接近平衡，即冷却带车下维持正压，预热带车下维持负压，烧成带在零压附近。这样，车上车下互不干扰，预热带没有冷空气自坑道漏入窑内，冷却带也无热气冒向坑道。如果控制有困难，则宁愿预热带及烧成带车下坑道压力小于窑内的压力，避免漏进大量冷风，增大窑内上下温差。冷却带车下坑道压力应大于窑内的压力，避免烧坏窑车。

第六节　隧道窑的附属设备

一、窑车

窑车是隧道窑装载制品入窑烧成的重要设备，它的质量好坏直接影响到窑炉的运转是否正常以及产品质量的优劣。而且窑车的造价较高，约占全窑总造价的四分之一，因此，对窑车应该予以足够的重视。图 7-25 为窑车结构的示意图。

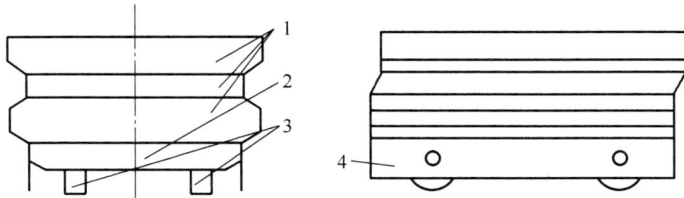

图 7-25　窑车结构
1—砖衬；2—底架；3—车轮；4—裙板

1. 车架

窑车的车架有铸铁制的和型钢制的两种。用型钢铆接的（不宜用焊接）窑车比较轻便，制造也较容易，但由于窑车数量较多，因而所耗钢材数量甚大，造价也就随之大大提高，而且这种车架在高温下容易产生变形。因此，一般都采用普通铸铁来浇铸框架。框架上的轴承座，大多采用固定形式，即与框架浇铸成一个整体。这种铸铁车架的优点是耐热性好，高温下不易变形，价格也比较便宜，缺点是比较笨重。

2. 车轮

对窑车车轮的要求主要是耐磨性能好。为了达到这个目的，一般采用冷铸工艺。实践证明，冷铸车轮表面硬度较大，使用 4～5 年后，仅稍有凹槽，仍不影响使用。有的工厂也采用铸钢或球墨铸铁来制作车轮，耐磨性虽好，但成本较高。

车轮的形式有单边轮与槽轮等多种，车轮的轴也有长轴和短轴两种形式。这两种形式各有优缺点。长轴窑车运行时较为平稳，但耗用钢材较多，而且因有较大表面积与车下热风接触，如车下温度过高，容易产生变形。短轴耗用钢材较少，加工、维修都较为方便。但车轮的稳定性不如长轴，特别是当轴承座是装配式的情况下，定位、调节平行度就更为困难。一般来说，长轴多用于大型窑车，短轴多用于中、小型窑车，究竟采用何种形式，要根据具体情况来综合决定。

3. 轴承及其润滑

为了保持车轮的轻便灵活，一般采用滚动轴承。根据某些厂的实践经验，使用旧的轴承效果较好。因它的钢球与内外钢圈有一定的间隙，高温热膨胀时，不致使轴承卡死。

窑车轴承的润滑，关系到窑车运转是否正常，一定要引起高度重视。国内各日用陶瓷厂采用的润滑剂种类各不相同，有黄油、机油、变压器油、二硫化钼等。实践证明，采用黄油润滑效果不好，容易结焦。采用机油与变压器油润滑的窑车，大部分运转正常。少数因曲封、砂封不严，车下冷却措施较差．造成车下温度过高，以致窑车滚珠滞涩。

二硫化钼（MoS_2）是一种较好的润滑剂，它是从辉钼矿中精选并经过化学提纯而得到的，外观呈铅灰色到黑灰色光泽，粉末状，本身具有油脂的感觉。它具有耐酸碱、耐温、抗压、减摩等特性，而且与金属有很强的附着性。它的摩擦系数一般为 $0.05\sim0.09$，比石墨还小（石墨为 $0.19\sim0.21$）。一般润滑剂薄膜在 $20000kgf/cm^2$ 压力下就被破坏，失去润滑作用，而二硫化钼薄膜可以承受高达 $33400kgf/cm^2$ 的压力，而不致破坏。它的使用温度可以从 $-60℃$ 到 $400℃$。因此，它不但在一般情况下，有着良好的润滑性能，而且在高速、高温、高压、高真空等特殊情况下，也有着优异的润滑作用。有条件的单位，可以试用这种新型润滑剂。

要保持窑车运转灵活、正常，除了正确选择，使用润滑剂外，更重要的是要尽可能采用有效措施，来降低车下的温度。

二、托车

托车又称驼车、渡车或转运车，它是进车、出车时转运窑车的工具，一般在窑头、窑尾各设置一辆。托车的轨道正好与窑内行车线、窑外回车线相垂直，托车上设有标高、方向与行车线、回车线相同的钢轨，以便将窑车平稳地推上托车或将窑车从托车上推入行车线与回车线。

托车有手推式和电动式两种。目前，手推式的托车使用比较普遍，电动式托车正在逐步推广。

托车车架一般用型钢焊接而成，配置两对车轮，并设有转载窑车时用的窑车制动装置以及托车本身的定位部件。

三、推车机

推车机又称顶车机。其作用是将窑车从隧道窑的入口端推向出口端。日用陶瓷厂隧道窑使用的推车机有两种形式，即螺旋推车机与油压推车机。使用螺旋推车机的隧道窑较少，因为这种推车机动力消耗比较大，占地面积也较大，易损件多，噪声大，而且由于是间歇式推车，平稳性也比较差，只适用于料垛稳固性较好的制品。大多数日用陶瓷隧道窑采用油压推车机。

油压推车机由油箱、油泵、输油管道、工作筒（油压筒）、配重架、拉杆、返回机械、滑轮等组成，并配用电动机一台，约 1.1kW。

油压推车机的推车速度，可以根据需要进行调节。也就是改变机体上两组往复泵送杆上偏心轮的偏心距，使活塞的行程发生变化，输油量随之变化，从而控制工作筒内顶杆的前进速度。工作筒内的回油，可凭借配重架上的平衡重锤的重力作用，也有的采用电磁阀自动回油。油压机体上还备有停电时采用的人工手摇装置，输油管路上还安装有压力仪表及安全阀等。

第七节　常用的燃料燃烧装置

用来实现燃料燃烧过程的装置称为燃烧装置。各种燃料的燃烧过程不同，因而燃烧装置的结构也各不相同，按燃料种类通常分为气体燃料燃烧装置、液体燃料燃烧装置和固体燃料燃烧装置。

一、燃料燃烧过程

燃料燃烧过程包括混合、活化和燃烧三阶段。可燃气体与空气中的氧适当混合是燃烧的前提，而且混合速度一般较慢，燃料燃烧速度主要取决于混合速度。对可燃混合物的活化是指将其加热到着火温度，混合物活化后才可能顺利燃烧。在燃烧阶段，气体混合物中的可燃成分急剧与氧反应，形成火焰，放出大量热量和强烈的光。

燃料的着火温度是燃料和空气的可燃混合物可自行正常燃烧的最低温度。不论是自行着火燃烧还是点火燃烧，都必须把燃料加热到着火温度以上，燃烧方能进行。

着火浓度是指在可进行燃烧的混合气体中可燃成分的浓度范围。也就是说，在可燃气与空气的混合物中，可燃气的浓度若超出或不到这个范围就不能着火燃烧。但一旦着火，燃烧就不再受着火浓度的限制，直到可燃物或氧气消耗完为止。

二、气体燃料燃烧装置（烧嘴）

1. 气体燃料的燃烧特点

在气体燃料炉中，气体燃料燃烧时可燃气由烧嘴喷入炉膛内点火燃烧，火焰将其热量传递给新喷出的可燃气，使其达到着火温度而燃烧，维持燃烧正常进行。

通常把火焰前沿向未燃烧的可燃气方向传播的速度称为火焰传播速度。可燃气喷出速度必须与火焰传播速度相匹配，火焰才能维持正常。若可燃气喷出速度低于火焰传播速度，火焰会回流到烧嘴和管道中进行燃烧，甚至引起爆炸，这种现象称为回火；反之，若混合气喷出速度大于火焰传播速度，则火焰会脱离烧嘴向前移动，变得不稳定，有时会发生飘散，与冷空气接触时将降温而熄灭，这种现象称为脱火。

气体燃料的燃烧有动力燃烧和扩散燃烧之分。如上所述，燃料燃烧过程主要是混合与反应过程，支配燃烧过程的将是其中进行较慢的过程。若燃料气与空气在燃烧前已完全混合，则燃烧过程主要取决于燃料气与氧的化学反应过程，即取决于化学动力因素，故称这种状态的燃烧为动力燃烧。动力燃烧时的燃烧速度很快，火焰短，空气过剩系数较小。

若燃料气与空气预先未完全混合，而在燃烧过程中边混合边燃烧，这时的燃烧过程则主要取决于燃料气与空气的混合扩散过程，在这种情况下的燃烧，称为扩散燃烧。扩散燃烧时，燃烧速度较慢，火焰较长，火焰温度较低。

2. 烧嘴分类

烧嘴按燃烧方法分为有焰烧嘴和无焰烧嘴。按火焰形状分为平焰烧嘴、直焰烧嘴、扁焰烧嘴、短火焰烧嘴和长火焰烧嘴；按供风和混合方式可分为高压喷射式烧嘴、内混式烧嘴、外混式烧嘴、低压涡流式烧嘴及高速烧嘴。

无焰烧嘴常见的有高压喷射式烧嘴和引射式平焰烧嘴，有焰烧嘴常用的有低压涡流式烧嘴、平焰烧嘴和自身预热烧嘴。

（1）高压喷射式烧嘴　高压喷射式烧嘴基于喷射原理，利用煤气喷口喷出的高速气流将燃烧所需的空气按比例吸入。其特点是：空气、煤气可按比例调节，即煤气压力变化时仍能按比例吸入燃烧所需的空气量，空气过剩系数较小，一般 $\alpha = 1.03 \sim 1.05$；燃烧温度高，易获得高温燃烧区。其主要缺点是：较易发生回火，要求有较高的煤气压力。当煤气喷口确定后，不能任意改用不同发热值的燃料，而且煤气和空气的预热温度受限制。

（2）低压涡流式烧嘴　是一种强制供风半预混式有焰烧嘴，结构简单，要求的空气、煤气压力低。为强化空气和煤气混合，在空气通道内设置有倾斜一定角度的涡流导向叶片，使空气流旋转并与煤气在烧嘴内部开始混合，因而火焰较短。

（3）平焰烧嘴　平焰烧嘴喷出的不是直焰而是紧贴炉壁向四周均匀伸展的圆盘形平火焰，能在很大的平面内造成均匀的温度场，并具有很强的辐射能力。

平焰烧嘴主要以对流方式传热给炉墙，以辐射方式传热给被加热工件，有利于强化炉内传热过程和实现均匀加热，避免工件过烧，在工艺允许的条件下可提高加热速度，缩短工件与烧嘴的布置距离。对室式加热炉可降低炉膛高度，对台车式加热炉可减少烧嘴数量或缩小炉膛宽度，因此可显著改善加热质量，提高炉子生产率和降低燃料消耗。

现有平焰烧嘴形成平焰燃烧的方法有两种：一种是在烧嘴出口处设置挡流板，使轴向气流受阻而沿炉壁径向散开形成平火焰；另一种是利用旋转气流配合喇叭形通道而形成平火焰。目前多采用后一种方法。

（4）高速烧嘴　高速烧嘴是燃料与助燃空气在燃烧室或燃烧坑道内基本实现完全燃烧，燃烧后的高温气体以 $90 \sim 200 \text{m/s}$ 的速度喷出，从而强化对流传热，促进炉内气流循环，达到均匀炉温的目的。另外，通过掺入二次空气，使出口燃烧气体温度降低到与工件加热温度相接近，可实现烟气温度的调节，对提高加热质量和节约燃料有显著作用。

第八节　隧道窑热工测量和自动调节

窑炉热工测量是对正在操作的窑炉，测定一些参数，来衡量设计是否合理，操作是否正常，有无改进之处。热工测量和设计是相反的两面，设计时窑还没有建立起来，所有数据（例如温度曲线、热平衡数据等）是设计者拟定的，拟定是否合理，还要靠实践来检验。而热工测量则是通过实测数据进行检验。

自动调节的目的，是使窑炉能自动地按要求的参数稳定地运转。

窑炉热工测量和自动调节，包括温度测量和调节，压力测量和调节，气氛测量和调节，气体流速、流量的测量和调节。

一、隧道窑热工测量

隧道窑热工测量包括温度测量，压力测量，气氛测量，流速、流量的测量。

1. 温度的测量

（1）测定窑内温度曲线　用热电偶测定窑内温度曲线，是在全窑顶每隔一定距离开孔，将热电偶插入隧道中，待稳定后，记录各点的温度。按窑长与温度的关系制成曲线。在900～1400℃范围内用铂铑-铂热电偶，低温区用镍铬-镍硅热电偶。这是一条窑顶温度曲线。有条件的窑，还应测定一条窑底温度曲线。在两侧窑墙上近窑车装载面处，和窑顶对应位置开孔，用热电偶测定各点温度，制成曲线。和窑顶曲线对比，可以看出上下温差。有的工厂还测定车下温度曲线。

从测出的温度曲线，可以判断窑的设计和操作是否合理。

（2）测定窑内截面温差　用测温车测定窑内截面温差。测温车是将一辆普通窑车，由下面穿过耐火衬砖向上安置几支铂铑-铂热电偶（9400℃以下），如图7-26所示。

热电偶的布置位置和高低，根据需要确定。有高有低，有前有后，有左有右有中央。测温车仍按正常情况码坯，才能反映实际情况，所以安置孔要周密考虑，不应妨碍正常码坯。将测温车推进窑内，各支热电偶的导线由车下坑道引向窑外，并随车前进。

记录每一车位各点的温度分布情况，然后制成隧道窑上、下，左、右，中央等多条温度曲线，找出截面温差的大小及其产生的原因，以便设法减少截面温差。

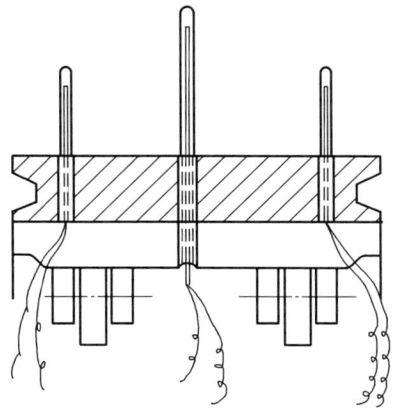

图 7-26　测温车示意图

（3）测定制品烧成情况和最高烧成温度　用光学高温计或辐射高温计可自烧成带测温孔观察窑内制品温度。也可在窑车上制品间适当位置放置测温锥（又称火锥）或测温环来测定制品烧成情况和最高烧成温度。

测温三角锥，是用一定成分的硅酸盐材料（各种不同的氧化物）制成高约6cm的三角锥体。按号码划分，每个号码相当于一个熔融温度。其熔融温度与制造测温锥的成分有关。

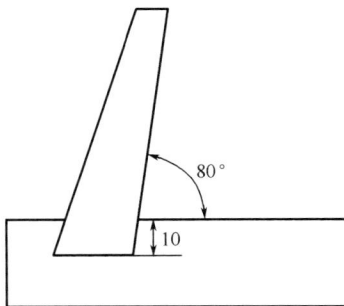

图 7-27　测温锥插入底座

测温时是将测温锥放在料垛之间，进入窑内与制品同时升温，当测温锥软化，其顶端弯倒恰好与底座接触时的温度，被规定为测温锥的熔融温度，也就是窑内制品温度。因为测温锥与制品处于同一位置，经受相同的升温和保温时间，较近似地反映了制品的情况。

如果将多个不同锥号的测温锥放在车上，然后在烧成带不同的观察孔观察，也可以测出各车位的温度和烧结情况。

将测温锥插入耐火泥底座时，插入深度约10mm，并使测温锥与底座平面成80°角，如图7-27和图7-28所示。

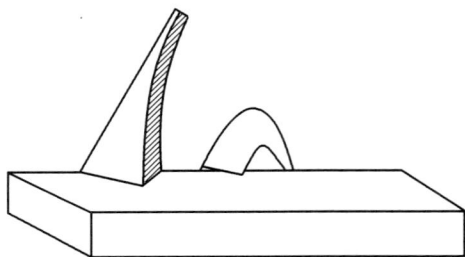

图 7-28　测温锥弯倒

我国火锥编号是和温度一致的，只要将火锥号乘以 10，就是测定温度。例如 135 号火锥，测定温度即为 1350℃。

（4）测定窑墙、窑顶外表面的温度　用表面热电偶或电阻温度计或半导体点温计在窑顶及两侧窑墙外表面上，每隔一定距离测定温度，制定沿窑长的表面温度曲线，以便计算向外的散热损失。测量表面温度时应在窑顶同一宽度位置上和侧墙同一垂直位置上多测几个点，求取平均温度作为窑长方向的温度。

（5）测定窑内气体的实际温度　将热电偶插入窑中测得的温度，是介于气体和制品之间的温度。在预热带，热电偶测得的温度比烟气温度低，比制品温度高，但更接近于气体温度。在烧成带，热电偶的温度也是比燃烧产物的温度低，比制品温度高，但更接近于制品温度。在冷却带低温段，热电偶的温度则更接近于该带热空气的温度。

一般的烧成温度曲线不能代表制品温度，而是在预热带接近烟气温度，在烧成带接近制品温度，在冷却带又接近气体温度。

如果要准确控制各个排烟口的排烟量以及冷却带抽热风口的抽热风量，就要对窑的各带进行传热计算，而这需要知道气体的实际温度。要测定气体的实际温度，只有采用抽气热电偶。

2. 窑内压力的测量

测定窑内压力曲线，是沿窑两侧近窑车装载面处，每隔一定距离开孔，插入测压管，利用微压计测定，记录各点的压力，按压力和窑长的关系制成曲线。或用压力变送器，将测压管的数值用计算机打印出曲线来。

根据压力曲线观察预热带和烧成带交界处的零压位是否恰当，冷却带急冷风处正压是否适当。要注意隧道窑垂直截面上的静压是不同的，越向上，压力越大，所以一条压力曲线上的各测压点应在同一水平位置上。最好同时测定几条不同高度的压力曲线以及车下压力曲线，以便更好地进行控制。

3. 窑内气氛的测量和空气过剩系数的测量

烧还原气氛的隧道窑，要求测定 1050～1200℃ 范围的 CO 含量，来判断还原气氛是否恰当。在这一范围内属强还原性，CO 含量一般在 2%～4%。测量时，在烧成带该温度范围的窑墙两侧近窑车装载面处开孔取样，用装有燃烧管的气体分析器或红外气体分析仪进行分析，测定 CO 含量，或用气相色谱仪测定窑内气氛。

4. 管道内和烟道内气体流速、流量的测量

一次风管、二次风管、急冷风管、窑尾直接冷却风管、抽热风管等处空气流速和流量的测量以及烟道内烟气流速和流量的测定是为了判断热量分布情况，分析操作是否合理。并为全窑热平衡核算打下基础。

测定管道或烟道中的气体流速，是在这些管道、烟道的直线部分，气流稳定的地点开孔，插入标准皮托管，用微压计测定其动压，按规定求平均流速，乘以管道截面积，即为流量。

除标准皮托管外，还有各种类型非标准皮托管，例如最简单的由一条直管、一条 90°弯管组成的皮托管，以及管口前带有挡板的避免烟尘阻塞用的皮托管等。这些皮托管都要在使用前进行校正，取得校正系数后才能使用。在隧道窑热工测量中，这些非标准皮托管很少采用。可用激光测速仪或热线风速仪读出该处气流速度。

二、隧道窑热工标定

热工标定是按热平衡要求，对隧道窑进行全面的热工测量，整理数据，该列表的列表，该制曲线的制曲线，分别算出热收入和支出项目，核对收支是否平衡。进一步分析哪项热支出最大，是否合理，有无改进的可能。

设计时的热平衡计算和热工标定时的热平衡计算，其目的显然不同。设计时是为了求得每小时的燃料消耗量，以便设计燃烧室，选择烧嘴，并进行通风设备的计算和选型。这时，热平衡计算的很多数据都是设计者凭经验和理论决定的。而在窑炉热工标定取得全面数据后所进行的热平衡，却不是为了求得每小时的燃料消耗量，也不是为了设计燃烧设备和通风设备。因为燃料消耗量已经直接测出来了，各种设备已经有了，用不着再设计。那么，热工标定最后所进行的热平衡计算，目的是衡量设计是否合理，操作是否正常，热耗的分布如何，哪些项热耗最大，有无改进之处等。目的虽然不同，但计算步骤和方法却完全相同，只是热工标定时已经将各个参数测出，不必假定，直接代入公式，计算十分方便。

最后要注意，如果热收入和支出达不到平衡，就应考虑测定的数据有错误，或选点不恰当，数据没有代表，要重新考虑，全面衡量。

热工标定所要测定的项目、方法以及使用的仪器均在第一节中讨论过。热工标定主要是为了判断一座窑设计或操作是否合理，所以往往不止对一座窑进行标定，而对同厂几座隧道窑同时标定，甚至对同地区相同类型的窑进行标定，以便对照，进行分析和比较，找出各窑的优缺点，进而改进设计和操作，找出最佳化的设计和最佳化的操作条件，并制定标准操作规程和设计标准型的窑炉，所以称为标定。

热工标定是一项繁重的工作，又是重要的工作，在热工标定中，可取得很多有用的第一手资料，从中找出各个参数之间的关系，并制定数学模型，这为利用电子计算机设计和控制隧道窑，实现全盘自动化生产，创造了条件。所以要组织人力，合理安排，定期进行热工标定。

三、隧道窑自动调节

隧道窑是一个连续性窑，在正常生产情况下，窑内的温度、气氛、压力应该稳定。但由于种种原因，例如产品种类变更，产量波动，装车码坯方法不同，燃料质量或数量波动，风量改变，因天气关系或地下水影响使烟囱抽力变化，以及各班工人操作经验不同等，都能引起窑内温度、气氛和压力发生变化。如果变化超过允许范围，就要调节，使其回复到规定的范围内。过去依赖工人手工调节，不但体力劳动繁重，而且调节不灵敏、不及时，忽高忽低，难以掌握，调节精度不高。现在普遍要求用电气仪表进行自动调节。

窑内调节的主要参数为温度，其次为气氛，温度和气氛是紧密联系的，当温度发生变化气氛也一定发生变化。所以在温度调节的同时，也往往调节了气氛。至于压力的调节是，为了保证温度和气氛的稳定，也是一个重要调节参数。

隧道窑的调节项目有烧成带的温度调节和气氛调节、预热带的压力调节以及冷却带的压力调节等主要几项。

（一）隧道窑烧成带的温度自动调节

1. 调节温度的方法

（1）对烧氧化气氛的窑或烧还原气氛的窑的氧化炉（900～1050℃），可以固定空气量不变，用改变燃料的办法来调节温度。因为空气过剩系数大于1，增加燃料量，减小了空气过剩系数，使其接近于1，可以提高温度。反之，减少燃料量，增加空气过剩系数，可以降低温度，这种方法简单，为多数工厂采用。但气氛性质有变化，要防止氧化气氛不足。如果燃料量增加太多，空气过剩系数小于1，则由氧化气氛变为还原气氛，这是不允许的。

（2）对烧还原气氛的地带，可以固定燃料量不变，用改变空气量的办法来调节温度。因为空气过剩系数小于1，增加空气量，使空气过剩系数增大，接近于1，燃烧更完全，温度可以提高。反之，减少空气量，空气过剩系数减小，燃烧更不完全，温度降低。这种调节方法和第一种方法类似，比较简单而易于执行，但不能维持气氛性质。如果空气过多，空气过剩系数大于1，则由还原气氛变为氧化气氛。

（3）成比例地调节燃料量和空气量，以调节温度。当窑内温度低时，成比例地增加燃料量和空气量，可以提高温度。反之，减少燃料量和空气量，可以降低温度。这种方法既调节了温度又维持了气氛，是最合理的调节方法。烧煤气的隧道窑可以采取这种方法。

2. 隧道窑烧成带温度自动调节的选点方案

（1）第一种方案：选定隧道窑烧成带一个最高温度点，作为控制对象，用热电偶取得该点温度作为信号，通过温度变送器、调节器、执行器，成比例地调节燃料量和空气量，使该点温度趋于稳定。这种方案简单，用的仪表少，是其优点。但即使控制了这点温度，也难保其他点温度不变化，整个窑的操作难以稳定。

（2）第二种方案：将烧成带对应于燃烧室的部位分成若干组，如氧化炉组（900～1050℃）、重还原炉组（1050～1200℃）、弱还原炉或中性炉组（1200℃以上）。每组选取一个温度作为控制点，这个方案适用于非比例式烧嘴的分组调节，比第一种方案好。

（3）第三种方案：对应于每个燃烧室的部位，在隧道内偏于该燃烧室的一侧或从燃烧室顶部选取一个点来控制温度。这个方案适用于采用比例式烧嘴的隧道窑上，能较精确地控制整个烧成带的温度。但所需调节仪表数量太大，投资费用高，管理费用高，操作复杂。如果采用电子计算机巡回检测，则可以节省大量调节器，成为完善的温度调节方案。

以上三种方案都是单回路工作系统。也就是一个被调参数（温度）控制点，一套变送、调节和执行仪器，单独控制该点温度，自成一个闭合回路。

（二）隧道窑烧成带的气氛自动调节

如果在烧成带温度自动调节的时候，采用了比值调节系统，燃料和空气按比例增加或减少，则在调节温度的同时已调节了气氛，不必另设气氛调节仪。如果调节温度时不是按比例调节燃料和空气，而又要控制还原气氛，则可采用红外线气体分析仪对CO进行自动调节。但要注意，不要因为调节气氛，改变了空气过剩系数而又引起温度波动。所以最好采用比例调节系统，既可调节温度，又可调节气氛。红外线CO分析仪的作用原理是：将一取样管插入指定地点，抽取气体样品，除去水汽后，通过红外线分析仪。红外线分析仪底部的灯泡产生红外线，经过旋转光栅，将红外线均匀分配，通过两支吸收管，一支管内充空气，作为比较标准，空气不吸收红外线。另一支则为吸入的气体样品，根据样品中气体成分浓度的大小，成比例地吸收红外线。两支吸收管上部有一个气室，用膜片将气室分隔为两半，每半边接通一支气体吸收管。由于经空气到来的红外线没有被吸收，辐射能多些，而经样品管来的红外线部分被吸收，辐射能少些，因而两边气室中的气体受辐射热而膨胀不同，使膜片向一边偏移，膜片与差压变送器相连，经调节器、执行器，开大或关小燃料或空气管道的闸阀或蝶阀，以改变燃料或空气量，达到调节气氛的目的。

（三）隧道窑预热带的压力自动调节

预热带的压力稳定，对隧道窑极为重要。如果预热带负压增加，压力下降，不但本带会吸入过多的冷空气，加剧气体分层，扩大上下温差，延长烧成时间，甚至也降低了烧成带的压力，使该带呈现负压，由下面吸入冷空气，造成下面生烧。烧还原气氛的窑，因漏入冷风过多，维持不了高温，也维持不了还原气氛，使产品发黄。又有一部分 CO 流至氧化炉，使该处温度过高，且破坏了氧化气氛，使坯体出现坯泡，都是不利的。所以要控制预热带的压力。

一般选择预热带和烧成带交界面处的压力作为被调参数，控制该处的压力稳定。但该处压力很小，接近于零压，而且波动幅度也小，因此需要高灵敏度的压力变送器。所以有时将取压点适当地向负压稍大的部位移动。由压力变送器将该处的压力波动变为 $0\sim10mA$ 的直流电信号输送到调节器里，再到执行器，开大或关小烟囱总闸或排烟总管的蝶阀，以改变烟囱或排烟机的抽力，使控制点的压力稳定。此时各排烟口支烟道的闸板开度维持不变。

也可选取烟囱总闸前或预热带排烟主烟道处的压力作为控制点，这些地点负压大，压力波动也大，压力变送器灵敏度可要求低些。但即使控制了这些地点的压力，也不见得能稳定整个预热带和烧成带的压力。因为引起窑内压力变化的因素很多，例如燃料和空气量的变化、窑门的启闭等都能影响预热带及烧成带的压力，仅靠调整烟囱总闸前或主烟道口的压力是较难解决问题的。

（四）隧道窑冷却带的压力自动调节

冷却带急冷风喷入处（急冷气幕处）正压的大小影响甚大，稳定该处的正压十分重要。急冷气幕又称阻挡气幕，如果该处正压过大，则有大量温度不高的空气流入烧成带，会降低最高烧成温度，也不易维持还原气氛。如果该处正压过小，则起不了阻挡作用，而有烟气倒流，使产品熏烟。在该处取压力信号，经变送器、调节器、执行器，开大或关小热风抽出风管上的蝶阀，以控制热风抽出量，调节该处的正压。也可控制冷风送入量，使急冷风、窑尾直接风和抽热风达到平衡，急冷处的正压也达到稳定。

（五）电子计算机控制隧道窑

用电子计算机控制隧道窑是今后发展的方向，有的工厂用计算机作多点巡回检测，代替数目繁多的调节器，起了很好的作用。

第八章

其他隧道窑

近年来，隧道窑有了很大的发展。在窑的结构上，采用高温轻质隔热材料（如陶瓷棉、高铝空心球砖等）砌筑窑体和窑车，取消匣钵，适当降低窑的高度。在预热带使用高速调温烧嘴，快速烧窑。此外，隧道窑实现自动化、流水作业化，并发展了装配式窑技术。在燃料上，采用轻油、液化石油气、天然煤气和发生炉煤气。因而出现了许多较先进的窑炉，如隔焰隧道窑、半隔焰隧道窑、多通道隧道窑、推板式隧道窑、辊底式隧道窑、输送带式隧道窑、步进梁式隧道窑、气垫窑等，而以烧煤气的辊底隧道窑为发展的方向。

第一节　隔焰隧道窑（马弗隧道窑）及半隔焰隧道窑（半马弗隧道窑）

隔焰及半隔焰隧道窑是用隔焰板（马弗板）将燃烧产物与制品隔开，借隔焰板的辐射传热使制品烧成的窑。火焰在隔焰道内，制品在隧道窑内不与火焰接触，不用装匣钵。隔焰窑有多种形式，常用的有单隔焰道和多隔焰道两种。多隔焰道的各通道可单独调节，以调整窑内上下温度，达到均匀窑温的目的。但窑的结构较复杂（图 8-1），单通道则较简单。

隔焰板应以导热性好、耐火度高、强度大的材料制成，如碳化硅、硅线石及熔融刚玉等，而以碳化硅使用最为普遍。碳化硅的导热性能比一般材料高 5～20 倍，能满足使用要求，且易于制造，但碳化硅在 900～1100℃ 时易氧化，降低了隔焰板的使用寿命，是今后必须解决的问题。

隔焰板有标准型、双壁型、盒子型、单板型等多种，如图 8-2 所示。而以双壁结构为最

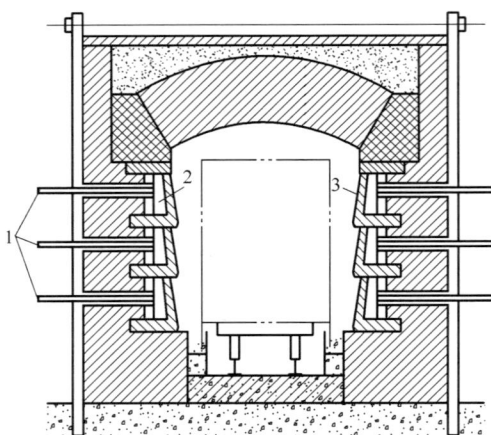

图 8-1　多隔焰道隧道窑
1—烧嘴；2—隔焰通道（火道）；3—隔焰板

好。这种形式的隔焰板，中间有通道，作用如同一个小烟囱，能促进窑内气体循环，减小窑内上下温差。且这种双壁结构比单板强度大，在高温下不易变形和破损，也比标准型简单，易于制造。

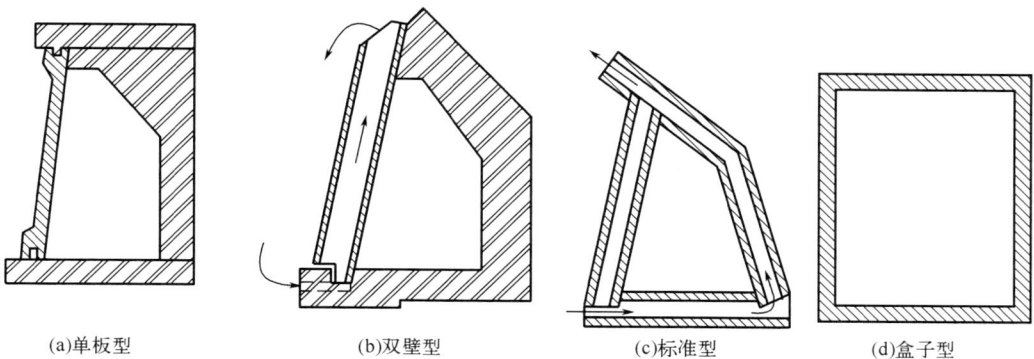

图 8-2　隔焰板的一些形式

(a)单板型　　　(b)双壁型　　　(c)标准型　　　(d)盒子型

隔焰窑内主要为固体辐射传热，传热系数大，传热速度快，且窑内截面一般都不大，窑内温差较小，加之制品不用装钵，因此烧成周期大大缩短，产品质量大大提高，劳动强度也有所降低，尤其适用于易污染制品的燃料的燃烧，以及焙烧彩色制品，只是必须解决隔焰板材料的问题。且由于隔焰烧成，燃烧室温度高，须以较好的耐火材料砌筑燃烧室。若能将喷嘴伸入隔焰道，既解决了燃烧室材料的问题，又提高了热效率，但对隔焰材料的要求也更高了。这种窑的烟气离开隔焰道时温度很高，必须在窑头设置换热器，利用烟气来预热空气，用作助燃空气，以提高热效率、提升燃烧温度、节约燃料，或将预热空气送往干燥器，以充分利用余热。

隔焰窑虽具有一系列优点，但由于燃烧产物不入窑，窑内不能形成还原气氛。对一些含铁量高且要求还原气氛的产品，隔焰窑并不合适，所以出现了半隔焰窑。

半隔焰窑坯体亦不装钵，在烧成带设一些挡墙，或在隔焰板近车台面处开一些孔洞，使隔焰通道与窑内相通，窑车上则设火焰通道，以避免火焰直接冲击产品，而燃烧产物可入窑。因此，比隔焰窑经济，既有固体辐射又有火焰辐射，传热效果好，燃耗低，且可维持还原气氛，适于截面较小的隧道窑。但是这种窑要求燃料清洁，特别对易污染产品的燃料要注意，以免影响产品质量，同时还必须采取措施防止烟气倒流，否则烟气中的游离碳及二氧化硫将使产品釉面无光泽，即产品熏烟。采取的措施是设急冷阻挡气幕，即在 700℃ 以前鼓入直接风冷却，冷却带同时要抽热风去干燥器，使该带鼓入和抽出的风量达到平衡。

半隔焰隧道窑预热带不设隔焰板，燃烧产物、烟气和制品接触，还可以采用高速调温烧嘴，更有利于快速烧成。

第二节　非窑车式隧道窑

一、推板窑

推板窑是以推板放在窑底上作为窑内运载工具的隧道窑。制品放在彼此相连的推板上，由推进机推入窑内。推板一般以耐火材料制成。这种窑多为隔焰，截面较小，窑底密封，无冷空气漏入，窑内温度较均匀，易于快速烧成。且其结构简单，操作方便，易于机械化、自动化。

但推板易磨损，又因在长期使用中，窑床上可能附着某些物质，使推板和窑底间的摩擦阻力逐渐增加，或由于使用时间较长，推板接触的地方变圆，致使推板拱起罗叠，发生事故。为了减少磨损，有的做法是在推板和窑底之间放置瓷球，但由于瓷球的尺寸难以统一，实际使用效果并不理想。为了克服这些缺点，国内外有的工厂在推板下设置金属滑块，窑底上有滑轨，滑块载着推板在滑轨上滑走，摩擦小，损耗小，较为理想。在这种情况下，推板和窑墙之间要设置砂封槽，以免烧坏滑块和滑轨。推板窑见图8-3。

推板窑一般长度在30m以下，宽度小于1m。过长则阻力过大，过宽则在加热或冷却过程中，推板温度不均匀易开裂。这种窑的窑内高度视制品而定，一般不超过0.5m。在窑的预热带上部有排气孔，以便排除制品加热时放出的水汽和分解出来的气体。

二、辊底窑（辊道窑）

辊底窑也是一种小截面隧道窑。它的特点是利用辊子作为运输工具。制品放在垫板上或直接放在辊子上，利用辊子的转动，使制品由预热带向烧成带、冷却带移动。可为单通道或多通道。可使用气体、液体燃料，也可用电热。使用重油为燃料时，为防止烟气污染制品，要采取隔焰或半隔焰形式。电热时，为保护发热体或使温度更均匀，也需将发热体和制品隔开。隔焰板也多为碳化硅质。若使用净化的气体燃料时，则可为明焰。

低温处的辊子可用耐热钢制成，高温部分需采用非金属材料，如莫来石质、刚玉质、硅线石、重结晶的碳化硅或再加莫来石涂层等。辊子长度可达到2.5m，直径在25～27mm。要求直而圆，尺寸准确。

为使传动平稳、安全，常将辊子分为若干组，用辊轮、链条分别传动。

这种窑截面较小，窑宽可达2m左右，辊子上下可分布烧嘴，窑内温度均匀，适于快速烧成，且能与前后工序连成自动线。辊道窑截面示意图如图8-4所示。

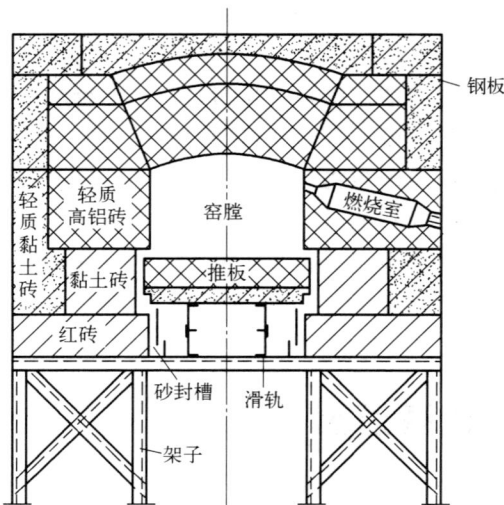

图8-3 推板窑

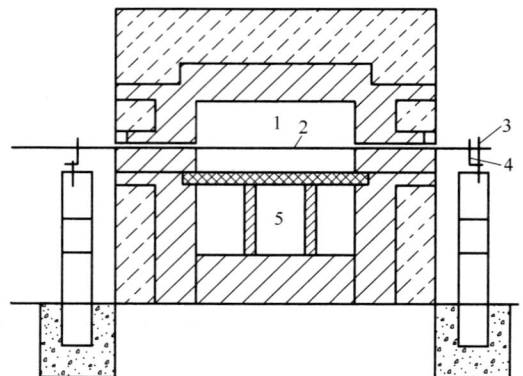

图8-4 辊底隧道窑截面示意图
1—隧道；2—辊子；3—链轮；4—支架；5—火道

三、输送带式窑

输送带式窑是以输送带作为制品运载工具的隧道窑。被焙烧制品置于耐热合金钢制成的网状或带状输送带上，由传动机构带动输送带向前移动。这种窑截面小，温度均匀，可快速烧成，能与前后工序连成自动线，占地面积小。但对运输带材质要求较高，使用温度受到限制，适用于焙烧锦砖用。

四、步进梁式窑（步进窑）

步进梁式窑是由一组固定梁和一组步进移动梁作为制品运载工具的隧道窑。梁的长度方向与窑长方向一致。梁为钢结构，其表面有耐火材料，移动梁下有一套机构，使其作步进式的移动。移动梁比固定梁略低，制品或制品的垫板放在固定梁上，移动时，制品被移动梁抬起，向窑尾方向平移一步，移动梁由上向下降落，制品又被放落在固定梁上，但已前进了一步。移动梁放下制品后，回到原来的位置。如此反复进行。此种窑运行平稳，易与前后工序连成流水线。

五、气垫窑

气垫窑是制品在气垫状态下烧成的隧道窑。此种窑用多孔隔板将窑室与燃烧设备分开，多孔隔板下部燃烧室内的燃烧产物通过多孔隔板以一定速度压入窑内，使被焙烧制品浮离隔板达 1～2mm，形成气垫状态。制品借助气垫和输送设备向前移动，并在悬浮状态下烧成。制品受热十分均匀，传热很快，适于小型制品的快速烧成。

第三节　多通道隧道窑

多通道隧道窑的特点是：有多条通道，且为隔焰式，火焰在通道外，制品在通道内；通道截面较小，适于烧制小件产品。

多通道隧道窑一般长 7～15m，也有长达 30m 的。通道的数目从 4 个到 48 个不等，通常是 16 条、24 条、32 条通道。若数量再增加，会使烧成制度控制困难。相邻通道常做成反向的，以利用余热。可用气体燃料，也可用电热。现以 16 通道隧道窑为例进行介绍，见图 8-5。

16 条通道分为平行的 4 列，每列 4 条。在预热带及烧成带，每条通道的上下及两侧均被烟道包围。烧成带两侧有 1～3 对燃烧室。烟气进入烟道后沿烧成带、预热带向前流动，最后由预热带的排烟口、烟囱排出。在烟道中每隔 0.5～1m 设置一道挡墙，使烟气上下波浪式前进，见图 8-6。在预热带前端，隔焰板上可开小孔，使通道和烟气相通，可排出通道内制品焙烧时产生的水汽和气体。为使烟气不流入冷却带，在烧成带和冷却带交界处将烟道堵死。冷却带的冷空气通道中也可设挡墙，使冷空气在里面波浪式曲折地行进，而使冷却均匀。冷空气的进口在冷却带末端，出口在接近烧成带的地方。

制品放在垫板（或小车）上，用油压推进机将垫板推向前进，推进机上可设与通道数目相等的小推板，将所有通道的垫板同时向前推进。为便于推动，窑体可稍倾斜，从预热带向烧成带倾斜 1°～2°。

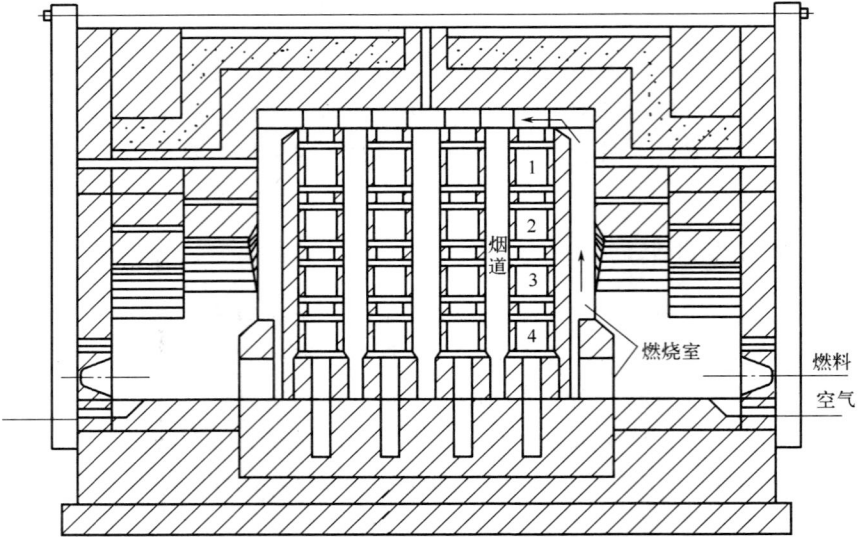

图 8-5　16 通道隧道窑烧成带垂直剖面图

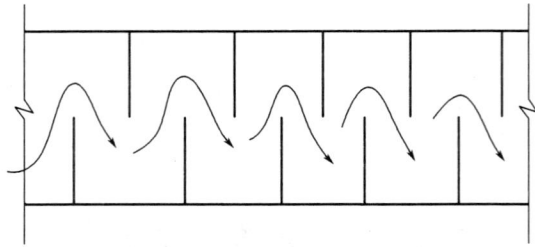

图 8-6　烟道挡墙

多通道隧道窑窑炉空间的利用系数高，单位容积生产量高，占地面积小；截面小，温差小，质量好，热利用好。

但多通道隧道窑也存在一些缺点：各孔道温度不一致；施工质量要求高。

第九章

间歇窑

窑炉按操作方式来分，可分为连续窑和间歇窑两大类。隧道窑是目前陶瓷工业中最现代化的连续窑。传统的间歇窑是倒焰窑，虽具有一些优点，但由于产量低、能耗大等，已基本被淘汰。新型的间歇窑，如梭式窑、钟罩窑等，与旧式的倒焰窑大不相同，其特点是：（1）在窑外装、卸制品，减轻了劳动强度，改善了劳动条件；（2）采用了高速调温烧嘴，加强窑内传热，缩短了制品的烧成时间，从而增加了窑的产量，降低了单位制品的燃料消耗；（3）采用高温轻质隔热材料砌窑，降低了窑体的蓄热量，便于快速烧成和冷却；（4）制品在烧成和冷却过程中实现自动控制，提高了产品的质量。尤其是大容积的梭式窑，其生产经济指标可以和现代的隧道窑相比拟。

第一节　梭式窑

梭式窑（也称往复窑，或台车式窑，还称为车底式窑或活底式窑）是从传统的倒焰窑演变而来，故而属于"间歇式"或"半连续式"窑型。该窑型的窑门可以在窑体的一端设置，如图 9-1 所示，此时，窑车在同一端进，也在同一端出；也可以在窑体纵向两端均设置窑门，此时窑车可分别从窑体的两端进、出，或者窑车从一端进，而从另一端出。由于该窑型中窑车的往复运动类似于织布时穿梭子，故而得名"梭式窑"。

在陶瓷烧成（包括微晶玻璃的烧结或晶化）以及耐火材料烧成（包括砖、瓦等建筑材料的烧成）方面，尽管目前大规模生产所使用的窑炉是隧道窑或更为先进的辊道窑，但是由于梭式窑对所生产制品的适应性较强，可以适应不同尺寸、不同形状、不同材质制品的烧成，所以它特别适合于小批量、多品种产品的生产，使其满足市场

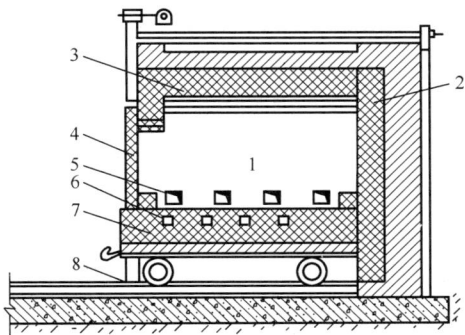

图 9-1　梭式窑的结构（侧视剖面图）
1—窑室；2—窑墙；3—窑顶；4—窑门；
5—烧嘴；6—支烟道；7—窑车；8—轨道

多样化的需求。当然，一些小批量、高附加值、高科技陶瓷产品的生产也多用梭式窑来烧成。梭式窑能够非常方便地改变其烧成曲线，因此它还被很多科研单位所采用，目的是用来进行一些新产品的小试、中试。随着保温效果极佳且耐高温的轻质保温耐火砖和耐火纤维的出现，使得梭式窑的烧成热耗大为降低，于是出现了高效节能型梭式窑（一些高效节能型梭式窑的能耗指标甚至与隧道窑相媲美）。所以，梭式窑至今仍有着强大的生命力。

梭式窑的工作来源于传统的倒焰窑，只是其装、卸制品的过程都是在窑外进行，装好坯体的窑车被推入窑内后开始点火煅烧，经过预热、烧成、冷却三个阶段后窑车被拉出窑外，卸下烧好的产品，再准备下一次烧制。燃料通过烧嘴燃烧产生的高温烟气，从窑车两侧与窑墙之间的缝隙流到窑车顶部后，在烟囱抽力的作用下再通过坯体或窑具之间的缝隙向下流动。在此过程中，热烟气把热量传给坯体，使其烧制为制品。完成传热后的热烟气就变为废气，最后从窑底部的排烟系统和烟囱（多数梭式窑的烟囱设置在窑体的后面，也有大型梭式窑将其烟囱设置在窑体的侧面，或通过侧面的烟道汇合到窑体顶部的烟囱）排向大气。正是由于热烟气从上向下的流动符合流体力学中使气流均匀分布的"分散垂直气流法则"（或称气流分流法则），所以梭式窑内的温度比较均匀，没有像隧道窑预热带内那样的气流分层现象，这是梭式窑的一大优点。

一、窑体

梭式窑的窑内空间（简称窑室）是由窑墙、窑顶、窑车衬砖所组成的空间。普通梭式窑的内侧窑墙是用耐急冷急热性能较好的轻质耐火砖砌筑而成，其外部用硅酸铝陶瓷纤维、硅酸钙板、岩棉等材料进行保温。保温层的内面可贴 50mm 厚的耐火纤维来延长保温材料的使用寿命。为了提高窑体的强度和气密性，窑墙外面通常包裹一层 3～5mm 厚的钢板。现代化的梭式窑为全耐火纤维型梭式窑，它的窑体结构由金属外壳与耐火纤维砌块构成，耐火纤维砌块通常用陶瓷杆或耐火螺栓固定在金属外壳的内侧。

梭式窑的窑墙上还开设有烧嘴砖和冷却喷嘴砖的孔口以及观察孔、测温孔和测压孔等孔位。设置孔位时，不要让它们影响到窑墙的砌筑强度与密封性。

梭式窑的窑顶也分为拱顶和平顶。拱顶用楔形砖砌成，拱顶耐火材料常用轻质高铝砖，其上再覆盖陶瓷纤维、岩棉等保温材料。有的梭式窑在拱顶内侧还贴有 50mm 厚的耐火纤维，以减少窑顶的蓄热、散热，并延长拱顶砖的使用寿命。现代梭式窑常用平顶结构，平顶需用专门的金属机构吊起，所以又称平吊顶。平吊顶由异形轻质砖或耐火纤维叠块构成，用吊杆将其单独或成组地吊装在窑体的钢梁上。

梭式窑内经受着不断的温度变化，尤其是经受着频繁的、急速加热和急剧冷却的热胀冷缩，还要经受窑内低熔挥发物的侵蚀，因此，正确地选用梭式窑的砌筑材料显得尤为重要。传统梭式窑采用耐火砖砌筑，其蓄热量很大；现代梭式窑则大量使用轻质耐火砖或耐火纤维，其保温好、蓄热少、质量轻。全耐火纤维梭式窑的窑墙与窑顶主要有以下三种结构。

（1）陶瓷杆锚固多层不同材质的耐火纤维毯型　该结构经济合理。但是，由于陶瓷墙固体是重质耐火材料，且有良好的传热性，这就大大增加了窑体的蓄热及散热损失。如果陶瓷杆的品质又不过关，在多次冷热交替下会断裂，从而使耐火纤维毯脱落，所以该结构的应用日趋减少。

（2）堇青石锚固-莫来石护瓦型　该结构用陶瓷杆锚固多层不同材质的耐火纤维毯或 Z 形折叠块，并用莫来石护瓦来保护。该结构窑体的蓄热量、散热量比结构（3）的情况要高。

其造价与施工难度也较大，所以该结构仅在少数梭式窑上使用过。

（3）轻型耐热钢架夹紧并锚固耐火纤维折叠块型　该结构施工方便、使用可靠，缺点是折叠块要用同一材质的耐火纤维制成，这在材料利用方面并不十分合理。尽管如此，该结构目前仍是全耐火纤维梭式窑的主流窑体结构，其应用较广泛。

二、排烟系统及窑车

有些梭式窑的排烟系统设置在它的窑车上，即窑车的耐火衬砖上设置有吸火孔，吸火孔下部有烟道，它与窑墙下部的烟道相通，然后通向烟囱；有的梭式窑在窑车上则设有火道，火道用耐火盖板盖好，火道正对着烧嘴，烧嘴向火道喷出火焰，火焰再经火道喷入窑内，这种梭式窑的排烟孔则要设置在靠近窑车台面的窑墙上。

梭式窑的轨道（通常为轻轨）系统包括窑车轨道、托车轨道、停车轨道和装车轨道等。梭式窑的窑车与隧道窑的窑车在结构上类似，只是尺寸一般较大，也有砂封和曲折密封。而且，对于全耐火纤维梭式窑，在窑体两侧要用手动、气动、电动、液压等方法来压紧耐火纤维进行密封。窑车在出窑之前，要撤出压紧设施后方能出窑。一些自动化梭式窑可实现联锁控制（密封装置未压紧，不能点火，密封装置未松开，不能松开窑门）。梭式窑多采用轻质窑车，例如半承重窑车和非承重窑车。

梭式窑的窑具包括支件、横梁、棚板、匣钵等，其材质有堇青石-莫来石质、碳化硅质（包括重结晶的碳化硅、氮化硅结合的碳化硅）。窑具只能轻型化，不能轻质化。梭式窑常常是多层码装，但要注意其稳固性。

三、燃烧系统

梭式窑的燃烧系统布置在窑墙上，可视窑体的高矮设置一排或多排烧嘴。

现代梭式窑大多采用高速调温烧嘴或脉冲烧嘴等高速烧嘴，普通烧嘴只用于工艺要求不是很高的梭式窑。使用高速烧嘴时，坯体的码装要留有适当的火焰通道，料垛之间要留出 $100\sim400mm$ 的火道（窑越宽，火道越宽）。高速烧嘴通常采用立体交错的方式布置在窑体的侧墙上，从而使烟气在窑内呈立体交错地高速喷射，这样就在窑内形成一个循环旋转气流，避免高速火焰直接冲刷坯件，以防止坯件对火焰的影响以及使气流温度分布更均匀。在窑体的高度方向上，高速烧嘴往往设置在梭式窑的偏上部，如图9-2所示。在同一平面上，高速烧嘴也应交错布置，如图9-3所示，以免它们相互干扰而减弱高速喷射。

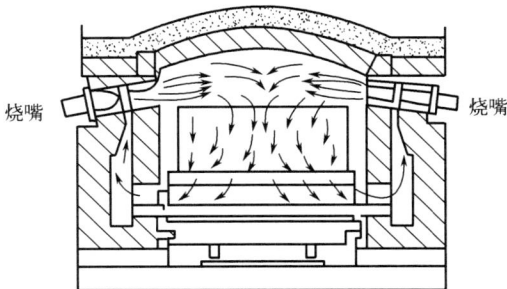

图 9-2　高速烧嘴的横断面布置图

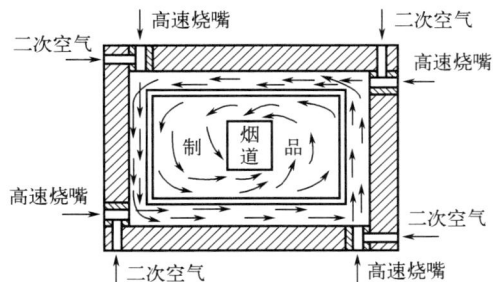

图 9-3　高速烧嘴的平面布置图

高速烧嘴对梭式窑内温度分布、换热以及热效率的影响，有以下几点：高速调温烧嘴或脉冲烧嘴的喷速通常＞100m/s，高速会加强窑内的对流换热，其扰动作用也强，使窑内温度分布更均匀，这也为快速升温提供了条件；某些坯件在低温阶段有氧化反应，高速烧嘴可及时地从坯体表面带走 CO_2 气体，同时送来 O_2，从而加速氧化反应，提高喷出温度可提高热量的利用率，但会使窑内的温差增大，易造成局部过热；烟气高速喷入坯件围成的火道中，加热制品后才与窑墙、窑顶相通，因而降低了窑体温度，于是窑体表面不再需要喷涂防辐射涂料；高速喷射引起的循环气流量是废气量的几倍，甚至几十倍，所以，这时的关键是烧嘴的布置而非排烟孔的布置。

四、废气余热利用

传统梭式窑热耗较高的重要原因是废气中的余热未被充分利用，特别是在高温阶段（排出废气温度≥1000℃，这时废气带走热占燃烧热的 $60\%\sim80\%$）。为了有效地利用废气的余热，可将几台梭式窑并排放在一起，通过烧成的时间差，使它们相互利用废气的余热来预热助燃空气。这就涉及换热器，其中典型的有：喷流热交换器，喷流（空气高速垂直喷向换热表面）的换热系数要比相同流速时管内换热（空气平行于换热表面的流动）时大一倍以上；喷流辐射换热器，可在1400℃使用，其空气预热温度可达到废气进口温度的约50%。它主要有两种类型：一是插入管式喷流辐射换热器，其中每根管子都是顺流或逆流的多级串联喷流换热管；二是烟筒型喷流换热器，其每段换热筒是顺流或逆流串联的多级喷射换热器。还有一种辐射换热器很有特色，它是利用定向辐射的原理来回收废气的和窑体内的辐射散热。它首先将废气中高于窑体温度的那一部分余热设法辐射回窑内而成为有效热，同时，定向辐射装置还切断了高温窑体对低温换热器的直接热辐射，从而减少了窑体的散热损失。在该换热器的废气出口处安装定向辐射装置也切断了换热器壁面的散热损失（可节能约10%）。另外，换热效率很高的换热器还有热管换热器，只是其造价较高。

第二节　钟罩窑

钟罩窑是一种窑墙、窑顶构成整体像一个钟罩，并可移动的间歇窑，故称为钟罩窑。其结构基本上与传统的圆形倒焰窑相同，烧嘴沿窑墙圆周安设一层或数层，每个烧嘴的安装位置都使火焰喷出方向与窑横截面的圆周成切线方向。钟罩窑常备有两个或数个窑底，在每个窑底上都设有吸火孔以及与主烟道相连接的支烟道。窑底的结构分为窑车式和固定式两种。窑车式钟罩窑在使用时，先通过液压设备将窑罩提升到一定的高度，然后将装载制品的窑车推入窑罩下，降下窑罩，严密砂封窑罩和窑车之间的接合处，即可开始烧窑。固定式钟罩窑在使用时，利用起吊设备将窑罩吊起，移至装载好制品的一个固定窑底上，密封窑罩与窑底，即可烧窑。制品经烧成并冷却至一定温度之后，便将窑罩提升，推出窑车，再推入另一装好制品的窑车；或将窑罩吊起，移至另一固定窑底上，继续烧另一窑制品。钟罩窑的原理如图9-4所示。

这种窑可以取消通常窑炉所需的窑门，但由于窑墙、窑顶是整体可移动的结构，故窑的容积受到窑罩结构和起吊设备的限制而不能太大。因此，大容积的新型间歇窑常为梭式窑。

同样，钟罩窑是在窑外装卸制品的，与传统的倒焰窑相比较，大大改善劳动条件和减轻劳动强度。同时，与梭式窑一样，使用高速调温烧嘴以提高传热速度，缩短烧成时间，提高

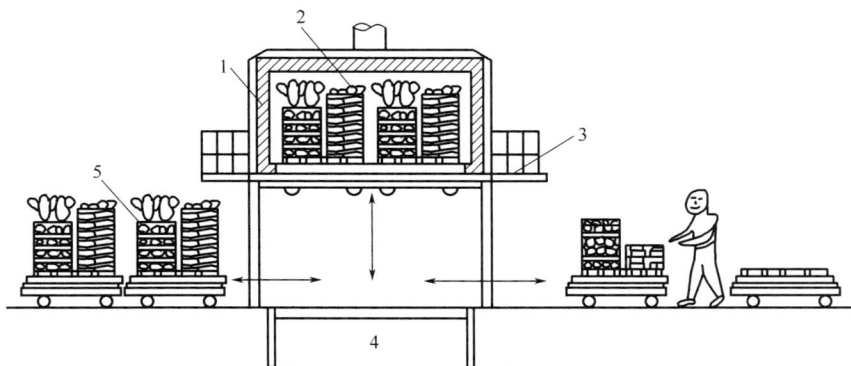

图 9-4　钟罩窑的原理

1—窑体；2—坯件；3—操作平台；4—升降机；5—产品

产品质量，节省燃料消耗量；尤其是使用轻质耐高温的隔热材料为窑衬，不但减少窑体向外散热和蓄热量，而且大大减轻窑罩的金属钢架结构和起吊设备的负担。并且可以像梭式窑一样采用程序控制系统，实现窑炉升温各阶段的自动控制。

第十章

电热窑炉

随着科学技术的不断发展，陶瓷已超越日用、建筑及一般工业用途的范围，而应用于电子工业、原子能、火箭及宇宙科学等尖端技术。可以说，近代高强、高温材料的发展与高温技术水平密切相关。

陶瓷工业使用的热工设备从操作上可分为连续式和间歇式，从使用的热源上又可分为火焰式和电热式。目前，在电子陶瓷、高温陶瓷及其他特种陶瓷的生产与科研中，对炉子的温度、气氛及压力等方面均提出越来越高的要求。为满足这些要求，各种电热窑炉被广泛地采用。

第一节　电热窑炉的特点和分类

一、电热窑炉与火焰窑炉的比较

1. 从热工基本原理上相比较

火焰窑炉需要燃料燃烧供热，所以需进行燃料燃烧计算和燃烧设备计算；燃料燃烧需要供给助燃空气、燃烧产物需要排出窑外，所以需计算窑内气体流量、流动阻力、各种压头的转变，计算通风设备等。电热窑炉一般是通过电热元件把电能转变成热能，要进行电热元件的选择、电热元件尺寸的计算，供电与控制设备的选择与计算；由于没有燃料燃烧的问题，所以不需考虑供给空气、排除燃烧产物等通风设备。在窑内传热方面，火焰窑炉主要是燃烧产物的气体辐射传热和强制对流传热，电热窑炉主要是电热体的固体辐射传热及自然对流传热，即这两类窑炉窑内主要传热的基本方式不同。但若要求在电热窑炉内强制冷却制品或排除制品在烧成过程中产生的气体以及要求维持窑内一定的压力制度时，则需要进行电热窑炉的通风设备的计算；窑内也存在着强制对流传热。

2. 从结构与操作的主要优缺点相比较

电热窑炉不需要燃烧设备，一般不需要通风设备，结构简单，占地面积小；加热空间紧凑，空间热强度较高，热效率高；窑内制品不受烟气及灰渣等影响。温度便于实现精确控制，故产品烧成质量好；窑内可在任何压力条件（高压或真空）或特殊气氛条件下加热制品；可以获得火焰窑炉难以达到的 2000℃ 以上的高温。电热窑炉的断面尺寸不能太大，否则窑炉断面上温度分布比火焰窑炉更不均匀，故电热窑炉对烧成大件、厚壁等制品不利，产量也不大；电热窑炉附属电气设备比较复杂，电热元件消耗也多，电费较贵，而且有些电热元件要在一定的保护气氛下使用。

二、电热窑炉按电能转变为热能的方式分类

电炉按电能转变为热能的方式，一般可分为电阻炉、感应炉、电弧炉、电子束炉和等离子炉五类。

1. 电阻炉

当电源接在导体上时，导体就有电流通过，由于导体有电阻而发热的一种电热设备，称为电阻炉。

2. 感应炉

由于电磁感应作用在导体内产生感应电流，而这种感应电流因为导体的电阻而产生热能的一种电炉，称为感应炉。

3. 电弧炉

热量主要由电弧产生的电加热炉，称为电弧炉。

4. 电子束炉

利用高速运动的电子能量作为热源来加热的电炉，称为电子束炉。

5. 等离子炉

利用电能所产生的等离子体的能量来进行加热的电炉，称为等离子炉。

三、电阻炉按操作形式分类

1. 间歇操作电炉

这类电炉按炉温的高低，可以分为低温电炉（工作温度低于 700℃）、中温电炉（工作温度为 700～1250℃）和高温电炉（工作温度高于 1250℃）三类。下面按其结构特点分类。

（1）箱式（室式）电阻炉　外形像箱子，炉膛呈长六面体。靠近炉膛内壁放置电热体。炉温在 1200℃ 以下，通常采用镍铬丝、铁铬钨丝；炉温为 1350～1400℃ 时采用硅碳棒；炉温为 1600℃ 时可采用二硅化钼棒为电热体。箱式电阻炉主要用于单个小批量的大、中、小型制品的烧成。

（2）井式（立式）电阻炉　炉膛高度大于长度和宽度（或直径），炉门开在炉顶面，用炉盖密封。电热体通常布置在炉膛的侧壁上，多为圆形、正方形或长方形，适宜于烧制管状制品，深井电阻炉通常沿高度分成几个加热区，各区温度通过分别控制功率来调节，使电炉沿整个高度温度分布均匀。

2. 半连续操作电阻炉

（1）钟罩式电阻炉　它由炉体罩和底座两部分构成，窑体形状大多是圆形，也有方形。它密封很好，在烧成中，炉体的蓄热损失不大，所以热效率较高。

（2）台车式电阻炉　它由固定的窑体和活动式窑车两部分构成，窑体形状是矩形。每烧好一炉制品，把窑车拉出，推入装好车的另一炉制品进行烧成。

钟罩式及台车式电阻炉具有和火焰式的钟罩窑和梭式窑相似的优点，即不在狭长的炉室内码装制品，这样便于操作，改善了劳动条件。

3. 连续操作电热窑炉

电热隧道窑是陶瓷工业中较其他窑型先进的热工设备，已广泛使用，效果很好。它的构造与火焰式隧道窑相似。具有连续操作、大批量生产的优点。陶瓷工业应用较多的连续操作电热窑炉有以下几种。

（1）窑车式电热隧道窑 窑内有轨道，窑体两侧有砂封槽，窑车两侧设有插入砂封槽的裙板，在窑体预热带、烧成带安置电热元件；装好制品的一辆辆窑车在推车机构的作用下，连续地经过预热带、烧成带和冷却带。

（2）推板式电热隧道窑 通道由一个或数个隧道所组成，通道底由坚固的耐火砖精确砌成滑道，制品装在推板上由顶推机构推入窑内烧成。

（3）辊底式电热隧道窑 隧道窑底为一排金属质或耐火材料质辊子，每条辊子在窑外传动机构的作用下不断地转动；制品由隧道的预热端放置在辊子上，在辊子的转动作用下通过隧道的预热带、烧成带和冷却带。

（4）传送带式电阻炉 它具有一条由两个滚轮撑紧的传送带，两个滚轮中的一个是主动轮，由电动机驱动。传送带用耐热合金材料制成，电热体通常装并炉顶和炉底。

（5）链式电阻炉 电热体用铁铬铝高电阻电热合金丝，采用带状加工成波纹形悬挂于炉膛四周或采用丝状盘绕成螺旋形悬挂于炉膛两侧及搁置在炉底。

第二节 电热元件的性能

电阻炉的电热体，可分为金属电热体和非金属电热体。在设计电炉时，首先根据生产工艺等条件要求选择合适的电热体材料。既做到技术上合理，又节约投资。

对于电热体材料，一般应满足下列条件和性质。

（1）电热体的发热温度要满足工艺要求，电热体的温度是指电热体元件在干燥空气中本身的表面温度，也就是电热体最高使用温度。通常电热体的温度应比炉膛温度高 $50 \sim 100 ℃$ 。

（2）具有较高的电阻率和较小的电阻温度系数。电阻率也称电阻系数，用 ρ 表示，其单位是 $\Omega \cdot mm^2 / m$ 。电热体在使用过程中电阻系数随着温度升高而变化，或增大（正值）或减小（负值）。电阻温度系数是指电热体温度升高 $1℃$ 时，电阻系数的相对变化率，用 α 表示，其单位是 $℃^{-1}$ ，用式子表示为：

$$\alpha = \frac{\rho_t - \rho_0}{\rho_0 (t - t_0)}$$

即
$$\rho_t = \rho_0 [1 + \alpha (t - t_0)] \tag{10-1}$$

式中 ρ_0——电热体材料在温度为 t_0 （一般为 $20℃$ ）时的电阻率；

ρ_t——电热体材料在温度为 t 时的电阻率。

电阻温度系数越小，说明该电热体随着温度升高，电功率的变化也就越小，不至于影响炉膛的温度变化，这样供电电路很稳定。如果电阻温度系数大（如钼），当温度升高时，元件的电阻加大好几倍，电功率就随着降低，电源电路必须装置调压设备，否则不易升温。

对于电阻系数的选择一般不能太大，电阻系数太大会造成施工困难，因为在一定功率的炉子里，电热体材料粗大而短。电阻系数也不能太小，太小则电热体细而长，也不好施工。

用作电热体材料的电热合金，铁铬铝合金的电阻系数约为 $1.4\Omega\cdot mm^2/m$，铬镍合金的电阻系数约为 $1.11\Omega\cdot mm^2/m$。如果是做同一形式的电阻炉，使用铁铬铝合金会更为节省材料，在炉内所占的位置也小。

（3）在高温下，电热体必须稳定，不易氧化，不与炉内的衬砖和气体发生化学反应。但钼、钨等电热体在高温时易氧化，一般采取抽真空或通入保护气体，如氢气。另外为避免腐蚀气体直接与电热体接触，可以采取隔离措施。

（4）具有优良的力学性能。在高温下不变形，具有足够的机械强度及良好的塑性和韧性，容易加工成形。一般电热合金元件经高温使用冷却后易变脆，温度越高，时间越长，冷却后脆化越严重。所以，使用过的合金丝就不易加工成形了。一切金属在高温状态下强度都降低，但是作为电热体材料的金属或合金，一定要在高温有足够的强度才行，否则高温下会造成倒塌或断裂，有短路的危险。

（5）热膨胀系数不宜太大，因为如果热膨胀系数过大，尤其是间歇操作的炉子容易损坏。

（6）电热体的成本要低，尽量合理使用材料。我国生产的电热体材料种类日益增多，在满足设计要求的情况下，尽量节约我国目前还供应不足的材料。

目前用作电热体材料的有金属钼、钨、钽、铂、铂铑合金和一些高电阻的合金，如镍铬合金、铁铬铝合金。非金属有石墨、碳、碳化硅、二硅化钼、氧化锆、氧化钍等。下面介绍几种常用的电热体材料。

一、钼

1. 钼的主要物理性能

钼属于高熔点的稀有金属，熔点为 2630℃，金属钼具有银灰色光泽，硬而坚韧。钼粉呈暗灰色。钼的密度为 $10.3g/cm^3$，电阻率为 $0.045(9+5.5\times10^{-3}t)\Omega\cdot mm^2/m$，电阻温度系数为 $5.5\times10^{-3}℃^{-1}$。钼在 1400℃ 时，其电阻比室温时电阻大 8 倍多，所以钼丝炉必须有调节范围很宽的调压装置，一般采用感应变压器或自耦变压器来调节。经验证明，电压变化 2～3V，温度变化 20～30℃。

钼可以制成丝状、带状或棒状。因为钼的性质很脆，不容易加工成螺旋状。一般钼丝是聚成一束在炉膛四周竖绕，或捣打在刚玉炉管里。钼丝经高温使用后由于再结晶而变得更脆，所以不能重复绕制使用。

钼在高温下具有较高的持久强度，钼的导电性比铁和镍都好，其膨胀系数为铜的 30%。

2. 钼的化学性能

钼对无机酸具有突出的耐腐蚀性能，其抗酸性仅次于钨。浓硝酸对钼侵蚀缓慢，稀硫酸在其沸点以下对钼不起作用。钼在冷和热的氢氟酸中都是稳定的。但在稀硝酸、沸腾的盐酸和热王水、200～250℃ 的浓硫酸以及氢氟酸和硝酸的混合物中，钼能迅速地被溶解。

钼是一种容易氧化的金属。钼在空气中加热 2h 升温到 200℃ 时，仍保持其金属光泽，但在 300℃ 时则产生钢灰色，在升高到 600℃ 时，则形成黏附的黑色氧化层。在低温下的氧化膜以 MoO_3 为主，在 450℃ 以上时，MoO_3 的蒸气压足以引起氧化膜的挥发，这就是钼快速被氧化的原因。

没有涂层的钼在高温、真空中非常稳定。在任何温度时，纯氢、氩、氦气氛对钼完全是惰性的。在高温时，水蒸气、三氧化硫、氧化亚氮和氧化氮均使钼发生氧化。当温度达

1100℃时，钼在 CO_2、NH_3、N_2 气氛中惰性较强，在更高温度时可能在表面生成一种氮化物（在 NH_3 和 N_2 气氛中）。碳氢化合物和 CO 在温度超过 1100℃时会使钼碳化。

钼在高温下与耐火材料接触时会起化学作用，在 1200℃以上与石墨反应强烈，生成碳化钼，1900℃时与 Al_2O_3 起作用，也会与 ZrO_2、BeO 及 MgO 等起作用。所以为了避免钼与耐火材料接触，最好设置支撑或钩子来支持电热体。

二、钨

1. 物理性能

钨属于难熔稀有金属，熔点高达 3410℃，沸点为 5900℃。在 2000～2500℃的高温下，钨的蒸气压仍然很低，并且其蒸发速度小。钨的密度为 $19.3g/cm^3$。钨的硬度大，只有在加热下才能进行压力加工。钨的导电性较好，其电导率高于碳、铁、铂及磷青铜，电阻率为 0.05（$9+5.5×10^{-3}t$）$Ω \cdot mm^2/m$。膨胀系数也较小。钨的电阻温度系数较大，为 $5.5×10^{-3}℃^{-1}$，使用时也要用变阻器或变压器来调节。

2. 化学性能

钨在常温下比较稳定，不受空气的侵蚀。在低温时，钨的表面生成了一层棕色和深蓝色的氧化膜。在较高温度时，钨激烈地被氧化成三氧化钨（WO_3）。室温时，水和水蒸气对钨不起作用，只有在红热时钨才会被氧化。

钨与氮气只有温度超过 2000℃时才发生反应，生成氮化钨。

当温度低于钨的熔点时，钨与氢气不起作用，因而钨的加工可在氢气中进行，钨棒炉可以通 H_2 保护。

钨在高温下和碳及一些含碳气体激烈反应，生成坚硬难熔的碳化物。

钨具有良好的抗腐蚀性能，不加温时，钨与任何浓度的氢氟酸、王水、硝酸、硫酸和盐酸均不起作用。

无氧情况下，钨与碱性溶液（包括氨）不起作用。在通入空气或被加热的情况下，钨微溶解于碱性溶液，加入氧化剂后，钨与碱性溶液激烈作用。

在高温下钨也要避免与耐火材料相接触。钨与氧化锆在 1600℃时，虽然在真空度为 $10^{-4}mmHg$（$1mmHg=133.322Pa$）的情况下，也会发生作用。在 1900℃以上与 Al_2O_3 起作用，在 2000℃时与 MgO 和 BeO 起作用。钨是贵重金属，用钨作电热体，一般用于小型的实验炉子，炉温可达 2000～2500℃。钼和钨可采用氩弧焊接。

含 0.35％铪、40％铼的钨基合金可作为各种立式炉（温度高达 3100℃）中的电热体、热屏蔽和热固定器等部件。

钨-0.25％铪-碳高温合金在 1600℃和 1900℃高温下分别具有 $61.9kgf/mm^2$ 和 $43.9kgf/mm^2$ 的抗拉强度，这是一种新型的电热元件。

钨制的感应加热器，其使用温度范围为 2180～2720℃。

三、镍铬合金

镍铬合金也称镍基合金。其熔点随合金成分而定，约为 1400℃。在 1100℃以下的炉子均可使用镍铬合金为电热体材料。镍铬合金的最大优点就是在高温下不易氧化，因为在其表面生成氧化铬（Cr_2O_3）薄膜，它可以保护内部的镍铬合金使之不易被氧化，所以不需要任何气体保护。电阻率 $ρ$ 约为 $1.11Ω \cdot mm^2/m$，电阻温度系数 $α$ 为 $8.5×10^{-5}～14×10^{-5}℃^{-1}$，所以当温度升高时，电功率较稳定。不同成分的镍铬合金，其电阻系数及电阻温度系数不同。高温强度较高，1000℃抗拉强度为 $6kgf/mm^2$，镍铬合金从工厂生产出来的是线状或板状，塑性和韧性比较好，对于绕制各种类型的电热元件都能适应。电热元件经高温使用后一般会变脆，不能再加工，而镍铬电热元件如果没有过烧仍然是较软的。镍是比较稀少的金属，将镍所具有的特性用于其他合金更为合适，因此在电热合金中节省镍和不用镍是非常重要的。

四、铁铬铝合金

铁铬铝合金的熔点比镍铬合金高，约为 1500℃，加热后在其表面生成一层氧化铝（Al_2O_3），此层氧化铝的熔点比镍铬合金高，并不易氧化，所以起着保护作用。目前我国生产的高温铁铬铝合金，最高使用温度可达到 1300～1400℃。铁铬铝合金强度不太高，比镍铬合金低得多，如 1000℃时铁铬铝合金的抗拉强度是 $2kgf/mm^2$。如果过烧容易变形倒塌，造成短路，缩短使用寿命。此种合金加工性不太好，性硬脆，铁铬铝合金的可焊性较差，因此要求快速焊接，如一般质量要求时采用电弧焊，较高质量需求时采用氩弧焊。经加热或使用过的铁铬铝合金性更硬脆，所以不能再重新加工。在高温下与酸性耐火材料和氧化铁反应强烈。因此炉里或支撑要考虑用比较纯的氧化铝耐火材料。铁铬铝合金的线膨胀系数比较大，设计时考虑留有余地，供其伸缩。

铁铬铝和镍铬电热合金相比各有优点，但总的来说铁铬铝电热合金优点比较多，概括起来就是使用温度高，电阻系数大，电阻温度系数小，表面容许负荷高，比密度小，价格便宜。

五、硅碳棒

硅碳棒的主要成分为 SiC 94.4%，SiO_2 3.6%，其余为少量的铝、铁、氧化钙等。熔点为 2227℃，使用温度为（1400±50）℃。

碳化硅有无定形和晶体两种形态。它对化学试剂是稳定的，不溶于一般熟知的酸溶液和它们的混合酸中。沸腾的盐酸、氢氟酸、硫酸不能分解碳化硅，各种酸蒸气对硅碳棒不起化学作用。

氯气在 600℃时分解 SiC 的表面层。SiC 和水蒸气在 1300～1400℃作用，但要到 1775～1800℃才强烈地作用，生成 SiO_2 和 CH_4，因此必须隔绝水蒸气的侵入。SiC 在氧气中，在 1000℃以下不被氧化；在 1350℃时显著地氧化；在 1350～1500℃之间形成 SiO_2，而 SiO_2 在 1700℃左右熔化。所生成的 SiO_2 在熔化时覆盖在 SiC 的上面，阻碍 SiC 再继续氧化。

硫黄蒸气仅在高于 1100℃时和 SiC 作用。含有大量氢气的气体，在高温时会分解硅碳棒。

碳化硅和有些金属氧化物（带有碱性的物质，如碱金属、碱土金属、重金属的氧化物）作用，形成硅化物。低熔点的硅酸盐及硼酸盐在高温时对硅碳棒起破坏作用。

硅碳棒低温时其电阻与温度成反比，但在 800℃左右时特性曲线由负转变为正（图 10-1），这一特点可以防止碳化硅电热元件因电压的骤增而被烧毁。空气与碳酸气在高温时对硅碳棒起氧化作用，主要表现在增加硅碳棒的电阻，在使用 60～80h 后，其电阻增加 15%～20%，以后即逐渐缓慢，这种现象称为"老化"。硅碳棒老化了就要降低电流。要使功率稳定势必增加电压，所以硅碳棒电阻炉需要有调压装置。

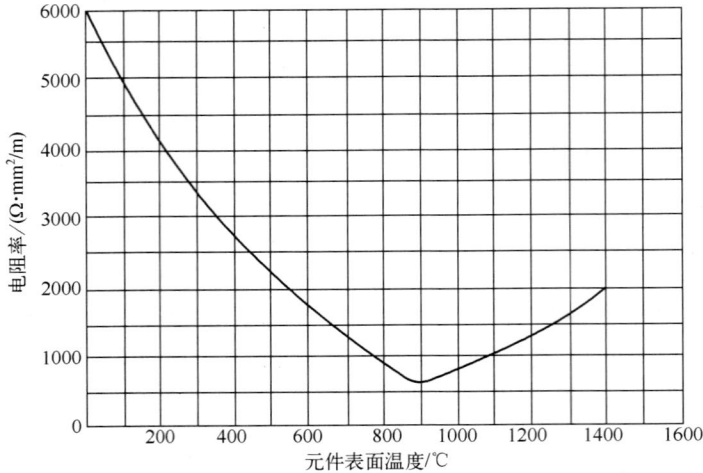

图 10-1　SiC 电热元件电阻率与电热体表面温度的关系

　　硅碳棒的电阻系数很大，能承受较高的加热温度。硅碳棒一般做成两端加粗的形状，以避免两端过热，见图 10-2。在高温下不易软化，但质脆容易破坏。

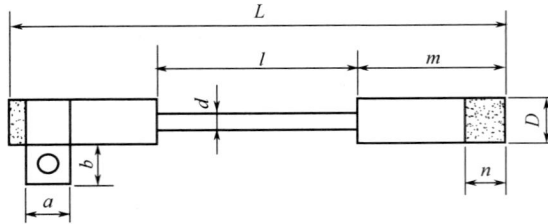

图 10-2　两端加粗的硅碳棒

d —发热部分直径；D —冷端部分直径；l —发热部分长度；L —棒体总长度；

m —冷端部分长度；n —喷铝部分长度；a —连接卡箍宽度；b —卡箍舌片长度

　　硅碳棒"老化"的原因，是由于在高温下，空气中的 O_2、CO_2 和水蒸气能强烈地促使硅碳棒氧化，生成玻璃态的 SiO_2 薄膜，而 SiO_2 的电阻率较 SiC 电阻率大，故使电阻增加。又因为这层 SiO_2 薄膜可以保护内层的 SiC 不再继续氧化，所以在连续使用一定时间后，电阻的增加将缓慢下来。在间歇使用时，由于 SiO_2 薄膜与 SiC 的热膨胀系数不同，当硅碳棒冷却时，这层玻璃态薄膜会即刻破裂而暴露出新的 SiC 表面。当继续加热时，这些新露出的SiC 表面又继续被氧化，经过多次加热、冷却之后，硅碳棒的电阻越来越大，最后终于大到不能再使用了。

　　在正常气氛下，炉温在 1400℃ 时，连续使用寿命可达 2000h 以上，间断使用寿命在1000h 左右。炉温在 1000℃ 以下，则使用寿命达 5000h 之久，除棒形外，还可做成管形或螺旋形元件。

六、二硅化钼电热元件

　　硅钼棒有冷端与热段，通过大电流的办法焊接起来。冷端较粗，供导电用；热段较细，电阻较大，供发热用，见图 10-3。

MoSi$_2$ 熔点为 2030℃，作为电热体在空气中连续使用最高温度为 1650℃。因为加热时，在 MoSi$_2$ 电热体表面上生成一层致密的 SiO$_2$ 玻璃膜，能提高 MoSi$_2$ 的电阻系数，防止进一步氧化，它具有很强的抗氧化能力。一旦在操作过程中保护层损坏，它将会自动地重新密封。因此，MoSi$_2$ 电热元件也可在非氧化气氛中应用。

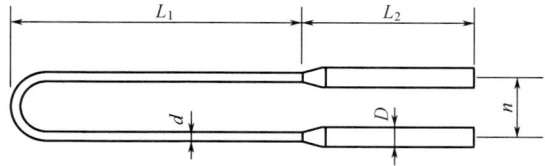

图 10-3 二硅化钼电热元件

L_1—发热部分长度；d—发热部分直径；L_2—冷端部分长度；D—冷端部分直径；n—两冷端中心线间距

由于硅钼棒的抗氧化性能好，在元件温度不变时电阻为一常量，在同一炉体中新老硅钼棒可以同时并联或串联使用，不会因日久而产生不良效应。

硅钼棒的电阻率随温度的升高几乎呈直线趋势迅速增加，即加热功率有一定的自然控制，所以在一恒定电压下，功率在低温时是高的，而随着温度上升则功率降低。这样既可以迅速达到所需的炉温，又能避免硅钼棒过热。

硅钼棒在室温时既硬又脆，抗冲强度低，抗弯强度和抗拉强度较好。元件在高于 1350℃时变软并有延展性，伸长率为 5%，冷却后又恢复脆性。所以，设计和制造硅钼棒炉时，必须注意使电热体与炉膛底砖、炉壁之间各留有 25～30mm 的距离。

二硅化钼电热元件的耐热冲击性能良好。

硅钼棒使用中应注意以下几点。

（1）硅钼棒适于氧化气氛中使用，其温度上限为 1650℃，元件务必不要超过 1700℃ 及消耗相当于此温度的单位表面功率（图 10-7）。在炉温为 1500℃时，元件最大表面功率为 15W/cm^2。

（2）在硅钼棒连续使用时，炉温最高可达 1650℃，其表面功率较间断性操作时有所提高。硅钼棒的寿命比其他非贵重金属材料做成的发热体长。在间断性操作时，元件表面功率应小于连续性操作的值。

（3）硅钼棒不应在 400～700℃ 温度范围内长时间使用，因为在此温度范围内，硅钼棒将发生低温氧化而遭破坏。

（4）硅钼棒特别适用于空气和中性气氛（如惰性气体）。硅钼棒在各种气氛中的最高使用温度见表 10-1。

表 10-1　硅钼棒在各种气氛中的最高使用温度

炉内气氛	元件最高使用温度/℃
惰性气体（He、Ne、Ar）	1650
氮气（N$_2$）	1500
二氧化碳（CO$_2$）	1700
一氧化碳（CO）	1500
湿氢（H$_2$），露点 10℃	1400
干氢（H$_2$）	1350

还原性气氛（如 H$_2$）会破坏保护层，尽管如此，硅钼棒电热元件在不超过 1350℃ 温度下仍能应用。氯和硫的蒸气对元件腐蚀厉害。

七、石墨

石墨能耐高温，加工容易，价格比钨、钼、钽便宜。石墨具有较高的电阻，因此可以在电热体断面积较大的情况下，采用低电压、大电流的电源。石墨的电阻随温度变化不大。

石墨电热体的寿命取决于其氧化及挥发条件。一般使用温度在 2200℃ 以下。如果电热体需要在 2200℃ 以上工作时，最好用低真空或在炉中加入中性气体，造成一定压力以减少挥发。在 2500℃ 以下时，石墨的机械强度随温度上升而不断提高，超过此温度则急剧降低。由于有这种特性，可用石墨制成长的棒状水平电热体而不会折断。

石墨电热体可以分为管状、棒状、板状等几类。

石墨易氧化，使用时要用保护气体或抽真空。石墨电热体使用时要用低电压、高电流的调压器来调压。

八、碳

碳的熔点是 3500℃，沸点是 3927℃。最高使用温度可达 2500~3000℃。碳的电阻温度系数是负的，所以随着温度的升高，其电阻会减小，相应地电流会增大。碳在高温下易氧化，使用时要用保护气体或者抽真空，使用时碳大都做成碳粒作为电热体，即将碳粉碎过筛成为 1~10mm 的碳粒，还可以做成板状、棒状和管状。

第三节　电阻炉的安装与使用

一、电阻炉的安装

（一）电热合金的加工

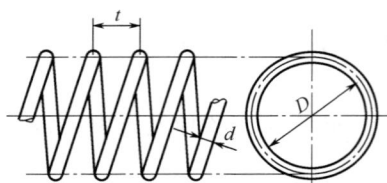

图 10-4　线状电热体螺旋形尺寸示意图

电热合金加热元件在使用时，通常线状的要绕成螺旋形，带状的要绕成波纹形。然而，若螺圈太小会因应力过大又未及时消除而断裂。线状和带状电热体在使用时的加工尺寸要求如下。

线状电热体螺旋形尺寸见图 10-4。在通常情况下，螺旋节距 t 与螺旋节径 D 见表 10-2。

表 10-2　工业用电阻炉电热体尺寸

电热体温度 >1000℃	电热体温度 <1000℃
螺旋节径 $D=(4~6)d$	螺旋节径 $D=(8~11)d$
螺旋节距 $t=(2~4)d$	螺旋节距 $t=(2~4)d$

注：电热丝直径 $d>3.0$mm。

带状电热体波纹形尺寸见图 10-5。当 $a>1.5$mm 时，电热体的弯曲半径 $r=(4~8)a$，波纹深度 $H<10b$，波纹间距 $t=(30~90)a$，扁带宽度 $b=(8~12)a$。

上述线状及带状电热体尺寸，主要适用于铁铬铝电热体。铬镍电热体不完全受此种限制。

（二）电热合金的焊接

电热元件的尺寸确定以后，有时因单根电热元件的长度满足不了要求，或为了充分利用电热体材料，往往需要进行焊接。

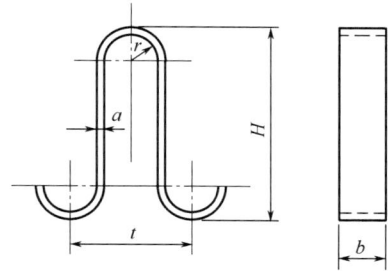

图 10-5　带状电热体波纹形尺寸示意图

如果焊接质量不好，不仅会降低焊接部位的热稳定性，而且会产生脆性，影响电热体的安装，甚至在安装时折断。

铁铬铝的可焊性较差，因此焊接时要求采用快速焊成，以限制其受热范围及过热程度。

铁铬铝合金的焊接，如一般质量要求，可采用电弧焊。要求质量较高时，可用氩弧焊。不受高温影响的焊件，如引出端的焊接，或使用温度较低的电热体的焊接，可用乙炔-氧焰焊。

电热体焊接完后，如不马上使用，焊接部位最好用火焰加热到樱红色（约 800℃），然后在空气中冷却，即可消除焊接应力。

镍铬电热合金采用电弧焊、乙炔-氧焰焊等方法均可。

铁铬铝电热体的焊接只能用铁铬铝焊条，镍铬合金用镍铬焊条，炉温低于 950℃ 时尚可用镍铬焊条焊接铁铬铝合金。

电热体材料的常用焊接形式见图 10-6。

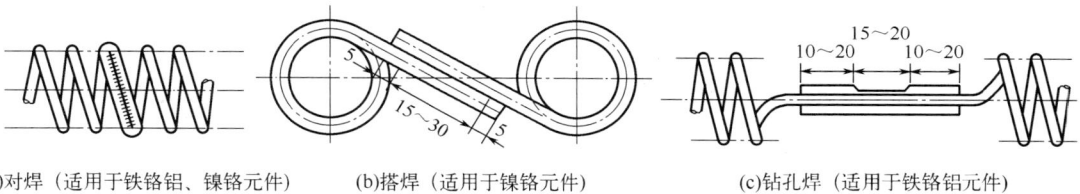

(a)对焊（适用于铁铬铝、镍铬元件）　(b)搭焊（适用于镍铬元件）　(c)钻孔焊（适用于铁铬铝元件）

图 10-6　电热体材料常见的几种焊接形式

未经高温用过的电热合金丝或扁带，在绕制过程中因硬伤而断裂的，可参考上述方法进行焊接。

已经高温用过的铁铬铝电热体，因晶粒长大而变脆，如需调直或弯曲，必须加热到暗樱红色（约 700℃）方可进行，其焊接方法与上述基本相同。

（三）电热元件的安装

电热体在炉膛内的安装形式是根据电热体的性质及炉子温度分布情况而定。通常将电热体布置在炉子的四周。有时为了使炉温分布均匀和加大炉子功率，在炉底及炉顶也安装电热体。确定电热体安装的方法时，尽量考虑电热体发热效率高，结构制造简便，同时也要考虑价格便宜。

下面介绍常用的几种安装形式。

1. 丝状电热体

丝状电热体多做成螺旋形，把它平放在炉膛的砖槽或搁丝砖上，也有套在陶瓷管上，避免垂直使用。因为高温时，电热体由于自重会引起下垂现象或造成螺旋疏密不均匀和损坏。

直径 $d = 8 \sim 10$mm 的电阻丝最好做成波纹形，直接挂在炉膛上，这种电阻丝的遮蔽很小。

较大型炉子，如箱式电炉，通常用矩形搁丝砖，圆形电炉用扇形搁丝砖。

如果炉子较小，则可在耐火砖上抠槽，将电热体放在槽内而不用搁丝砖。

此外，对于小型管状电炉或马弗炉，可将电热体放在螺旋耐火管上或马弗胆上，在马弗胆壁上有放电阻丝的圆孔形管路。

电阻丝螺管的安装方法如图 10-7 所示。

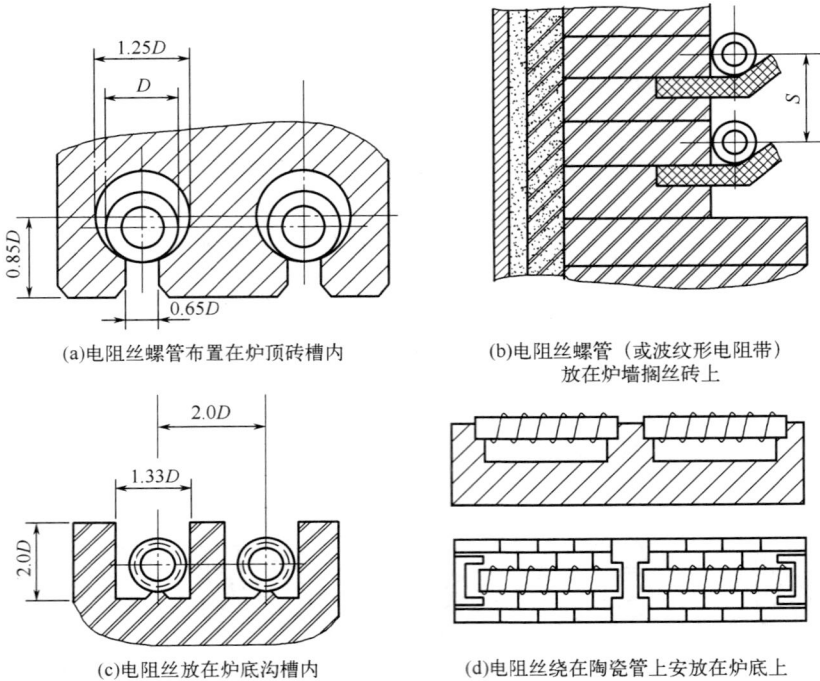

(a)电阻丝螺管布置在炉顶砖槽内

(b)电阻丝螺管（或波纹形电阻带）放在炉墙搁丝砖上

(c)电阻丝放在炉底沟槽内

(d)电阻丝绕在陶瓷管上安放在炉底上

图 10-7　电热合金丝安装方法

2. 硅碳棒（管）电热体

硅碳棒的安装方法由炉内温度分布情况决定，一般为水平安装和垂直安装两种。硅碳棒的发热部分尺寸必须和炉膛有效加热尺寸相符合。为了保证端部正常导电，冷端部分应伸出炉墙外 50mm 左右，炉墙耐热绝缘管的内径应为硅碳棒冷端部分直径的 1.5 倍左右。硅碳棒安装的位置必须正确，炉墙上预留的硅碳棒的孔洞应在同一直线上，并尽量做到垂直或水平。在硅碳棒的两端安装部位缠绕几圈石棉绳，为了硅碳棒在加热和冷却时能自由膨胀和收缩，石棉绳不要填放太紧，一般在石棉绳和孔洞间还留有少许间隙。硅碳棒质地很脆，在安装和使用时应小心保护。

硅碳棒两端夹头的夹子应夹紧，可在棒与夹子间垫几层铝箔，以保证通电时接触良好，否则会引起电弧，降低电热体的使用寿命。硅碳棒和引出导线不能与外壳接触，以免发生触电事故。

各种安装方法可参考图 10-8、图 10-9 及图 10-10。

值得注意的是，硅碳棒在安装前要选好阻值相同或相差不大的棒配成一组。对于直径不大于 8mm 棒，同一组每支阻值差不大于 0.4Ω；对于直径大于 8mm 棒，则每支阻值差不大于 0.2Ω。若几支棒串联配组时，则要求每支棒阻值差还应小于上述数值。这是为了保证每支棒的使用寿命和炉内温度分布较均匀，电炉在使用中某支棒因故折断或发现同一组棒中发热不均匀时，则应全部更换新棒或据各支棒的实测电阻重新配组安装，切勿单支更换。

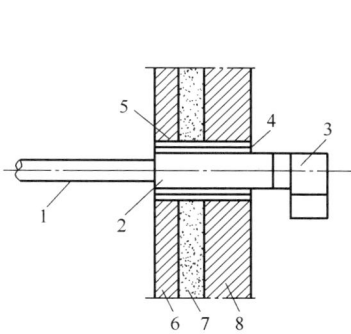

图 10-8　水平方向安装

1—发热部分；2—冷端部分；3—金属
卡头；4—间隙；5—耐热绝缘管；6—
内炉墙；7—隔热材料；8—外炉墙

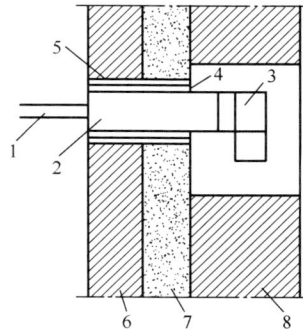

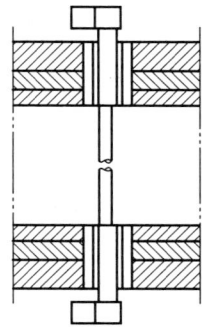

图 10-9　厚炉墙中棒的安装

1—发热部分；2—冷端部分；3—金属
卡头；4—间隙；5—耐热绝缘管；6—
内炉墙；7—隔热材料；8—外炉墙

图 10-10　垂直方向安装

3. 二硅化钼电热体

U 型二硅化钼电热体从炉顶悬挂安装最为理想，见图 10-11。图中所示的最小距离必须严格控制，以避免元件过热以及元件与炉壁相碰。

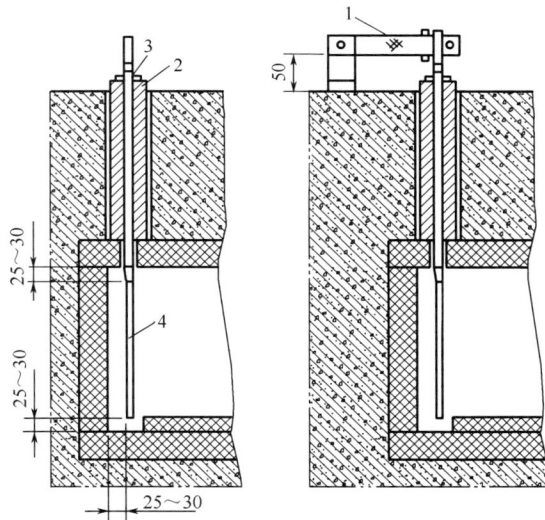

图 10-11　二硅化钼电热体的安装

1—铝编织带；2—塞砖；3—石棉轧头；4—二硅化钼电热体

发热段与连接冷端的交界处，锥体扩展到与炉壁距离为 25～30mm。连接冷端（包括轧头）至少应露出炉顶外面 75mm。硅钼棒质地很脆，安装时应小心。

二硅化钼电热体也可以水平安装，适用于连续操作的、最高温度为 1550℃ 的、炉膛高度又小的炉子。

为了避免破坏元件，间歇操作时其表面最高温度不得超过 1450℃（最高炉温为 1400℃）。连续操作时其表面温度不得超过 1600℃（最高炉温为 1550℃）。为防止元件与支座发生黏结，应采用能耐温 1720～1730℃的刚玉砖材料作支座。

二、电阻炉的使用

（一）供电电路

电阻炉通常用工业频率（50Hz）的交流电。由车间电网供电，电压为 220V 及 380V。炉子电压不宜过高，因为高温下耐火材料的导电性急剧增加，并使电流漏损的可能性增大。

供电线路应尽可能缩短，以减少电能在线路中的损耗；三相负荷应尽可能平衡。

为了操作安全，电炉、供电设备、控制设备等外壳均应可靠接地。实践证明，电炉、仪表、电源三条接地地线应分开，不要共用同一地线，以防干扰。

（二）电阻炉的使用

1. 电阻炉使用前的准备

电炉在操作使用前，要检查电热元件、仪表的接线是否正确，各气体管路、冷却用水通路是否正常。

变压器在使用之前，须用 500V 摇表测其绝缘电阻，所测电阻值应不小于 2MΩ；否则须在 80～100℃的温度下进行烘干，且时间不应少于 5h。

新电炉或久未使用的电炉，使用前应慢慢地烘炉，以驱除炉壁内的水分。

2. 电热元件损坏的几个主要原因

（1）机械外力损伤　在制造和修理电炉过程中，在电热丝（或带）缠绕时不小心划伤或钳伤其表面。铁铬铝电热元件经高温使用后，晶粒长大而变脆，冷却后进行拉伸、折弯或撞击而造成电热元件折断。制品装入电炉时不小心与电热元件碰撞。尤其是质地很脆的硅碳、硅钼电热元件更容易折断。

（2）超过电热体最高使用温度　电热体最高使用温度，是指它在干燥空气中本身的表面温度，并不是指炉膛的温度。因为电阻炉构造不同，其元件与炉膛的温差也不同，一般要求炉膛最高使用温度应比电热体最高使用温度低 100℃左右。当电热体使用温度越高时，则高温强度也越低，特别是铁铬铝元件易变形倒塌，造成短路，缩短使用寿命。即使是高温强度较好的镍铬元件，由于过热也会发生组织结构的熔接。硅碳、硅钼等电热元件在超过其最高使用温度时也会断裂。

电热体在最高温度下的使用寿命与炉膛构造、电热体形状、截面大小、表面负荷、周围介质、散热情况等因素密切相关。

（3）炉内有害物质的腐蚀　绕制金属质电热元件时或购买的电热元件上黏附了脏物，电热元件在高温下会与这些脏物起反应，或者电热元件与选用不适当的筑炉材料直接接触，引起高温反应而生成低熔点的共熔物，使电热体损坏。电热元件表面一般有一层保护膜，这层保护膜一般是难熔的，且有较强的抗腐蚀性能，但遇到炉内有害的气体时，在高温下会起化学反应而损坏其保护膜层，导致电热元件的损坏。有时，因电炉急剧地升温和冷却，而保护膜层与电热元件基体的膨胀系数不完全一致，导致保护膜层产生裂纹、脱落，起不到保护作用，影响电热元件的使用寿命。

（三）电阻炉的功率调节

功率的调节包括两个方面：其一，炉子的总耗电功率的调节；其二，在炉子使用过程中不断调整电阻元件的耗电功率，以控制炉温按工艺要求均匀变化。

1. 利用变压器来调节

采用硅碳棒、二硅化钼棒、钼、钨等电热体的电阻炉，由于升温过程中电热体的电阻值变化很大，或在长期使用后电阻会改变，所以在炉子和电力网之间还要配备一台变压器，以降低或调节电炉的输入电压。调节输给电热体的电压，即相当于调节电热体的发热量 Q，也就是调节电炉的温度。

通常在升温阶段，需要逐步升高电压。当温度接近最高烧成温度时，往往要适当调低供电电压，减小升温速度，以防止炉温超过规定的温度。

2. 通过改变电热元件的连接方法来调节

当炉子使用日久，电热体（尤其是硅碳棒）逐渐老化，而电阻值也随之增加，发热功率不足，导致炉温难以上升。在有几个电热体的炉子里，就可以用改变电热体连接线路的方法来调节功率，通常是利用转换开关来实现的。设在炉子里有两个同样电阻的电热体，若把电热体由并联改为串联时，炉子的功率则为原来的 1/4。若炉子有三个电热体时，如果原是三角形连接，现改为星形连接，炉子的功率将为原来的 1/3。同理，如有 6 个电阻相同的电热体，连接成两个独立小组，这样可以使炉子有五级功率。

（1）两组都接成三角形（△，△），相当于 100％功率。

（2）一组接成三角形，另一组接成星形（△，Y），相当于 67％功率。

（3）一组接成三角形，另一组切断不通电（△），相当于 50％功率。

（4）两组都接成星形（Y，Y），相当于 33％功率。

（5）一组接成星形，另一组切断不通电（Y），相当于 17％功率。

必须指出，在炉内安装有几个电热体的独立组时，一定要使每组电热体在炉内布置均匀，以免在切断一组时或改变另一组的连接方法时造成炉子加热不均匀。这种方法要经过计算，以免电热体因承受不了过大的功率而烧坏。

第十一章

先进热工设备

第一节　电磁感应炉

电磁感应炉分为感应熔炼炉和感应加热炉，其应用都非常广泛，在无机非金属材料领域内后者的应用较多。例如，可用电磁感应炉来制备氮化硅一类的特种陶瓷等，一些特种电炉也常用电磁感应加热（或称涡流加热）的方法。

电磁感应炉的优点是：加热快、加热温度较高、加热质量好，功率控制方便，易于实现机械化、自动化等。只是电磁感应加热有一定的局限性。

一、电磁感应炉的电源

电磁感应炉的电源为交流电，按电源频率的不同，通常分为工频、中频和高频三种。工频是工业频率的简称（我国为 50Hz）。中频是指工频以上直到约 10kHz 的频率段，其上限取决于所用中频设备所能达到的最高频率，中频感应加热常用的频率段为 1.0～10kHz。中频电源设备具有效率高、运行可靠、维护简单、体积小、自重轻及制造方便等优点。高频一般指 10kHz 以上的频率，其上限是根据实际需要频率来确定（约为 1MHz），其常用电磁振荡器的振荡频率为 300～500kHz，加热导电性能较差的材料时，则高达 3～5MHz。电磁感应电源的输出功率从几千瓦到最大约 800kW。

二、电磁感应加热的原理与电磁感应炉

当交流电流通过导体（施感导体）时，在导体周围就产生交变磁场。如果把另一块导体（受感导体）放入交变磁场中，则在导体内就会产生一个感应电动势，在施感电动势作用下受感导体内便会有交流电（称为感应电流）。受感导体内感应电流的频率变化规律与电源通入施感导体内的电流频率变化规律是一样的，这样电源就通过施感导体使受感导体得到电加热，称为感应加热法，如图 11-1 所示。

工频感应加热时，整个施感导体和受感导体截面上的电流分布是均匀的，若将电流频率增加（频率越快，感应出的热量就越多，加热速度也就越快），则受感导体内电流的分布就

不再是均匀的，而是集中在导体的表层。这种高频电流集中在受感导体表层的倾向被称为集肤效应，如图 11-2 所示，该效应是感应加热法的第一个特性。

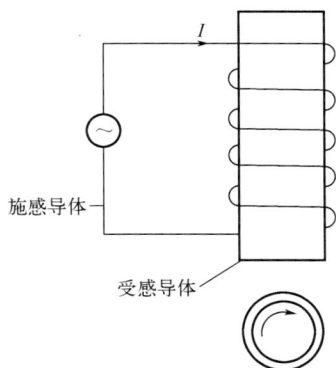

图 11-1　感应加热的原理与外观

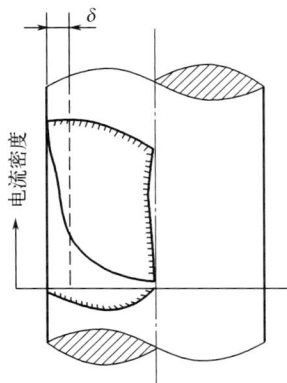

图 11-2　高频电流集肤效应

产生集肤效应的原因是：当受感导体感应出交流电后，受感导体就处于该电流所造成的交变磁场内，这种磁场在受感导体内感应出的电动势与电源电动势的方向相反，从而阻碍了电流通过，所以人们也把感应电动势称为反电动势。受感导体中心处集中了全部的磁通，所以此处感应出的"反电动势"最大，导体中心处也就具有最大的感抗。于是，电流就力图沿感抗较小的受感导体的表面层通过。

电流频率越高，受感导体中心处的感抗就越大，电流分布的不均匀程度也就越大（即集肤效应越显著）。通常规定，电流密度降至外表面电流密度 1/2.7 处为分界面，分界面以外为表面层。经过计算得知，在表面层内产生的热量为全部电流发出热量的 86.5%。受感导体内的感应电流通过的那一表面薄层的厚度被称为电流的渗入深度 δ。δ 与导体材料的电阻率及电流频率有关：高电阻受感导体的 δ 较大，加热速度也较快；提高电流的频率，δ 会减小。

对于绕成线圈的导体，则磁力线分布如图 11-3 所示。有电流通过时，线圈将被磁力线所围绕，线圈周围的磁力线集中于内侧，而且内侧的磁场强度比外侧要大，所以内侧的电流强度就比外侧的电流强度要大，就是感应加热的第二个特性——电流主要沿匝圈的内侧通过。

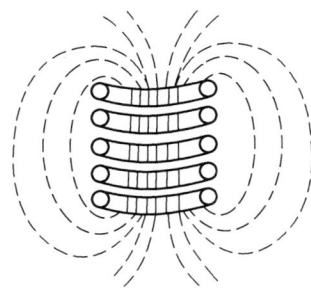

图 11-3　线圈上的磁力线分布

施感导体距离被加热材料越近，则加热速度越快；反之，则加热速度越慢。通常把被加热材料与感应圈之间的距离称为耦合距离。由于金属本身为导体，所以可以将金属材料直接放在电磁感应炉内的耐火坩埚中加热，该方法称为直接加热；而用电磁感应炉加热非金属材料时，则一般要将材料放入用 Mo、W、镍-铬合金、石墨、SiC、ZrO_2 等导电材料做成的坩埚内加热，该方法称为间接加热。如果实在无法用导体坩埚，则需要设置导体感应器来加热材料。另外，某些材料高温下才能导电，这时还可设置辅助加热器将材料预热到可导电的温度。图 11-4 是一种真空感应加热炉的构造，真空室内有感应线圈和坩埚。感应线圈的材料为铜管或铜板、铜块，为了防止感应线圈过热，需要对其进行水冷却。

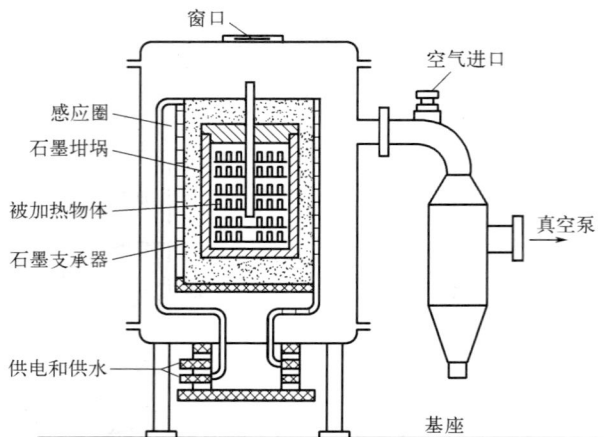

图 11-4　真空感应加热炉的构造

第二节　电弧炉

电弧炉是利用电弧产生的热量来加热材料，其优点是加热快、温度高、调节方便，其缺点是耗电较多、电极损耗较大、配套设备复杂。在无机非金属材料领域，电弧炉常用来合成云母，生产氧化铝空心球（保温材料）、硅酸铝耐火纤维（耐火保温材料）、石英坩埚（制备单晶硅、多晶硅所用的容器）等。

一、电弧加热原理

两根靠得很近，但中间有一定间隔的电极通电时，就会发出耀眼的、白亮的火光，被称为电弧。这是电流通过气体时所产生的一种放电现象，其温度≥4000℃。当两个电极做短时间接触时，由于短路便产生了强大电流，此电流使得电极端部放出大量热量。如果再将电极移开，在接触的瞬间则会在带负电荷的阴极上出现白热斑点，被称为阴极斑点。该阴极斑点是巨大的电子流在电场作用下从阴极流向阳极的电子发射源，它发出大量的自由电子，被称为热电子。热电子的发射强度取决于阴极的表面温度、阴极材料及其表面状态等。热电子在射向阳极的途中，还会与中性气体分子及原子碰撞，并从中激发出更多的电子。在电场作用下新产生的自由电子会得到加速，从而继续不断地激发其他原子，使气体电离。这种现象称为二次发射。电弧炉中强大的电弧就是电流通过气体（特别是空气）所造成。所以说，电弧的气体介质具有很高的导电性是由于两电极之间的气体离子化（即等离子体）所致。要使电弧炉具有强大的电弧，使带电介质在电场中移动，就必须有足够高的电压。

直流电、交流电均可产生电弧，只是直流电弧比交流电弧稳定，因为若用交流电，在真空中或者气体密度很小时，当两电极之间的交流电压等于零的瞬间，电弧易熄灭。所以，电弧炉一般采用直流电源。电弧炉有三种加热方式：直接加热（电极之间产生的电弧直接加热物料）、间接加热（电极之间产生的电弧再以热辐射方式传热给被加热的物料）和电弧电阻加热（电极插入料之中，电弧发出的热量与电流通过物料时产生的热量共同加热物料），如图 11-5 所示。应注意，电弧放电使其所在区域中的气体电离为等离子体，所以下节所述的等离子体炉在广义上与电弧炉同类。

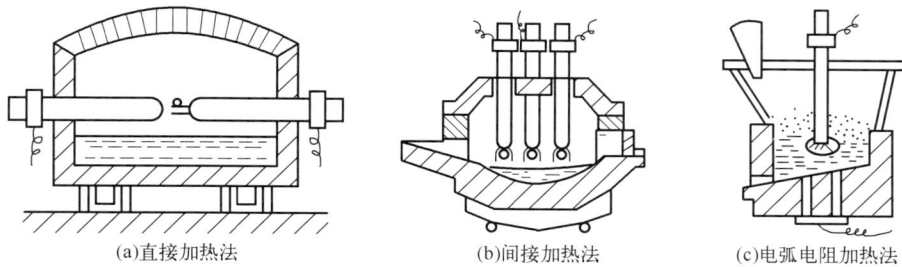

(a)直接加热法　　　　　(b)间接加热法　　　　(c)电弧电阻加热法

图 11-5　电弧炉的工作原理

二、电弧炉的电极

对电弧炉电极的要求如下：第一，耐高温，且在空气中开始强烈氧化时的温度要高；第二，有较高的电导率和机械强度；第三，其灰分和含硫量较低；第四，成本较低。

电弧炉的电极有石墨电极和其他碳素电极等，其中，石墨电极使用较多。对于直接加热的电弧炉，电极安放在等边三角形的三个顶点上。通过三电极中心的圆直径被称为电极圆直径。电弧炉熔化室的电极圆直径 D 与电极直径 d 之比一般为 2.5～5.0，大型炉要选高值。

三、电弧炉用变压器

电弧炉用变压器是一种降压变压器，其次级输出是低电压、大电流，具有较大的过载容量。在变压器高压侧配有电压调节装置（调节电弧炉的输入电压所用）。电弧炉用变压器应具有下列特点：第一，能承受很大的过载能力。第二，具有较高的强度，因为电弧炉内发生短路时的电流冲击很大，从而产生很大的机械应力。此外，还要求工作时不会发生各部件的松动，以防损坏。第三，变压比要大，能把送到车间的高压电变为低电压和大电流后输入电弧炉内，其电流可达几万至几十万安培。

第三节　弧像炉与其他加热成像炉

对于化学活泼材料的高温性能研究，或高温时不能沾污以及化学计量比不能改变的高温单晶生长，或纯度要求极高材料的高温制备，就需要像弧像炉这样的无沾污加热炉。

一、弧像炉

弧像炉仍以电弧为热源，但需要将电弧的辐射能通过适当的光学方法聚集到被加热料上，即形成一个辐射圆锥，从而使热源在圆锥尖端成像来形成局部高温。这样，就使被加热料的小部分熔融成一个自身坩埚（不需与任何其他物质接触），所以其产品纯度极高。弧像炉能够熔化很多熔点极高的材料，像 Cr_2O_3（2265℃）、Al_2O_3（2050℃）、ZrO_2（2680℃）和 MgO（2800℃）等，也能生长出像单晶硅、金红石单晶、蓝宝石晶体、高温半导体晶体、碳化物晶体和氮化物晶体等特种晶体材料。

弧像炉的光学系统如图 11-6 所示。其中，图 11-6（a）为聚光镜系统，其优点是：通过互换光源与像的位置，可提供低辐射的大像或高辐射的小像，且像中无阴影；图 11-6（b）为单椭球镜系统，一个椭球焦点上的光源会在该椭球的另一个焦点上成像（要获得低辐射大面积或高辐射小面积，只需将光源放在其中的一个焦点上即可）；图 11-6（c）为双椭球镜系统，假如这两个镜子具有同样的偏心率，而且是几何完整的，则最终的成像将与光源大小相同（其成像大小也可用两个具有不同偏心率的镜子来改变）；图 11-6（d）为双抛物面镜系统，成像大小与光源大小基本上相同。

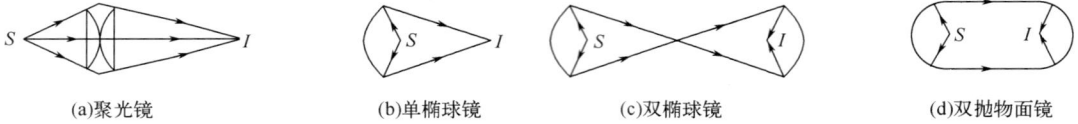

(a)聚光镜   (b)单椭球镜   (c)双椭球镜   (d)双抛物面镜

图 11-6 使电弧源成像的光学系统

S—电弧源；I—最高温度成像处

图 11-7 是某单晶生长弧像炉光学系统的工作原理。它有一对椭球反射镜装置，在靠近第二焦点处放置了一个背面镀银且配备水冷控制的反射镜，从而使光轴转向后与成像相垂直。

二、其他加热成像炉

除弧像炉以外，还有其他一些类型的加热成像炉，其原理都是利用光学系统聚焦辐射能来进行高温加热，只是所用的热源有所差异。除电弧放电外，还有太阳光、激光、Kr 灯、Xe 灯等。这些加热炉除了可以避免产品污染外，加热时的周围气氛也易控制，加热温度最高可达 3500℃。

图 11-8 为加热成像炉的原理，它采用双抛物面镜系统 ［图 11-6（d）］。具体是用两个探照灯作为热源。安装时，需要将两台探照灯沿公共水平轴或垂直轴排成一行。但是，如果试样为熔融态或粉末状时，则必须将试样保持水平，此时需要将两台探照灯安装在公共垂直轴上。

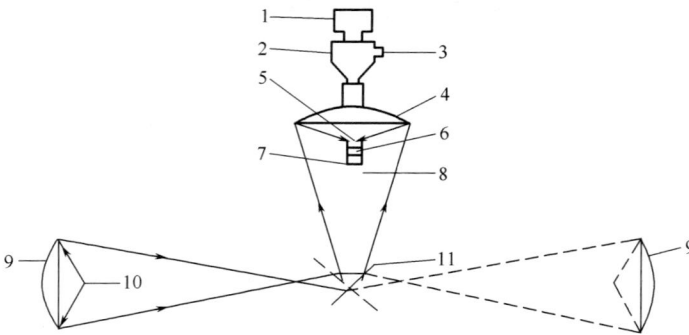

图 11-7 某单晶生长弧像炉光学系统的工作原理

1—振动器；2—漏斗；3—气体入口；4—第二反光镜；
5—焦点；6—试样支托；7—气体出口；8—炉膛；
9—主反光镜；10—电弧位置；11—控制镜

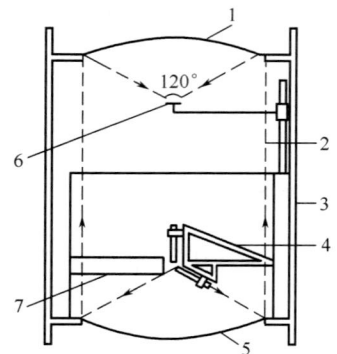

图 11-8 某加热成像炉的工作原理

1—第二反光镜；2—辐射途径；3—架子；
4—碳电极的夹持机构；5—主反光镜；
6—试样支架；7—烟气抽出口

第四节　等离子体炉

等离子体是经过高电压放电而发生电离后的气体，有低温等离子体和高温等离子体之分。等离子体炉是利用高温等离子体的能量而进行加热的一种电热炉，其主要优点是：等离子体利用了一部分气体的电离能，故而很容易达到其他普通窑炉不易达到，甚至不能够达到的高温，一般＞10000℃（利用电能产生的高温等离子体，温度可以达到10000℃以上）；利用核能等其他高能方法还可以获得几十万摄氏度至几千万摄氏度的高温；热核聚变产生的等离子体，核心处最高温度有几亿摄氏度。等离子体中的热能还易被气体传递，在高于大气压（正压）或低于大气压（负压）的系统内都能进行，在工业生产中其条件也很容易得到满足，而且比较安全，设备寿命也很长。因此，等离子体炉不仅可以用在实验室中，也能够应用于实际生产。

一、产生等离子体的原理

产生等离子体的装置是利用气体或液体作为电离介质，电离介质也能将放置于电弧室内的电极冷却，从而产生稳定的电弧加热、电离，如图 11-9 所示。电源可以是直流，也可以是交流，目前几乎都采用直流电源。其前部电极上有电离介质喷出口，而放电则是在阳极（后部电极）与阴极（前部电极）之间进行。电弧会通过电离介质的中心部分。电离介质可以是空气、He、Ar、N_2、H_2 等气体，也可以是水、液态空气、液态 N_2、液态 H_2 等液体。这里，以图 11-9(a) 为例来说明产生等离子体的过程（直流阴极空腔放电法）：先将阳极靠近阴极，电流一旦接通就会产生电弧，然后将阳极迅速后退以维护电弧的稳定。水从阳极周围旋转流进去，涡流状的水表面被电弧加热后变成高温蒸汽，升高了电弧室内的压强。于是，被高温热分解以及电离的 H^+ 和 O^{2-} 就会形成一股高温、高速的离子流从喷口喷出，未分解、未电离的水则起到冷却作用。

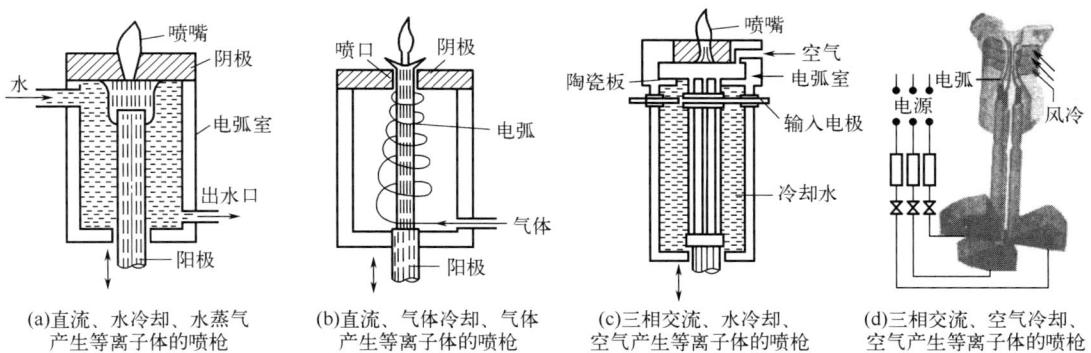

(a)直流、水冷却、水蒸气产生等离子体的喷枪　　(b)直流、气体冷却、气体产生等离子体的喷枪　　(c)三相交流、水冷却、空气产生等离子体的喷枪　　(d)三相交流、空气冷却、空气产生等离子体的喷枪

图 11-9　产生等离子体的原理

二、等离子体加热技术的应用

等离子体的加热方法有等离子体加热、等离子体诱导加热、放电等离子体加热等。各种等离子体气体的电弧温度下限及其能量，如表 11-1 所示。等离子体加热的用途很广，可用

来合成材料、烧结材料或用来研究游离基，也可用来研究一些材料物性（像热冲击试验、材料熔点测定、辐射能测定等）。目前应用广泛的材料放电等离子体烧结技术，或称电火花烧结（spark plasma sintering，SPS）技术，它是利用瞬间、断续地释放的电能，在加压下烧结材料体。此前，与该技术相同或相类似的技术还有等离子体活化烧结技术（plasma activated sintering，PAS）、等离子体辅助烧结技术（plasma assisted sintering，PAS）。

表 11-1　各种气体等离子体的电弧温度下限以及其能量

气体名称	电弧温度/℃	气体的能量（以101325Pa，20℃的气体体积为单位量）/(kW/m³)
Ar	5000	2.65
He	13500	3.89
H_2	7500	9.18
N_2	8000	15.01
CO	4200	2.30

图 11-10 是一个典型的 SPS 装置。该装置主要包括以下几部分：垂直轴向压力转化室；特殊设计的水冷冲头电极；水冷真空室；"真空/空气/氩气"气氛控制系统；特殊设计的真空脉冲发生器；水冷控制单元；位置测量单元；温度测量单元；应力位移单元；各种内部控制单元。

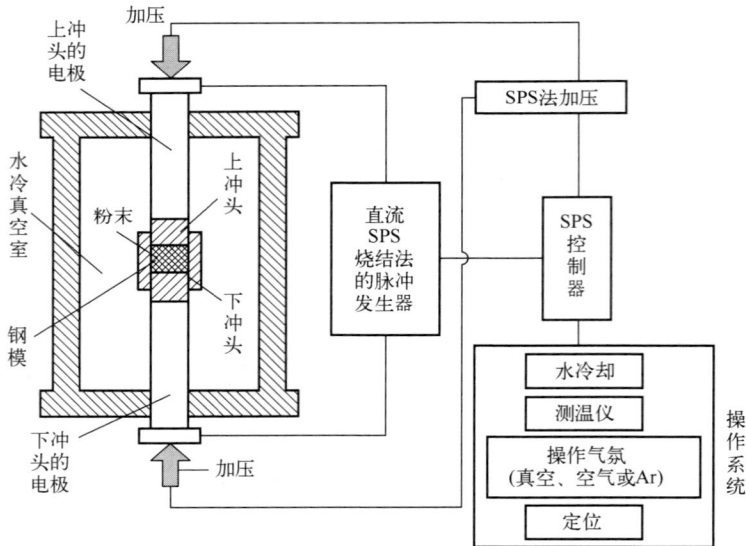

图 11-10　典型 SPS 的基本装置

材料 SPS 烧结的机理比较复杂，也有一些不同观点。简单来说，就是使固体颗粒之间产生化合物层或固溶体层，并且相互结合在一起。当然，其先决条件是颗粒之间先发生传质，否则颗粒之间不可能结合。颗粒之间的传质受到以下两种因素的作用：其一是颗粒的表面性质；其二是颗粒之间近距离的原子间作用力。传统烧制时，由于固体颗粒的表面有惰性膜，且颗粒之间无主动作用力，因而其烧结时间较长。而 SPS 技术克服了这些缺点，因此，该技术具有以下烧结特点：第一，烧结温度低、加热快（可快速升温到 2000℃ 以上）、烧结时间短（几分钟就可完成整个烧结过程），因而可以获得细小而均匀的显微结构组织，并且能够保持原料的自然形态，材料的纯度也较高且性能优良；第二，能够获得高致密度的材料；第三，通过控制烧结的组分和工艺（例如，利用电极尺寸的不同造成电流密度的不同来产生所需要的温度梯度），能够烧结出梯度材料以及大型工件等所用的复合材料；第四，可烧结通常难以烧结的一些材料；第五，有节能效果。当然，因 SPS 技术的加热速度过快，所以也存在着一些问题，主要的问题是：一些加热体易开裂，加热体中一些高温物质的挥发过于剧烈。目前，SPS 技术可以用于低温（<1000℃）、高压（500～1000MPa）烧结，也可用于低压（20～30MPa）、高温（1000～2000℃）烧结，还可用来烧结一些纳米材料（例如，烧结纳米 Al_2O_3 陶瓷等）。

第五节　电子束炉

电子束炉是利用高速运动电子的能量来加热材料，又称电子轰击加热器。电子束炉的原理类似一个二极管，通过热电发射的方式获得初速度的电子，在 2kV 以上的高电压降作用下向试样加速，并用电磁或静电透镜的方法使电子束朝着试样聚焦，使被加热区的温度≥3500℃。用电子轰击加热需要在发射器和试样之间产生受控制的电流，这只有在真空中才能实现。

某电子轰击加热器的工作原理如图 11-11（a）所示，其中低电压加热发射器一般用钨丝构成，其上施加负电位。与加热发射器相比，试样处于正电位（通常接地），因此电子向着试样表面加速，并将电子动能转变为热能来加热试样，该装置比较适用于加热面积较大的试样。图 11-11（b）所示的是该装置的改进型，它是用一金属屏（聚束极）环绕在加热发射器灯丝的周围来控制加热面积，而且金属屏与灯丝保持等电位。这样，一束定向的电子流就可以穿过聚束极上的孔洞而冲向试样。更为先进且应用较广的电子源设备如图 11-11（c）所示，

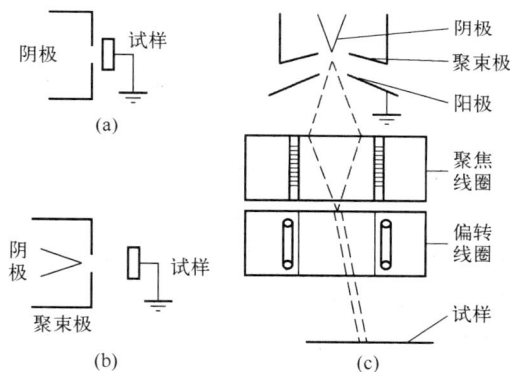

图 11-11　电子轰击加热的工作原理

电子从与图 11-11（b）相同的装置中发射出来后向阳极（通常接地）加速，这些电子通过阳极的孔洞后形成电子束，并用电磁的方法或静电透镜来聚焦，也可用电磁场或静电场来控制电子束的偏转。灯丝、聚束极与阳极的大小、形状以及位置都很重要，例如，只需调节通过聚焦线圈的电流，电子束的加热面积就能改变至 100 倍以上。因此，即便是使用同一装置，也可以有效地加热 1～100mm^2（甚至更大）的面积。调节偏转线圈中的电流也能改变电子束的方向，从而精确地选择被加热区域。电子束功率可通过改变加速的电压或通过改变阴极发射的方法来调节。该方法具有控制方便、电子精确轰击试样的优点，其电子束的功率密度可达 $5 \times 10^5 kW/cm^2$。电子束的断面不一定是圆形，也可以是其他形状。

电子束炉可用以加热悬浮区使试样熔化从而制备高熔点的单晶（例如，超纯单晶硅或超纯单晶钨，其中超纯单晶钨的纯度可达 99.9975%），图 11-12 是某台四电子束单晶硅炉的结构。

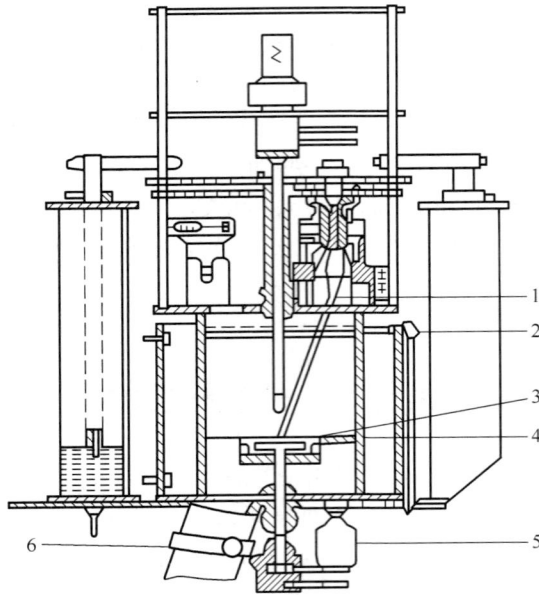

图 11-12 四电子束单晶硅炉的结构

1—电子束；2—水冷籽晶夹头；3—水冷炉床；4—静电屏；5—电离真空泵；6—扩散泵管道上的瓣阀

第六节　红外加热炉

红外加热炉是用红外波段的电磁波进行加热，所使用的红外线热源有卤素灯（如碘钨灯）等。由于红外线的波长短，所以穿透能力差，因此只能被物料表面所吸收。红外线加热的原理是：物料表面接收到红外线辐射能升温后，再以热传导的方式向其内部传热。红外加热炉可以用于原料的干燥，材料的合成、烧结，单晶制备等。用红外加热炉生长单晶时，所使用的炉腔一般由椭球体状的反射镜构成。在椭球体的两个焦点上，分别放置光源和原料棒，由炉腔将光线反射聚焦在原料棒上，使其局部熔化，然后边旋转边沿垂直方向移动，随着熔化区的移动而结晶成为单晶体。因为不使用坩埚，所以不易污染，因此生长出的晶体其径向组成变化小，并且能够在可控制的气氛中生长。但是，红外加热炉难以生长出直径较大的晶体。

第七节　太阳能高温炉

太阳的表面温度约为 $6000℃$ ，其内部温度更是高达 $4×10^7℃$ 以上。每年地球从太阳辐射能中可以获得 $4.8×10^{16}kW·h$ 的能量，这比地球上目前人们利用各种能源所产生的全部能量之和还要大出 $2×10^4$ 倍。虽然到达地球表面的太阳辐射能量很大，但是这个能量是分散在地球上广大的地区。另外，太阳能到达地球表面的数值也取决于天气条件和季节、地理纬度，而且在一天 $24h$ 之内接收到的太阳能密度不连贯。因此，只有符合下列三个条件的地区，利用太阳能才比较有效：第一，无云天气时，在垂直于光线的方向上地面所获得的平均太阳辐射密度≥2.5J/（cm² · min），每天的日照时间≥6h；第二，每年的晴天数≥200d；第三，每年的平均云量≤60%。

当今，太阳能利用已经成为一个研究的热点。为此，人们开发了各种不同用途的太阳能利用装置，在材料制备领域的太阳能高温炉就是其中之一。例如，利用太阳能高温炉制备石英玻璃坩埚、石英玻璃管、一些高折射率玻璃，利用太阳能高温炉制备特种陶瓷，利用太阳能高温炉研究硅酸盐、硼化物、碳化物、氯化物等材料的高温性能，利用太阳能高温炉制备一些单晶等。太阳能高温炉最高可产生3500℃的高温，太阳能高温炉内没有电场、磁场和烟气的干扰，因此在材料的加热和冷却过程中，甚至极高温度时都能清楚地观察到试样。

图11-13为某太阳能高温炉的工作原理。如果在其焦点区域安置一个透明罩子，它就能在所需的任何气氛和任何压强下工作。一般的太阳能高温炉是让太阳光直接射到其抛物面反射聚光镜上，而反射聚光镜是跟着太阳的运动而转动。但是，也有一些太阳能高温炉的主镜（抛物面反射聚光镜）是不动的，而是让太阳光先照射到一个可自动控制转动的日光平面反射镜上，再反射到固定的主镜上。

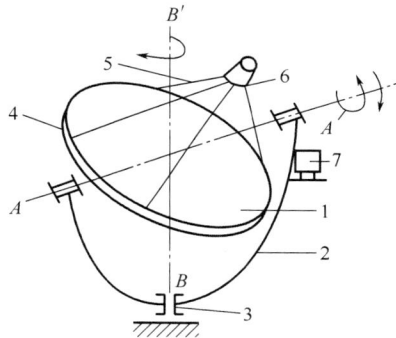

图11-13　某太阳能高温炉的工作原理

1—抛物面反射聚光镜；2—支撑叉（在其上放有镜子固定环）；3—底部中央支撑（带有轴承和调速器，并且由一个控制电动机带动作水平转动用）；4—镜子的固定环（带两个轴承和调速器）；5—支持器；
6—受热器；7—控制和调速所用的自动装置

第八节　微波加热炉

微波是指频率在300MHz～300GHz（相应波长为1m～1mm）的电磁波。微波加热属于内部加热，即材料吸收谐振的微波能后转化为材料内部的能量，传热方向是从内向外（温度梯度的方向是从外向内）。由于内部生热，因此微波加热是整体均匀受热，简称体加热（bulky heating）。图11-18是加热腔内微波加热的原理。材料自身吸热的加热方式提高了加热效率，节约了能源。在材料领域，微波加热技术的应用主要是在材料的烧结、合成、干燥、焊接、降解、萃取等方面。

微波烧结材料可以缩短烧结时间（一般为几分钟至十几分钟），即所谓快速烧结。同时，由于微波加热是材料内部的均匀受热，所以在整个加热过程中，材料内部的温度梯度很小，

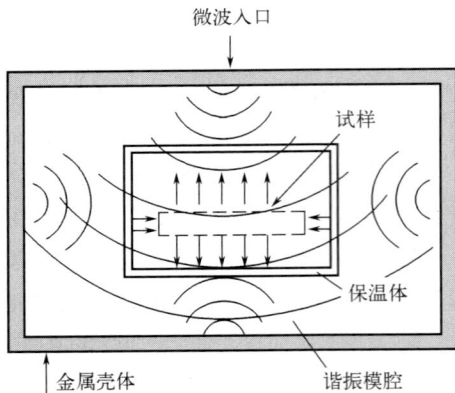

图 11-14　腔体内微波加热的原理

于是材料内部的热应力可大大减少。这样，即使在很高的升温速度下（500～600℃/min），也很少会造成烧结体开裂。而且，在微波电磁能作用下，材料内部分子或离子的动能增加，烧结活化能降低，扩散系数提高，从而促进了烧结。例如，在 1100℃下，微波加热 Al_2O_3 陶瓷 1h 后的相对密度可达 96% 以上（而用常规的外部加热法该值约为 60%）。同时也改善了烧结体的显微结构，从而提高了某些性能。另外，利用不同材料介电损耗的差异产生不同的微波加热效应能对多相混合材料、复合材料进行有选择性的烧结。

微波加热材料是在加热腔（烧结材料时也称烧结腔）内进行。微波加热腔通常有两种，即行波腔与谐振腔，常用的是谐振腔。由于入射波与反射波的叠加作用，从理论上讲，空谐振腔内的微波应为驻波。谐振腔的形状有长方体、圆柱体等（长方体的谐振腔使用较多）。谐振腔尺寸不能随意制作，要根据微波频率及其特性、试样处理量、自控要求等因素专门设计制作。谐振腔有单模与多模之分（模式也称波型）。单模谐振腔的优点是：实验条件的可控性好，实验结果的重复性较好，在有效加热区域内有很均匀的场强（场强代表着能量），所以特别适合于加热制备小件试样。但是，单模谐振腔需要通过调节短路活塞的长度来寻求微波与加热体的谐振状态，其调节过程比较费时。多模谐振腔的优点是：多模式的存在使得在理论上总有一种模式使加热体处于谐振状态，从而实现微波加热，所以，多模谐振腔不需要费时的调节过程，其内实现微波加热很方便。它能够而且较适合同时加热多种介质或大件试样。但是，由于其内场强的均匀性较差，其稳定性也较差，所以它的实验条件可控性较差，实验结果的重复性也较差，小件试样寻找合适的加热位置时也很费时。针对以上所述的问题，人们也开发了多源微波加热炉，常见的有双源微波加热炉（即双频炉）和四源微波加热炉。但是，多源微波加热炉仍为多模腔加热，所以其稳定性差、实验结果重复性差的问题仍没有从根本上得到解决。

针对某些材料低温时介电损耗较小，高温时介电损耗才足够大的特点，人们又新开发了微波辅助加热法。现介绍其中的两种方法：方法 1 是用隔热性能好的保温材料和微波吸收性能好的吸波材料（像 SiC、$MoSi_2$、炭黑等）将试样包围起来，如图 11-15(a) 所示。这样，试样所吸收的热量，一方面来自试样自身吸收的微波能；另一方面来自吸波材料吸收微波能升温后的热辐射。方法 2 是用"电热体热辐射＋微波加热"装置来对试样双重加热，如图 11-15(b) 所示。

微波辅助加热法已经从科研扩展到生产，例如微波辅助烧结隧道窑。该方法优点是：第一，在材料内、外同时加热，可抵消外界辐射加热与内部微波加热方向相反的温度梯度，所以材料内部的温度分布更均匀，从而最大限度地防止裂纹；第二，综合了低温阶段外辐射加热快、高温阶段微波加热快的优点，所以材料加热升温快，因而可制备一些在高温、超高温的条件下才能够制备的材料；第三，外辐射加热更好地阻止了试样表面的散热，所以节能效果更好；第四，使得可用微波加热的材料种类更多。

(a)方法1　　　　　　　　　　　　　　(b)方法2

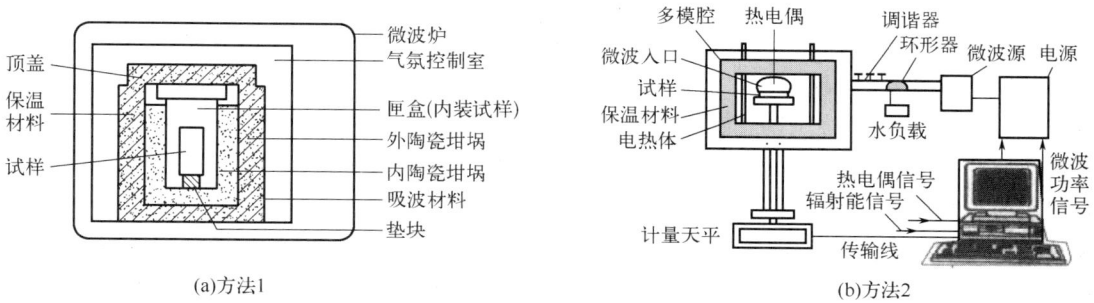

图 11-15　微波辅助加热的两种方法

第九节　材料的激光烧结

激光烧结法的流程如图 11-16 所示。激光加热既能获得极高的温度梯度，又不存在容器（例如坩埚）污染的问题，因而是制备某些纯度要求很高或具有特殊结构特性材料的理想方法之一。该技术的要点是：将激光聚焦到需要加热的材料区域，使其局部熔化而高温制备或加工出所需材料。加热处温度可通过控制激光的功率来调节。如果需要增大烧蚀面积，还可以采取措施使激光弯曲成束状来增大其加热区域。该方法的缺点是：激光束的穿透能力不强，除非是透明的玻璃体（玻璃制品可进行激光内雕），所以只适合小面积薄件制品或制品表面的局部热加工。激光加热也能够准确地控制材料的成核速度与生长速度。另外，利用激光扫描或工件移动，能将与基体成分不同的粉末或薄压坯烧结在一起，一些大功率激光源可以穿透约 1 mm 厚的粉末层，所以激光烧蚀技术也能够熔融高熔点的金属或陶瓷。该方法的另一个用途是：由计算机完成零件的辅助设计，并对零件分层切片而获得各个截面的图形后，计算机控制激光束扫描每个截面的烧结加工数据，从而实现精细烧结加工。开启、关闭激光束以及改变加料速度也是由计算机精确地控制。

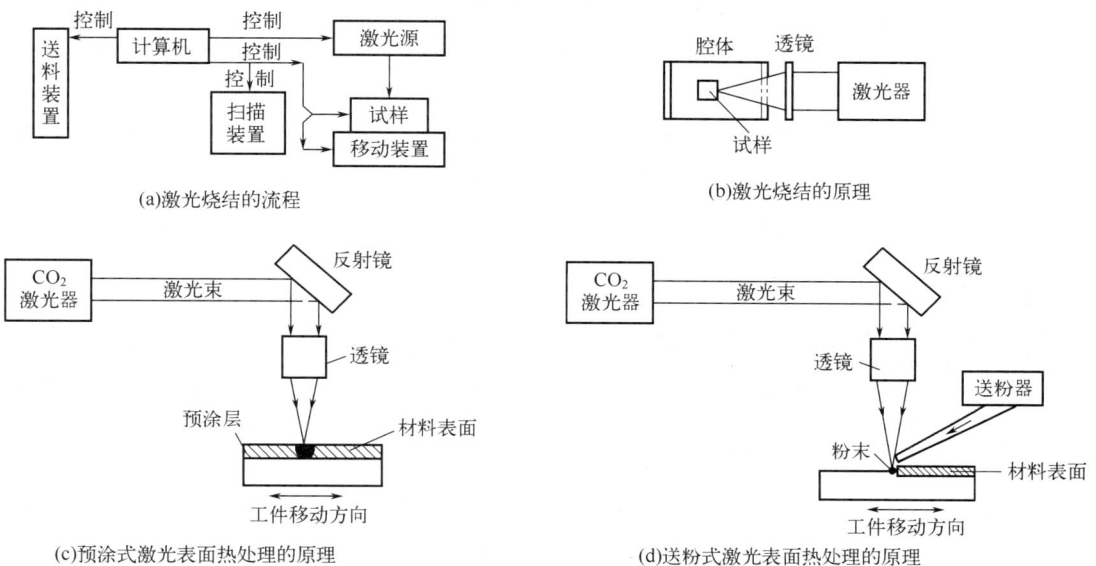

(a)激光烧结的流程　　　　　　　　　　　　　(b)激光烧结的原理

(c)预涂式激光表面热处理的原理　　　　　　(d)送粉式激光表面热处理的原理

图 11-16　材料的激光烧蚀技术

激光加热也能实现选择性烧结（selective laser sintering，SLS），它可烧结塑料粉、金属粉、陶瓷粉末，其优点是：第一，可很快生产出原型机，使产品迅速投放市场；第二，对零件的复杂程度没有限制；第三，可直接根据图纸加工零件，不用模具、夹具、刀具以及机械加工。用 SLS 技术烧结陶瓷粉末时，要先加入少量黏结剂，烧结后还要对零件进行后处理，即放在温控炉中按照规定的温度曲线高温焙烧来提高其强度与耐热性。利用 SLS 技术对纳米粉末烧结的效果如下：①通过控制多激光功率、烧结光斑的大小可以对纳米晶粒的生长进行有效的控制；②纳米颗粒的比表面积巨大、热扩散率高，而激光烧结的区域小、时间短，于是纳米颗粒被激光扫描、烧结后，热量迅速扩散，这样因急热急冷使纳米晶失去长大的条件，从而达到烧结体晶粒细化的目的；③因不需模具、热压炉等设备，消除了对烧结母体的依赖性，也消除了对烧结母体中气孔以及纳米材料中结块的严格要求；④SLS 技术中有特殊的铺粉方式，烧结时因收缩与排气产生的孔洞会迅速地被新粉层所填充，如此多次重复烧结可最大程度地提高烧结体的致密度；⑤SLS 技术能够实现对多组分混合纳米粉末的烧结，而按性能要求添加的粗颗粒粉末对烧结时纳米晶的长大可起到抑制作用。

第十节　热压烧结和热等静压制备技术

热压烧结技术简称 HPS（hot pressing sintering）技术，或称压力烧结（pressure sintering，PS）技术。该烧结技术是指将较难烧结的料粉或生坯在模具内机械加压烧结。为了与热压烧结技术相区别，人们有时将只加热升温的常压烧结技术称为无压烧结（pressureless sintering，PLS）技术。

HP 烧结技术的烧结温度通常低于无压烧结温度，一般为材料熔点的 0.5～0.8 倍。该技术可用于制造高强度、高密度、高透明度的材料。有时，为了避免过高的温度会造成晶粒增长过大以及为了避免出现二次再结晶，也会用到 HP 烧结技术。该烧结技术的优点是：效能高，短时间内就能将粉末烧结为致密度均匀、晶粒细小的制品，而且不用或少用烧结助剂。其缺点是：模具损耗大，不能制备形状复杂的制品。有关研究表明，该技术中所施加的外界压力也是材料烧结的外加驱动力，其作用包括：有利于晶格扩散；有利于晶界扩散；通过位错运动有利于产生塑性变形；促进黏性流动；有利于晶界滑移；有利于颗粒重排。因此，所施加压力的大小、被压制粉末中的晶体缺陷、塑性变形、扩散蠕变等因素都会影响到所烧结试样的质量，尤其是致密度。

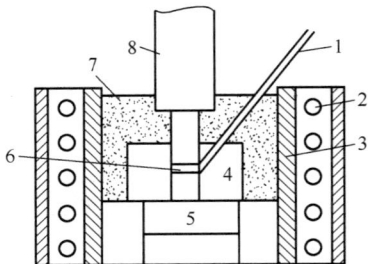

图 11-17　热压烧结技术的原理
1—测温管；2—加热线圈；3—石英绝缘管；4—模具；5—绝缘垫块；6—料粉；7—石墨粉；8—压杆

HP 烧结技术（图 11-17）所用的设备包括压力机、加热系统、模具（对模具的要求是：在高温时具有一定强度且不与原料反应）。其加热方法有电阻直接加热法、电阻间接加热法、高频感应加热法等。其加压措施有恒压法（整个升温过程都施加预定压强）、高温加压法（高温阶段才施加压强）、分段加压法（低温时施加低压、高温时再增加到预定的高压强）。

HP 烧结技术又可进一步分为真空热压烧结法（真空烧结法）、气氛热压烧结法（气氛烧结法）、连续加压烧结法、超高压（>10^2GPa）烧结法以及超高温（>2000℃）

辅助超高压烧结法等。其中，超高压烧结法不仅能使材料迅速达到高密度、细晶粒（<1μm），而且使晶体结构都发生变化，这就使得所制备材料具有利用普通制备方法不能够达到的一些性能，也能够合成出一些新型矿物。只是该方法较复杂，对模具的材质、真空密封度、原料的细度和纯度都要求较高。

另外，对于某些材料，现在也出现了与热压烧结技术相类似的热锻压烧结（hot-forging press sintering）技术，其唯一的不同点在于：后者要先成形再烧结，而且不用模具来限制材料体。将热压烧结技术和材料的等静压成形（isostatic pressing）技术结合起来并综合两者的优点，就形成了"等静压烧结"材料热制备技术，或称气压烧结技术。该方法通过加压气体，能够从各个方向均匀加压，其施压介质有中性气体（N_2）或惰性气体（Ar）等。采用此烧结法能够制得性能优良、接近理论密度的致密体。等静压烧结技术的设备主要包括高压容器（高压釜）、高压供气系统、加热系统、冷却系统、气体回收系统、安全系统等。该方法中的模具是用金属箔（例如不锈钢、钛、镍、钼等）或者用耐热玻璃等材料制成。也可先把原材料在常压下烧成为一定形状的非致密体，然后不用模具而直接等静压烧结。图 11-18 是材料等静压烧结技术的原理。

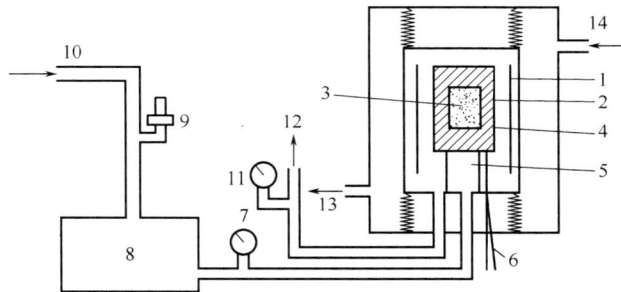

图 11-18 等静压烧结技术的原理

1—加热器；2—氧化铝管；3—粉料；4—模具；5—支持架；6—热电偶；7,11—压力表；8—气体压缩机；9—压力调节器；10—加压气体进气口；12—排气孔；13—冷却液出口；14—冷却液进口

等静压烧结技术进一步发展就是材料的热等静压制备（hot isostatic pressing，HIP）技术，HIP 技术的要点是：使所制备材料在高温时受到更高的气体压力（各向均匀的高压，一般为 100～300MPa，目前最大为 980MPa）。根据被烧结材料的不同可选择不同的高压气体，最常用的是 Ar，而对于烧结碳化硅、氮化硅等非氧化物陶瓷，也可选用 N_2。这些惰性气体或中性气体具有高稳定性和高安全性。此外，烧结氧化物陶瓷时也可用 O_2，烧结金属材料时也常用 H_2 或 CH_4。HIP 炉的加热体有石墨（最高温度约 2000℃）、钼丝（最高温度约 1450℃）等，或利用电磁感应加热。一般用钨铼热电偶来测定炉内温度。炉体内巨大的压力由钢丝缠绕的框架来承受。具体来说，HIP 炉包括高压容器（高压釜）、高压供气系统、加热系统、冷却系统、气体回收系统、安全系统和控制系统等。

HIP 技术中高温等静压的作用主要有以下三点：第一，颗粒破裂和重新排列；第二，接触颗粒变形重排；第三，单独气孔收缩。与无压烧结方法或热压烧结方法相比，HIP 技术有如下几个优点：第一，因施加的压力高，所以能降低烧结温度和缩短烧结时间，避免高温和长时间烧结过程中有晶粒异常长大、两相物质生成、不同组分之间的反应、高温分解等问题，因而材料的显微结构较均匀，对于陶瓷基晶须或者纤维补强的复合材料，HIP 技术能够降低晶须与陶瓷基体之间或者纤维与陶瓷基体之间的热应力，避免晶须或纤维表面强度的退化，避免晶须或纤维与陶瓷基体发生化学反应和熔化，从而保证晶须或纤维的补强作用；第二，提高材料的某些性能（尤其是高温性能），这主要是由于 HIP 技术可避免过多地使用烧结助剂，从而减少甚至消除晶界玻璃相生成等，HIP 技术也能够有效地减少或者全部排除气孔（特别是大尺寸气孔），尤其能消除常规烧结方法无法排除的颗粒三角区域内的封闭气孔，使材料具有高致密度、高强度；第三，HIP 技术是各向均衡加压，因此可以制备复杂形状和较大尺寸的制品，也不需要任何特定的模具（粉末材料需要用包套包装，或预烧成形后包装烧结）。总之，HIP 技术是提高材料致密度和消除材料内部缺陷的一项较为理想的技术手段。当其工艺参数合适时，HIP 技术制备的材料密度可以达到或接近理论密度。例如，以 H_2 为施压介质，以 B_4C+C 为烧结助剂时，用 HIP 法可制得抗弯强度$>1GPa$ 的碳化硅制品。

HIP 技术还可以根据具体的情况与要求，选择不同的加热、加压程序，例如：①加热到烧结温度后再加压到所需压强（简称先加热、后加压）；②预加一定压强，再加热到烧结温度，然后加压到所需压强（简称预加压、再加热、后加压）；③在室温下先加压到所需压强，然后加热到烧结温度（简称预加压、后加热）。

HIP 技术中关于试样的处理有以下两种技术方法。

一种是包套 HIP 技术（也称直接 HIP 法），可直接包封其密度达到$50\%\sim80\%$理论密度的试样。对于有连通气孔的素坯，因高压气体会穿流短路所以不能直接进行 HIP 烧结，必须先进行包套处理。对包套材料的要求是：第一，良好的耐高温性，在烧结温度下不会与坯体反应，在冷却过程中容易与制品脱离；第二，优良的可连接性和密封性；第三，良好的高温抗变形性，这样压力可有效地传递给包套而不会引起素坯变形；第四，采用熔化材料作包套时，黏度应足够大，以保证包套不至于渗入烧结体。具体的包套材料有：低温型用低碳钢或不锈钢；高温型用 Mo、W、Ta 等高熔点金属或石英玻璃。包套 HIP 技术的工艺步骤为：第一，粉料制备，包括原料粉末的预处理、加入各种添加剂后混合造粒或制备成浆料等；第二，成形为尺寸、形状都精确以及密度一致的素坯，成形方法有干压成形、冷等静压成形、注射成形或浆料浇注成形等；第三，排除黏结剂（简称加热排蜡）；第四，包套处理；第五，HIP 烧结；第六，去除包套；第七，制品的表面处理。

另一种是无包套热 HIP 技术（也称 Post-HIP 法，即 HIP 后处理），主要用于其密度$>94\%$理论密度的预烧结制品进行热等静压的后处理。具体是：将烧结后的材料直接放在 HIP 炉中来消除剩余气孔、愈合缺陷和表面改性等。无包套 HIP 技术的一个必要条件是制品不含有连通气孔和开口气孔。如果制品潜在的断裂源是存在第二相或由异常晶粒长大引起的粗晶，则即使经过 HIP 后处理后，也不能提高该强度。所以，HIP 后处理效果显著地依赖于制品的显微结构（必须有均匀细密的显微结构，即晶粒尺寸小而匀，剩余气孔少且小）。

第十一节　真空烧结技术与气氛烧结技术

一、真空烧结技术

材料的真空烧结技术是指将试样置于真空中烧结。材料中都含有气孔，其中像水蒸气、

H_2 和 O_2 等气体能够借助溶解和扩散过程从封闭气孔中逸出，但是像 CO、CO_2、N_2（特别是 N_2）等气体，由于溶解度较低，不容易从封闭气孔中逸出。如果将坯体置于真空中烧结，就能够给予这些气体从封闭气孔中逸出的另一驱动力，从而提高制品的致密度。

真空烧结炉的原理如图 11-19 所示，在用石英玻璃罩壳或金属罩壳密封的腔体（炉膛）内，用管道与低真空泵（机械泵）及高真空泵（分子泵）相连通，腔体内可抽至 $10^{-6} \sim 10^{-4}$ mmHg（1mmHg＝133.322Pa）。腔体内的加热可用电阻加热，也可用高频电加热。

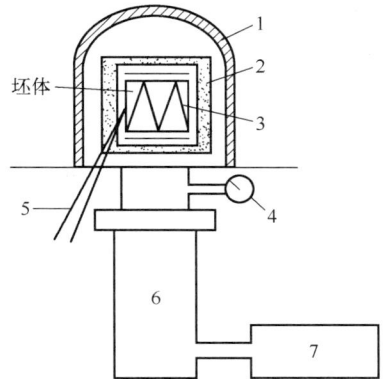

图 11-19　真空烧结炉的原理
1—炉罩；2—保温层；3—加热体；
4—真空表；5—热电偶；6—高真空泵
（分子泵）；7—低真空泵（机械泵）

二、气氛烧结技术

将腔体（炉膛）内通入一定量的特定气体就可形成所要求的气氛。材料在所需气氛下的烧结被称为气氛烧结。气氛烧结可以促进烧结过程，提高制品致密度等物理性能。按照气氛性质的不同，气氛烧结技术可以分为氧化气氛烧结、还原气氛烧结、中性气氛烧结等。以上三种气氛可分别通氧（O_2 能够降低气氛中 N_2 的相对浓度，从而有利于材料中 N_2 逸出）、通氢（H_2 有利于维持还原气氛）、通氮（N_2 有利于维持中性气氛）。

另一种典型的气氛烧结法是控制挥发气氛烧结法。在无机非金属原料中，有许多化合物（例如 PbO、SnO_2、CdO）具有较高的蒸气分压，这就意味着这些化合物在较低温度下就会大量挥发。含有这种化合物的原料，其挥发分较高，所以不能保证配料时的设计组分配比，材料也不易烧结。但是，如果将含有这类化合物的材料密闭在一个容器内，加热时挥发分将在固定空间内气化而形成挥发分挥发，当挥发分浓度达到平衡蒸气分压后便会停止挥发（温度越高，平衡蒸气压就越大）。但是，如果密闭容器漏气或者容器壁与挥发物发生化学反应，这时容器内的挥发分蒸气分压将会下降，原来的平衡就被破坏，于是挥发分将继续挥发至新的平衡状态。所以防止原料中挥发分挥发的方法有三种：一是尽可能降低材料的烧结温度；二是密封烧结；三是加压气氛烧结。第一种需加高压；第二种简单而有效，例如，烧结 PZT 陶瓷时常采用此方法。具体有纯密封烧结、加气氛片（$PbZrO_2$ 气氛片）密封烧结、埋粉（$PbZrO_2＋ZrO$ 粉体）烧结等方法。

应注意，不同材料要选用适当的气氛烧结。例如，氧化铝陶瓷宜用通氢烧结，压电陶瓷、透明铁电陶瓷宜用通氧烧结。有时，为了保护烧结设备免受氧化或其他反应的侵蚀，也需要通入一定量的气氛（例如氩气、氮气等），此种气氛被称为保护气氛。这里介绍的是氢气炉（也称烧氢炉，hydrogen furnace），其内部通入 H_2，或 H_2 与 N_2 的混合气，或 H_2、N_2、空气的混合气。氢气炉有卧式与立式之分。图 11-20 是卧式氢气炉的结构和原理。立式氢气炉的结构和原理与卧式相似，唯有炉体呈直立放置。氢气炉由进料端、加热区、冷却套三部分组成。加热区是指围绕有电热体（钨丝、钼丝、碳粒）的刚玉管所在的区域，该区域周围用刚玉粉作保温材料，并砌筑耐火砖。该氢气炉为连续式窑炉，其优点在于工艺条件稳定，适合于烧结大型工件；而其缺点则是生产效率低。氢气炉能够烧结陶瓷制品或金属陶瓷，也可用于粉末冶金的烧结或半导体合金的烧结，还能用于熔制钎焊料、玻璃封接料等。

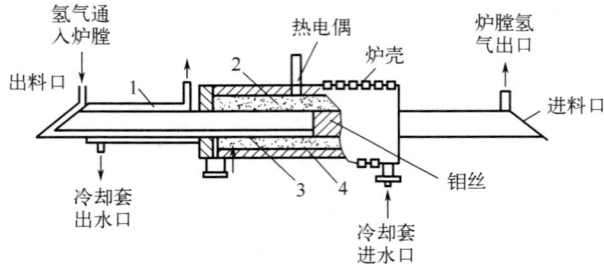

图 11-20　卧式氢气炉的结构和原理

1—冷却套；2—保温材料；3—氧化铝质的炉管；4—耐火砖

第十二章

回转窑

回转窑是指旋转煅烧窑（俗称旋窑），属于建材设备类。回转窑按处理物料不同可分为水泥窑、冶金化工窑和石灰窑。水泥窑主要用于煅烧水泥熟料，分为干法生产水泥窑和湿法生产水泥窑两大类。冶金化工窑则主要用于冶金行业钢铁厂贫铁矿磁化焙烧，铬铁矿、镍铁矿氧化焙烧，耐火材料厂焙烧高铝矾土矿和铝厂焙烧熟料、氢氧化铝，化工厂焙烧铬矿砂和铬矿粉等类矿物。石灰窑（即活性石灰窑）用于焙烧钢铁厂、铁合金厂用的活性石灰和轻烧白云石。按照用途不同可以分为水泥回转窑、陶粒砂回转窑、高岭土回转窑、石灰回转窑等。按照供能效果不同又分为燃气回转窑、燃煤回转窑、混合燃料回转窑。

第一节　回转窑结构

一、窑头部分

窑头是回转窑出料部分，直径大于回转窑直径，通过不锈钢鱼鳞片和窑体实现密封，主要组成部分由检修口、喷煤嘴、小车、观察孔等部分构成。

二、窑体部分

它是回转窑（旋窑）的主体，通常有 30～150m 长，圆筒形，中间有 3～5 个滚圈。筒体多由工厂加工成 3～10 段，由大型卡车运输到目的地后焊接而成。其中滚圈部分（也俗称胎环）由钢水浇铸而成，因滚圈部分窑体需承重，所以比其他部分窑体钢板稍厚。支撑拖轮也是窑体的一部分，和滚圈对应与地基相连，是整个回转窑的承重支柱。通常一组托辊由两个托辊和两个挡轮组成。回转窑在正常运转时里面要铺上耐火砖。

三、窑尾部分

窑尾部分也是回转窑的重要组成部分，在进料端形状类似一个回转窑的盖子，主要承担进料和密封作用。

四、回转窑支撑架

回转窑的支撑架可以使回转窑设备更加坚固，使其工作的时候不会摇动，稳定生产。

回转窑的支撑架主要用于固定回转窑设备，在其使用的时候能够防止回转窑设备变形，因为回转窑设备如果操作不当会出现走形的情况，所以支撑架具备这样的作用。

回转窑支撑架便于回转窑设备的吊装及运输。

五、预热塔

也称预热器，是物料在进入回转窑之前由回转窑排出的尾气余热来将物料进行初步加热的设备，多为立式结构。其原理就是将回转窑窑尾排出的余热经过装满原料的预热塔实现原料加热。增设预热塔能有效降低能耗，并且提高成品质量等级。

六、冷却机

冷却机是用于回转窑物料烧成之后迅速降温的装置，看起来像一个小型的回转窑，只是直径更小、长度更短，不需要铺设耐火砖，里面由扬料板取代。其主要作用是将成品迅速降温。

七、输送带

输送带是回转窑的物料输送装置，在使用过程中，常会出现多种形式的损坏，例如，边缘分层、溃烂、缺损与开裂，长距离纵向撕裂、深度划伤、孔洞、大面积磨损、覆盖胶鼓包或起皮、接头内在缺陷等。其中，纵向撕裂最易出现，边缘破损最为普遍，接头内在缺陷难以避免，而修复后的使用寿命最受关注。

回转窑示意图如图 12-1 所示。

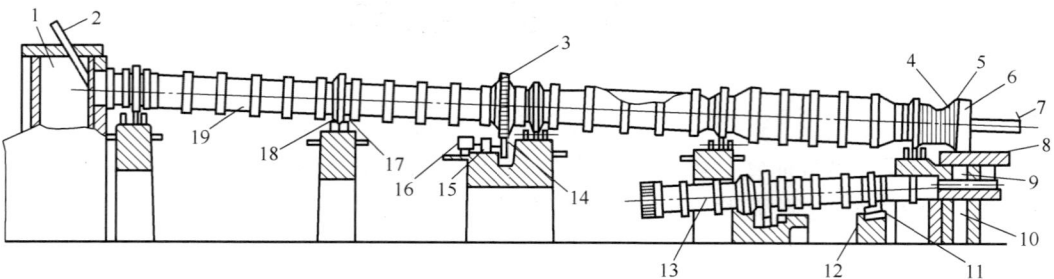

图 12-1　回转窑示意图

1—烟室；2—加料管；3—大齿轮；4—法兰盘；5—挡风围；6—窑头；7—喷煤管；8—平台；
9—熟料漏筒；10—热室；11,17—托轮；12,18—滚圈；13—冷却筒；14—小齿轮；
15—减速机；16—电动机；19—窑体

第二节　回转窑的工作原理

回转窑的工作原理，主要包括物料在窑内的运动、窑内气体的流动、燃料燃烧和物料与气体间传热的现象和规律。

一、物料在窑内的运动

生料从窑的冷端喂入，在向热端运动的过程中煅烧成熟料。物料在窑内的运动情况直接影响到物料层温度的均匀性，物料的运动速度影响到物料在窑内的停留时间（即物料的受热时间）和物料在窑内的填充系数（即物料的受热面积），因此也影响到物料和热气体之间的传热。

回转窑内物料充填与运动的情况如图 12-2 所示。窑内的物料仅占据窑容积的一部分，物料颗粒在窑内的运动过程比较复杂。假设物料颗粒在窑壁上及料层内部没有滑动现象，当窑回转时，物料颗粒靠着摩擦力被窑带起，带到一定高度，即物料层表面与水平面形成的角度等于物料的自然休止角时，则物料颗粒在重力的作用下，沿着料层表面滑落。因为窑体以 $3\% \sim 6\%$ 的倾斜度安装，所以物料颗粒不会落到原来的位置，而是向窑的低端移动了一个距离，落在一个新的点，在该新的点又重新被带到一定高度再落到靠低端的另一点，如此不断前进。因此，可以形象地设想各个颗粒运动所经过的路程像一根圆形的弹簧。实际上物料在回转窑内运动时，物料颗粒的运动是有周期性变化的，物料颗粒或埋在料层里与窑一起向上运动，或到料层表面上降落下来，但是只有在物料颗粒降落的过程中，才能沿着窑长方向移动。

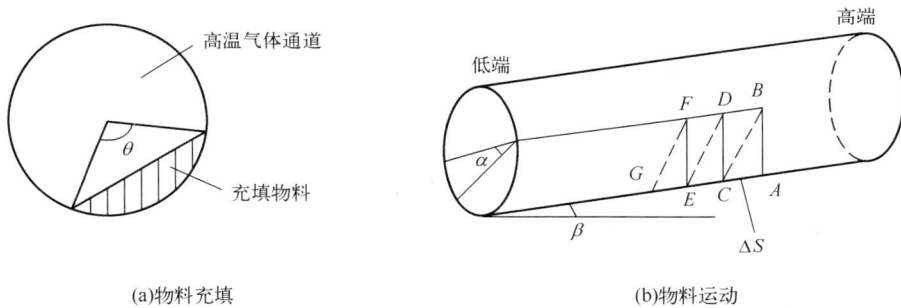

(a)物料充填　　　　　　　　　　　　　　(b)物料运动

图 12-2　回转窑内物料充填与运动简图

θ—填充角；β—窑倾斜角；α—物料休止角

在实际生产中，为了稳定窑的热工制度，必须稳定窑速，若因煅烧不良而降低窑速时，需相应地减少喂料量，以保持窑内物料的填充系数不变。一般回转窑的传动电机和喂料机的电机是同步的，以便于控制。

二、窑内气体的流动

1. 回转窑内气体的流动过程

为了使回转窑内燃料燃烧完全，必须不断地从窑头送入大量的助燃空气，而燃料燃烧后产生的烟气和生料分解出来的气体，在向窑的冷端流动的过程中，将热量传给与之相对运动的物料以后，从窑尾排出。窑内气体在沿长度方向流动的过程中，气体的温度、流量和组成都在变化，因此流速和阻力是不同的。

2. 窑内气流速度的大小对窑内传热的影响

当流速过大时，传热系数增大，但气体与物料的接触时间减少，总传热量有时反而会减少，表现为废气温度升高、热耗增大、飞灰增多、料耗加大，这不经济。相反，当流速低时，传热效率降低，产量会显著下降，这同样不合适。

三、窑内燃料的燃烧

1. 燃料在回转窑内燃烧应满足的要求

燃料燃烧的火焰温度要达到 1600～1800℃（保持高温）；火焰要有适当的长度（保持物料高温时间）和适当的位置。

2. 回转窑内的燃烧带与烧成带

火焰覆盖的区域，称为燃烧带。

火焰中部区域温度高，达 1600～1800℃，此时熟料被加热到 1300～1450℃，其中有相当量（25%～30%）的组分熔融成液相，黏附在窑内耐火材料的表面上形成一定厚度的黏稠状物料，即俗称的主窑皮。窑内这一区域称为烧成带。通常烧成带的长度用主窑皮的长度来判定。由此可见，烧成带是燃烧带中高温部分。

平整的窑皮、合适的厚度和长度，是窑内煅烧制度正常稳定的标志。窑皮的形成还可以保护窑内耐火衬料，延长回转窑的运转周期。

3. 窑内火焰长度与火焰温度分布（火焰形状）对烧成的影响

（1）火焰长度　火焰的长度一般是指从喷煤管口到火焰终止断面的距离，燃烧条件的变化会使火焰长度产生很大的变化。火焰长度对烧成工艺影响很大，当发热量一定时，如火焰过长，烧成带的温度就会降低，物料过早出现液相，易引起结圈；此外，还会造成不完全燃烧，使废气温度提高、煤耗加大等。相反，火焰过短，高温部分过于集中，容易烧垮窑皮及衬料，不利于窑的长期安全运转。因此，火焰长度应根据窑的实际操作条件适当地加以调整与控制。

（2）火焰温度分布（火焰形状）　窑内火焰温度分布，通常是两头低、中间高。热端较低温度区就是窑内的冷却带。煤粉从喷管喷出后，须经过干燥，预热至 700～800℃ 才着火燃烧，回转窑中所看到的黑火头就是煤粉从喷出后至着火燃烧前气流所移动的距离。黑火头长则使回转窑的传热面积减小，对产量、质量不利，黑火头过短则冷却带短，熟料离窑的温度提高，增加冷却机的负荷。

四、窑内传热

回转窑是个高温反应器，因此回转窑的传热问题对于回转窑的产量、质量至关重要。这里仅从热力学和传热学的观点出发进行讨论。

回转窑内的传热源是燃料燃烧后的高温烟气，受热体是生料和窑内壁。是典型的气-固传热，传给生料的热量供煅烧过程中干燥、预热、分解和煅烧，用以完成全部工艺要求。

1. 窑内传热的综合分析与传热方式

高温气体中具有辐射传热能力的组成，主要是 CO_2 和 H_2O（汽），但由于烟气中夹带着粉体物料，因此增大了气体的辐射率。同时因为窑内流动气体和湍流作用，产生了有效的对流传热。堆积生料之间以及窑回转时物料周期性地与受热升温的窑体内壁相接触而有辐射与传导传热共存。

总之，窑内气-固与固-固之间同时存在辐射、对流、传导三种传热方式，其间关系错综复杂。再加上回转窑系统中，预热器和冷却机都与窑首尾相衔，在一定程度上对窑内气固温度分布也会产生一定影响。另外，回转窑作为输送设备，物料运动规律、粉尘飞扬循环等也对传热有影响，从而增加了计算的难度和复杂性。

2. 传热机制

经简化后，在回转窑内选取某一断面 1m 长的范围，其综合传热机制关系如图 12-3 和图 12-4 所示。

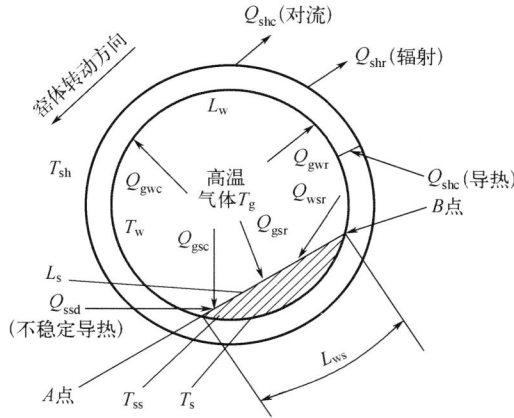

图 12-3 窑内传热机制分析——传热流图

由于窑的回转运动，因此窑内衬板上某一点 B，在不同时间内依次分别和高温气体接触（蓄积热量）和被覆盖在物料内（放出热量），其本身温度周期性地变化。其变化规律如图 12-5 所示。

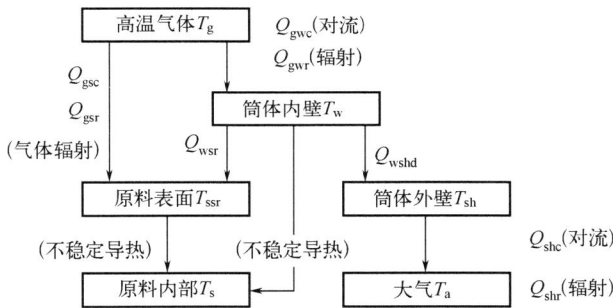

图 12-4 窑内传热机制分析——传热框图

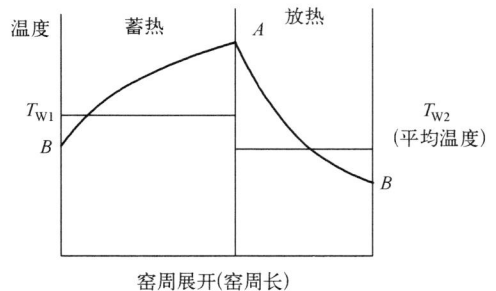

图 12-5 窑内转一周衬料蓄热放热情况
示意图

在窑回转过程中，物料由表面向内部导热和衬料表面向堆于其上的物料内部导热都是不稳定导热，即其传导热量随时间而变化。

参考文献

[1] 张柏清，林云万．陶瓷工业机械设备[M]．2版．北京：中国轻工业出版社，2013．

[2] 郭宏伟，韩方明，王翠翠．玻璃工业机械与设备[M]．2版．北京：化学工业出版社，2021．

[3] 张庆今．无机非金属材料工业机械与设备[M]．广州：华南理工大学出版社，2011．

[4] 陈景华，张长森，蔡树元．无机非金属材料热工过程及设备[M]．上海：华东理工大学出版社，2015．

[5] 王志发．无机材料机械基础[M]．北京：化学工业出版社，2005．

[6] 肖奇，黄苏萍．无机材料热工基础[M]．北京：冶金工业出版社，2010．

[7] 刘振群．陶瓷工业热工设备[M]．武汉：武汉工业大学出版社，1990．

[8] 姜洪舟．无机非金属材料热工设备[M]．武汉：武汉理工大学出版社，2005．

[9] 张美杰，程玉宝．无机非金属材料工业窑炉[M]．北京：冶金工业出版社，2008．

[10] 胡国林，周露亮，陈功备．陶瓷工业窑炉[M]．武汉：武汉理工大学出版社，2010．

[11] 余筱勤，郑志刚．陶瓷工业机械设备[M]．南昌：江西高校出版社，2017．

[12] 李祖兴．陶瓷工业机械设备[M]．北京：中国轻工业出版社，1993．

[13] 林云万．陶瓷工艺机械设备[M]．上海：上海交通大学出版社，1987．

[14] 单连伟．无机材料生产设备[M]．北京：北京大学出版社，2013．

[15] 陶珍东，郑少华．粉体工程与设备[M]．3版．北京：化学工业出版社，2015．

[16] 刘建寿，赵红霞．水泥生产粉碎过程设备[M]．武汉：武汉理工大学出版社，2005．

[17] 胡道和．水泥工业热工设备[M]．武汉：武汉理工大学出版社，1992．

[18] 曾令可，李萍，刘燕春．陶瓷窑炉实用技术[M]．北京：中国建材工业出版社，2010．

[19] 徐利华，延吉生．热工基础与工业窑炉[M]．北京：冶金工业出版社，2006．

[20] 陈国平，白建光，代丽娜，等．无机材料热工设备[M]．北京：化学工业出版社，2021．

[21] 张长森．粉体技术及设备[M]．2版．上海：华东理工大学出版社，2020．

[22] 俞建峰，宋明淦．微纳粉体加工技术与装备[M]．北京：化学工业出版社，2019．

[23] 马铁成．陶瓷工艺学[M]．2版．北京：中国轻工业出版社，2018．

[24] 于岩，谢志鹏．陶瓷材料学[M]．2版．北京：高等教育出版社，2023．

[25] 董伟霞，包启富，汪永清，等．传统陶瓷工艺基础[M]．北京：化学工业出版社，2023．

[26] 李家驹．日用陶瓷工艺学[M]．武汉：武汉理工大学出版社，1992．

[27] 李萍，曾令可，王慧，等．陶瓷窑炉节能减排技术与应用[M]．北京：中国建材工业出版社，2018．

[28] 陈国平，毕洁．玻璃工业热工设备[M]．北京：化学工业出版社，2007．

[29] 赵鹏，余鹏飞．无机非金属材料工艺学[M]．北京：人民交通出版社，2023．

[30] 张祥珍，张森林．建材通用机械与设备[M]．武汉：武汉工业大学出版社，1995．

[31] 郑永林．超细粉碎原理、工艺设备及应用[M]．北京：中国建材工业出版社，1993．

[32] 于才渊，王宝和，王喜忠．喷雾干燥技术[M]．北京：化学工业出版社，2013．

[33] 文进．材料工程基础[M]．北京：化学工业出版社，2016．

[34] 况金华，梅朝鲜．陶瓷生产工艺技术[M]．武汉：武汉理工大学出版社，2013．

[35] 黄炳钧，羊淑子．电子陶瓷烧结设备[M]．广州：华南理工大学出版社，1994．

[36] 张东明，傅正义．陶瓷材料脉冲电流烧结技术[M]．武汉：武汉理工大学出版社，2012．

[37] 陈绍龙，王峰，宋南京．陶瓷研磨体应用技术[M]．北京：中国建材工业出版社，2016．

[38] 杨柯．建筑陶瓷工厂设计概论[M]．北京：中国建材工业出版社，2021．

[39] 黄惠宁．陶瓷干法制粉工艺与设备[M]．广州：华南理工大学出版社，2000．